高校 これでわかる

生 物

文英堂編集部 編

文英堂

基礎からわかる！

成績が上がるグラフィック参考書。

1 ワイドな紙面で，わかりやすさバツグン

2 わかりやすい図解と斬新レイアウト

3 イラストも満載，面白さ満杯

4 どの教科書にもしっかり対応
- ▶ **学習内容が細かく分割**されているので，どこからでも能率的な学習ができる。
- ▶ **テストに出やすいポイント**がひと目でわかる。
- ▶ 方法と結果だけでなく，考え方まで示した**重要実験**。
- ▶ 図が大きくてくわしいから，図を見ただけでもよく理解できる。
- ▶ 生物の話題やクイズを扱った **ホッとタイム** で，学習の幅を広げ，楽しく学べる。

5 章末の定期テスト予想問題で試験対策も万全！

もくじ

1編 生命現象と物質

1章 細胞と分子

1 細胞の構造と働き ……………… 6
2 細胞骨格 ……………………… 8
3 細胞膜 ………………………… 10
4 細胞膜の働き ………………… 12
5 タンパク質 …………………… 16
6 生体防御に働くタンパク質 …… 18
7 酵素 …………………………… 22
重要実験 酵素の反応条件を調べる実験 …………………………… 27
テスト直前チェック ……………… 28
定期テスト予想問題 ……………… 29

2章 代謝とエネルギー

1 代謝とエネルギー …………… 32
2 呼吸 …………………………… 34
3 発酵 …………………………… 38
4 光合成 ………………………… 40
5 化学合成と窒素同化 ………… 44
重要実験 脱水素酵素の実験 …… 46
重要実験 アルコール発酵の実験 …………………………… 47

重要実験 光合成色素の分離 …… 48
テスト直前チェック ……………… 49
定期テスト予想問題 ……………… 50
ホッとタイム いろいろなタンパク質 …………………………… 53

3章 遺伝情報と形質発現

1 DNAの構造 …………………… 54
2 DNAの複製 …………………… 56
3 タンパク質の合成とRNA …… 59
4 遺伝暗号と原核生物の形質発現 …………………………… 62
5 遺伝子とタンパク質 ………… 64
6 形質発現の調節 ……………… 68
7 バイオテクノロジー ………… 72
重要実験 大腸菌を用いた遺伝子組換え ……………………… 76
重要実験 DNAの電気泳動 …… 77
テスト直前チェック ……………… 78
定期テスト予想問題 ……………… 79
ホッとタイム 遺伝暗号を解読してみよう …………………… 82

2編 生殖と発生

1章 有性生殖

1. 無性生殖と有性生殖 …………… 84
2. 遺伝子と染色体 ………………… 86
3. 減数分裂 ………………………… 88
4. 遺伝子と染色体の行動（1） …… 90
5. 遺伝子と染色体の行動（2） …… 94
6. 連鎖と組換え …………………… 98
7. 動物の配偶子形成と受精 …… 102

重要実験 減数分裂の観察 ………… 104
テスト直前チェック ………………… 105
定期テスト予想問題 ………………… 106

2章 動物と植物の発生

1. 卵割の様式とウニの発生 …… 108
2. カエルの発生 …………………… 110
3. 胚葉と器官形成 ………………… 112
4. 体軸の決定 ……………………… 114
5. 胚の予定運命 …………………… 116
6. 形成体と誘導 …………………… 118
7. 幹細胞と細胞の死 ……………… 122
8. 植物の受精と発生 ……………… 124
9. 被子植物の器官形成 …………… 126
10. 組織培養と細胞融合 ………… 128

テスト直前チェック ………………… 130
定期テスト予想問題 ………………… 131
ホッとタイム ヒト万能細胞とこれからの医療 ………………………… 134

3編 生物の環境応答

1章 動物の反応と行動

1. 刺激の受容と反応 ……………… 136
2. ニューロンと興奮の伝わり方 … 138
3. いろいろな受容器 ……………… 142
4. 中枢神経系での情報処理 ……… 146
5. 反応と効果器 …………………… 150
6. 生得的行動 ……………………… 152
7. 学習による行動 ………………… 157

重要実験 グリセリン筋の実験 …… 160
重要実験 カイコガの配偶行動 …… 161
テスト直前チェック ………………… 162
定期テスト予想問題 ………………… 163

2章 植物の環境応答

1. 種子と環境応答 ………………… 166
2. 植物ホルモンと環境応答（1） … 168
3. 植物ホルモンと環境応答（2） … 172
4. 花芽形成と環境応答 …………… 174
5. 環境ストレスに対する応答 …… 177

重要実験 オーキシンとエチレンの働き ………………………………… 179
テスト直前チェック ………………… 180
定期テスト予想問題 ………………… 181
ホッとタイム 植物ホルモンクイズ … 184

4編 生態と環境

1章 個体群と生物群集

1 個体群と環境 …………………… 186
2 個体群の成長と密度効果 ……… 188
3 個体群内の関係 ………………… 192
4 種間の関係 ……………………… 194
5 生態系と物質生産 ……………… 196
6 生態系の物質収支 ……………… 198
7 生態系とエネルギーの移動 …… 202
8 生態系と生物多様性 …………… 204

重要実験 ウキクサの個体群の成長 …………………………………… 206

重要実験 外来生物の調査と観察 …………………………………… 207

テスト直前チェック …………… 208
定期テスト予想問題 …………… 209
ホッとタイム トキの野生復帰への取り組み …………… 212

5編 生物の進化と分類

1章 生物の起源と進化

1 生命の誕生 ……………………… 214
2 生物の誕生 ……………………… 216
3 生物の変遷 ……………………… 218
4 人類の進化 ……………………… 222
5 進化の証拠 ……………………… 224
6 進化のしくみと進化説 ………… 228
7 地質時代と生物の変遷のまとめ ………………………………… 232

ホッとタイム 小惑星衝突と生物の大量絶滅！ ……………… 233
テスト直前チェック …………… 234
定期テスト予想問題 …………… 235
ホッとタイム 化石クイズ …… 237

2章 生物の系統と分類

1 生物の多様性 …………………… 238
2 生物の分類体系とドメイン …… 240
3 原生生物界・菌界 ……………… 244
4 植物界 …………………………… 246
5 動物界 …………………………… 250

テスト直前チェック …………… 256
定期テスト予想問題 …………… 257
ホッとタイム 学名クイズ …… 259

定期テスト予想問題 の解答 …………………………………………… 260
ホッとタイム の解答 …………………………………………………… 280
さくいん …………………………………………………………………… 281

1編 生命現象と物質

1章 細胞と分子

1 細胞の構造と働き

図1. 原核細胞の構造

図2. 大腸菌

■ 細胞は生命の基本単位で、すべての生物のからだを形づくっている。また細胞は共通した構造や機能をもっている。

1 細胞のもつ共通性

■ **細胞の共通性** ①細胞は細胞膜で囲まれ、②DNAが遺伝物質となっている。③細胞内では代謝が行われ、④細胞は自己複製を行って自己と同じような細胞をつくる。

■ **2つのタイプの細胞** 細胞は、核をもたない**原核細胞**と、核をもつ**真核細胞**に分けられる。

2 核をもたない細胞

■ **原核細胞の構造** 原核細胞は、大きさ1〜10μm程度の原始的な細胞で、**核をもたず**、DNAは核様体という領域に偏在している。また、**細胞小器官ももたない**。

■ **細胞壁の成分** 原核細胞の細胞壁の主成分は、セルロースではなくペプチドグリカンである（⇒p.242）。

■ **原核生物** 原核細胞からなる生物を**原核生物**という。
例 **細菌類**（大腸菌、乳酸菌など）、**シアノバクテリア**

■ **原核生物の分類** 近年、原核生物は、細菌（バクテリア）と古細菌（アーキア）に大別される。

> **ポイント** 原核細胞は**核や細胞小器官をもたず**、DNAは核様体部分に偏在している。

3 核をもつ細胞

■ **真核細胞の構造** 真核細胞は、大きさは10〜100μm程度で、**核膜で包まれた核などの細胞小器官をもつ**。

■ **染色体** DNAは核内に存在し、**ヒストン**（タンパク質）に巻きついて**クロマチン繊維**という構造をつくる。分裂時にはクロマチン繊維は凝集して**染色体**をつくる。

---

1. 細胞内に存在する、ミトコンドリアや葉緑体などを、**細胞小器官**という。

2. ペプチドグリカンは比較的少数のアミノ酸がペプチド結合（⇒p.16）したもの（ペプチド）と糖からなる物質。

3. 1990年、アメリカのウーズはリボソームRNAの塩基配列から、生物を細菌、古細菌、真核生物の3つのドメインに分類する方法を提唱した（⇒p.242）。この分類では核のない原核生物は細菌ドメインと古細菌ドメインに分類される。

- **真核生物** からだが真核細胞でできている生物を**真核生物**という。からだが1つの細胞からできた**単細胞生物**と，多数の細胞からなる**多細胞生物**とがある。
- **真核生物に属するグループ** 真核生物は，原生生物・動物・植物・菌類に分けられる(⇨p.242)。

4 真核細胞の構造

■ **電子顕微鏡像**
真核細胞を電子顕微鏡で観察すると，**多数の膜状構造**と光学顕微鏡では見られない細胞小器官が観察できる。

■ **核** 核は2重構造の核膜で囲まれ，膜には多数の核膜孔(物質の通路)がある。核の中には染色体(⇨p.55)・核小体とそれらの間を満たす核液がある。

■ **細胞質** 細胞質は外側を細胞膜で囲まれ，いろいろな**細胞小器官**を含む。

	名称		働きや特徴
核	核膜	①	**二重の膜**からなり，多数の核膜孔がある。
	染色体	②	DNAがヒストンに巻きつき凝集したもの(⇨p.55)。
	核小体	③	核に1～数個あり，**リボソームの形成**に関係。
細胞質	粗面小胞体	④	リボソームが多数付着した小胞体。合成された**タンパク質の通路**。
	滑面小胞体	⑤	リボソームの付着していない小胞体。**脂質の合成**などに関係。
	リボソーム	⑥	rRNAとタンパク質の複合体。**タンパク質合成**の場(⇨p.61)。
	ゴルジ体	⑦	タンパク質を小胞に包み分泌。**分泌細胞**で発達。
	リソソーム	⑧	分解酵素を含み細胞内の**不要物を内部で分解**する。
	ミトコンドリア	⑨	**呼吸の場**。二重膜で包まれ，独自のDNAをもつ。
	葉緑体	⑩	**光合成の場**。二重膜で包まれ，独自のDNAをもつ。
	中心体	⑪	1対の中心小体(中心粒)からなる。細胞分裂時の**紡錘糸の起点**となる(⇨p.9)。
	細胞骨格	⑫	細胞の構造を保ち，**細胞内構造を支える**(⇨p.8)。
	細胞膜	⑬	細胞の外側を包む膜(⇨p.10～15)。
	細胞質基質	⑭	いろいろな**化学反応の場**。糖や酵素などを含む。
	液胞	⑮	老廃物や色素などを含む**細胞液**を蓄えた**一枚の袋**。植物細胞で発達し，成熟した細胞ほど大きい。
	細胞壁	⑯	植物細胞の細胞膜の**外側**を囲み，細胞の形を保つ。主成分は**セルロース**。

表1. 真核細胞内の構造　①～⑯は図3と対応

図3. 動物細胞と植物細胞の電子顕微鏡像

1章 細胞と分子

2 細胞骨格

■ 細胞は繊維状のタンパク質でできた骨格で支えられ，細胞の形の保持や物質輸送の軌道となっている。

1 細胞は骨格をもつ

■ **細胞骨格** 細胞の形や細胞小器官を支えるタンパク質でできた繊維からなる構造を**細胞骨格**という。

■ **細胞骨格の種類** 次の3つがある。

図4．細胞骨格

① **アクチンフィラメント** アクチン(球状タンパク質)が連なった構造。筋収縮，アメーバ運動，動物細胞の細胞質分裂時のくびれの形成，細胞の収縮と伸展，原形質流動に関係する。

② **微小管** α，βの2種類のチューブリン(球状タンパク質)が結合したものが鎖状に連なり，これが13本集合してできた中空の管。細胞分裂のとき**紡錘糸**をつくる。繊毛や鞭毛の中にも存在して**9＋2構造**をつくる。また，**モータータンパク質**による物質輸送の軌道ともなる。

③ **中間径フィラメント** 細胞膜の内側に張りついて細胞の形を保つ。繊維状の丈夫な構造で，鉄筋コンクリートにおける鉄筋に相当する。

■ **細胞骨格をつくるタンパク質繊維**

アクチンフィラメント	直径約7 nm 2本のアクチンからなる繊維がらせん状に巻きつく。
微小管	直径約25 nm 3種類の繊維構造タンパク質のなかで最も太い。
中間径フィラメント	直径約10 nm 繊維状タンパク質を束ねた構造で非常に強度がある。

表2．細胞骨格をつくる繊維構造

〔細胞骨格をつくるタンパク質繊維〕
アクチンフィラメント…球状アクチンの連なり。
微小管…チューブリンが鎖状に連なったもの。
中間径フィラメント…繊維状タンパク質の束。

2 アクチンフィラメントの働き

- **筋収縮** 骨格筋は右図のような構造で，**アクチンフィラメントがミオシンフィラメントの間に滑り込み**，**筋収縮**が起こる(**滑り説**⇒p.151)。
- **アメーバ運動** アメーバ細胞の後端部ではアクチンフィラメントを分解して短くし，細胞を収縮させる。一方，仮足の先端部では**アクチンフィラメントを伸長させて細胞膜を押し出し**，仮足の方向に前進する。
- **細胞質分裂** 動物細胞では，細胞分裂終期に赤道付近で細胞がくびれて**細胞質分裂**が起こる。これにもアクチンフィラメントが働く。

図5. 骨格筋の構造

図6. アメーバ運動

3 微小管と中間径フィラメントの働き

- **中心体と紡錘糸**…中心体は，**中心小体(中心粒)**とそのまわりの**微小管**からなる。中心小体は**三連微小管**(3つの微小管が結合したもの)9組でできている。中心体は微小管形成の中心となり，**細胞分裂のとき，ここから微小管が伸びて紡錘糸**となる。
- **繊毛・鞭毛** 中心体は繊毛・鞭毛形成の起点となる。
- **中間径フィラメント** 中間径フィラメントは丈夫で，接着タンパク質と結合して細胞どうしを結合する(⇒p.15)。

図7. 中心体の構造と紡錘糸

4 モータータンパク質と細胞骨格

- **ミオシン** **ミオシン**は，**モータータンパク質**として細胞骨格の1つ**アクチンフィラメント上を動き**，細胞小器官などを運ぶ。ミオシンはATP分解酵素としての活性をもち，**ATPのエネルギーで歩行するように動く**。

  例 **原形質流動**(細胞質流動)…オオカナダモなどで，葉緑体が動いて見える現象。

- **キネシンとダイニン** **微小管**上を移動する**キネシン**と**ダイニン**もATP分解酵素の活性をもち，モータータンパク質として微小管上を歩行して細胞小器官などを運ぶ。

図8. モータータンパク質

1章 細胞と分子

3 細胞膜

すべての細胞は細胞膜で囲まれている。この細胞膜を通じて物質の出入りや情報伝達が行われている。

1 細胞膜のつくり

■ **細胞膜をつくる物質** 細胞膜はおもに**リン脂質**と**タンパク質**からなる。リン脂質分子は**親水性**（水となじみやすい）部分と，**疎水性**（水となじみにくい）部分をもつ。

■ **二重層構造** 細胞膜は，親水性部分を外側にして向かい合って並んだ**リン脂質分子の間に，いろいろな機能をもったタンパク質分子(膜タンパク質)がはまり込んで**できている。表面には糖鎖や糖タンパク質も付着し，それぞれ役割を果たしている。

図9. リン脂質の構造

■ **流動モザイクモデル** 細胞膜をつくるリン脂質やタンパク質分子は，固定されずに膜内を比較的自由に動き回っており，そのため細胞膜は柔軟性をもつと考えられている。この膜モデルを**流動モザイクモデル**という。

■ **生体膜** 小胞体やゴルジ体，ミトコンドリアや葉緑体などの細胞小器官をつくる膜も細胞膜と同じ構造をしている。これらを合わせて**生体膜**という。

図10. 流動モザイクモデル

☆1. 糖鎖は複数の糖が鎖状につながったもので，糖鎖と結合したタンパク質を糖タンパク質という。糖タンパク質は細胞どうしの認識や免疫などのいろいろな働きをしている。

> **ポイント**　〔生体膜の構造〕
> リン脂質＋タンパク質など ➡ **流動モザイクモデル**

2 いろいろな働きをする細胞膜

■ **細胞を包む** 細胞膜は，細胞内の物質が拡散するのを防ぎ，**膜で囲んだ内側に独自の代謝系**をつくっている。

■ **透過の調節** 細胞膜は**物質の透過を調節する**（➡p.11, 12）。

■ **物質輸送** 細胞膜には**輸送タンパク質**が存在し，**物質の輸送に関係**している（➡p.11, 12）。

■ **情報伝達** 外部からの情報を受容し，**細胞内に情報を伝達するために働く膜タンパク質**もある（➡p.14）。

③ 細胞膜を通じた物質の移動

■ **物質移動の原則** 物質は濃度の高い側から低い側に向かって拡散する。この濃度勾配にしたがって，拡散によって起こる膜を通した物質輸送を**受動輸送**という。

■ **半透膜**
細胞膜は，大きな分子は通さず小さな分子を通す**半透性**という性質をもつので，**半透膜**という。

図12．細胞膜と透過性

図11．拡散と受動輸送

■ **細胞膜の透過性** 酸素や二酸化炭素のように非常に小さな分子や，脂質と親和性のある疎水性分子は，細胞膜を透過して移動する。

しかし，比較的小さな物質でも水分子・アミノ酸・糖のような極性のある分子，イオンのように荷電した物質は小さくても細胞膜を透過しにくい性質をもっている。

✿ **2. 疎水性分子**
水に溶けにくい分子で，分子内に炭化水素がつながった部分をもつ物質。脂質などが溶けやすい。

✿ **3. 極性のある分子**
分子内に正電荷と負電荷の部分があり，その重心が一致しないH_2OやHCl，NH_3などの分子。

■ **選択的透過性** 物質は，細胞膜を構成する分子間を透過するだけではなく，**細胞膜にはまっている輸送タンパク質を通って透過**することもある。どの輸送タンパク質がどの物質を通過させるかは，その構造によって決まっている。このように**細胞膜は特定の物質を選択的に透過させる性質**をもっており，これを**選択的透過性**という。

図13．選択的透過性

■ **能動輸送** 膜タンパク質の一部は，**ATPのエネルギーを利用して**，ナトリウムイオン（Na^+）などを**濃度勾配に逆らって移動させるしくみ**をもつ。これを**能動輸送**という。

[例] ナトリウムポンプ（⇒p.12）…Na^+を細胞外へ運ぶ（同時にK^+を細胞内へ運ぶ）。

図14．能動輸送

ポイント 細胞膜は**選択的透過性**をもち，**能動輸送**も行う。

1章 細胞と分子　**11**

4 細胞膜の働き

■ 半透性のセロハン膜では，物質の大きさだけで「透過する，透過しない」が決まる。しかし，細胞膜をはじめとする生体膜は輸送タンパク質を通して物質を輸送しており，輸送タンパク質の働きを調節することで，物質の移動をコントロールしている。また，細胞膜は細胞どうしの結合にも関係している。

1 細胞膜にはまっているタンパク質

■ **輸送タンパク質** 細胞膜にある**輸送タンパク質**には，チャネル，ポンプ，担体などが知られている。

図15．チャネル

■ **チャネル** 刺激を受けてゲートを開け，特定の物質を通過させる輸送タンパク質を**チャネル**という。そのうちイオンを通すものを**イオンチャネル**という。チャネルを通じた物質輸送は濃度勾配にしたがった受動輸送である。
[例] カルシウムチャネル，カリウムチャネル，ナトリウムチャネル

■ **アクアポリン**（aquaporin：AQP） **水分子だけを通すチャネル**を特に**アクアポリン**という。腎臓の集合管の上皮細胞などで発達している。

1992年，アグレは赤血球の細胞膜には水の分子だけを通すタンパク質があることを発見し，アクアポリンと名付けた。

図16．アクアポリン

■ **ポンプ** 物質を**濃度勾配に逆らって運ぶ**輸送タンパク質を**ポンプ**という。この輸送は，ATPのエネルギーが必要な能動輸送である。
[例] 細胞の内外のイオン濃度は**ナトリウムポンプ**により，次のように保たれる。
$\begin{cases} Na^+ & 細胞内<細胞外 \\ K^+ & 細胞内>細胞外 \end{cases}$

図17．ナトリウムポンプによるNa^+とK^+の能動輸送

1編　生命現象と物質

- **担体（運搬体タンパク質）** 細胞膜を通過しにくい極性分子のうち，比較的小さいグルコースやアミノ酸を運搬する輸送タンパク質を担体という。担体の種類ごとに運搬する物質は決まっている。

　グルコースを運ぶ担体では，グルコースが担体と結合すると，担体の立体構造が変化しながら，グルコースを膜の反対側に輸送する。担体による輸送も濃度勾配にしたがった受動輸送である。

図18. 担体による輸送

〔細胞膜にある3種類の輸送タンパク質〕
- チャネル…特定のイオンなどを受動輸送で通過させる開閉式の輸送経路。水を通すチャネルを特にアクアポリンという。
- ポンプ…ATPのエネルギーを使い，濃度勾配に逆らって能動輸送する。
- 担体…グルコースやアミノ酸などの極性分子を受動輸送で運ぶ輸送タンパク質。

2 細胞膜の変形による物質輸送

- **エキソサイトーシス** 消化酵素やホルモンを包んだ小胞を細胞膜と融合させて細胞外に分泌することを，エキソサイトーシスという。

- **エンドサイトーシス** 細胞膜を変形させて細胞外の物質を包み，小胞にして細胞内に取り込むことを，エンドサイトーシスという。おもに白血球などが行う。
  - 食作用…固体の大きな分子の取り込み
  - 飲作用…液体に溶けた分子の取り込み

図19. エキソサイトーシス

- エキソサイトーシス…消化酵素やホルモンを細胞外に分泌する働き。
- エンドサイトーシス…細胞膜の一部を小胞にして細胞内に取り込む。食作用と飲作用

図20. エンドサイトーシス

1章　細胞と分子

★1. ニューロンの細胞膜にあるNa⁺チャネルには、神経伝達物質を受容することで開く伝達物質依存性のものと、Na⁺が流入したことをきっかけに開く電位依存性のものがある。
伝達物質依存性のNa⁺チャネルが開いたときには少量のNa⁺しか流入しないが、電位依存性のNa⁺チャネルが開くと大量のNa⁺が流入して、細胞全体が興奮状態となる（⇨p.141）。

3 神経系の細胞間の情報伝達

■ **イオンチャネル型受容体** ニューロン（神経細胞⇨p.138）の細胞膜には、神経伝達物質（⇨p.141）などのシグナル分子を受容する**イオンチャネル型受容体**がある。

■ **伝達物質依存性チャネル** イオンチャネル型受容体は伝達物質の有無により変形してチャネルを開閉する**伝達物質依存性チャネル**である。

■ **ニューロン間の情報伝達** シナプス（ニューロンの接続部⇨p.141）で興奮したニューロンから神経伝達物質が分泌されると、他方のニューロンの細胞膜にあるイオンチャネル型受容体に受容され、チャネルが開く。するとNa⁺が細胞内に流入し、これをきっかけにニューロンが興奮する。神経系の細胞間では、こうして情報（興奮）が伝達される（⇨p.141）。

図21. 神経系の細胞間の情報伝達

ポイント 神経伝達物質とその受容体により、ニューロン間を情報（興奮）が伝わる。

4 ホルモンによる代謝の調節

■ **ホルモンの受容体** 細胞膜には、**ホルモン**などのシグナル分子を受容する**タンパク質結合型受容体**がある。

■ **ホルモンによる情報伝達** ホルモンが標的細胞の細胞膜にあるタンパク質結合型受容体に結合すると、別のタンパク質が活性化されて酵素を活性化し、反応を進行させ、その生成物が次の反応を進行させる。これをくり返すことによって、細胞内の代謝を調節している。

図22. ホルモンとその受容体

★2. 糖質コルチコイドなどは、細胞膜のリン脂質を通り抜け、細胞内の受容体で受容されて働く。

ポイント ホルモンとその受容体によって、酵素反応を段階的に制御することで、代謝の調節が行われる。

5 細胞の接着剤となるタンパク質

■ **細胞間結合**　細胞どうしの結合を**細胞間結合(細胞接着)**といい，上皮組織で発達している。

■ **3つの細胞間結合**

①**密着結合**　消化管の内面の上皮細胞などを密着させる結合。膜貫通接着タンパク質で**細胞どうしを小さな分子(低分子)も通さないほど密着**させ，上皮組織から物質が漏れ出すのを防いでいる。

図23. 密着結合

②**固定結合**　隣接する細胞の表面どうしを**カドヘリン**などの接着タンパク質で接着するとともに，細胞骨格とも結合する。固定結合には次の3種類がある。

- **接着結合**…ボタン状の接着タンパク質の**カドヘリン**で，隣接する細胞の細胞骨格の**アクチンフィラメントと結合**する。細胞は接着結合によって湾曲などの力に耐えられるようになる。

図24. 接着結合

- **デスモソーム**…ボタン状の接着タンパク質の**カドヘリン**で，隣接する細胞の細胞骨格の**中間径フィラメントと結合**する。張力に対して強固な結合。

図25. デスモソームとヘミデスモソーム

- **ヘミデスモソーム**…接着タンパク質である**インテグリン**で，**中間径フィラメントとコラーゲンでできた細胞外の基底層を結合**する。

③**ギャップ結合**　管状のタンパク質(膜貫通タンパク質)が貫通して結合。**低分子の物質や無機イオンなど**がギャップ結合の部分を通って移動する。

✿3. 接着結合とデスモソームとでは異なるタイプのカドヘリンが働く。また，動物の胚発生のときに同種の細胞どうしを接着する細胞選別に働くカドヘリンもある。

> **ポイント**
> 〔3種類の細胞間結合⇒上皮組織で発達〕
> **密着結合**…低分子も通さないほど細胞が密着。
> **固定結合**…接着タンパク質で細胞骨格と結合。
> 　**接着結合**…カドヘリンで結合。湾曲に耐える。
> 　**デスモソーム**…カドヘリンで結合。張力に耐える。
> 　**ヘミデスモソーム**…インテグリンで結合。
> **ギャップ結合**…管状のタンパク質が貫通。

図26. ギャップ結合

1章　細胞と分子

5 タンパク質

■ タンパク質はアミノ酸を構成単位とし，生物体を構成する主成分で，からだの構造や機能を維持する。

1 からだをつくるタンパク質

■ **働き** タンパク質は次のような働きをしている。
・からだの構造をつくる…ケラチン(頭髪・つめ)など
・細胞の構造をつくる…細胞骨格，細胞膜
・運動に働く…**アクチン**と**ミオシン**など
・酵素となる…アミラーゼ，ペプシンなど
・ホルモンとなる…インスリンなど
・免疫に働く…抗体をつくる**免疫グロブリン**
・酸素を運搬する…赤血球の成分の**ヘモグロビン**
・物質を運ぶ…ポンプ，チャネル，担体など
・情報を伝える…受容体など
・細胞どうしを接着する…カドヘリンなど

1. タンパク質を構成するアミノ酸20種類

アスパラギン	チロシン
アスパラギン酸	トリプトファン
アラニン	トレオニン
アルギニン	バリン
イソロイシン	ヒスチジン
グリシン	フェニルアラニン
グルタミン	プロリン
グルタミン酸	メチオニン
システイン	リシン(リジン)
セリン	ロイシン

2 タンパク質はアミノ酸からなる

■ **アミノ酸** タンパク質の構成単位は，自然界にある**20種類**の**アミノ酸**である。アミノ酸は**アミノ基(-NH₂)** と**カルボキシ基(-COOH)**，水素(H)，側鎖(R；20種類)からなる。構成元素はC，H，O，N，Sである。

■ **ペプチド結合** 隣り合うアミノ酸のアミノ基(-NH₂)とカルボキシ基(-COOH)から水1分子がとれてアミノ酸どうしが結合する。これを**ペプチド結合**という。

■ **ペプチド鎖** 約50〜1000個のアミノ酸がペプチド結合で鎖状に結合した**ポリペプチド鎖**が**タンパク質**である。アミノ酸は20種類あるので，アミノ酸がx個結合したタンパク質は20^x種類と膨大になる。

■ **立体構造** ペプチド鎖ができるとき，アミノ酸の配列順序と種類によってペプチド鎖が折れ曲がったり，ねじれたりして複雑な立体構造をつくる。

図27．アミノ酸とペプチド結合
カルボキシ基はカルボキシル基ともいう。

タンパク質の構成単位はアミノ酸(20種類)
アミノ酸 ➡ (**ペプチド結合**) ➡ タンパク質

③ タンパク質は複雑な立体構造をつくる

■ **一次構造** DNAの塩基配列によってポリペプチド鎖をつくる<u>アミノ酸の数と種類および配列</u>が決まる。このポリペプチド鎖をつくるアミノ酸配列をタンパク質の**一次構造**という。

■ **二次構造** ポリペプチド鎖は，アミノ酸配列によって部分的に，水素結合などにより，**二次構造**と呼ばれる次の立体構造をつくる。

- **αヘリックス構造**…ねじれたらせん状。
- **βシート構造**…折れ曲がったびょうぶ状。

■ **三次構造** ポリペプチド鎖は，部分的に二次構造をつくりながら，<u>分子全体として複雑な立体をつくる</u>ことが多い。これをタンパク質の**三次構造**という。

■ **四次構造** 赤血球の成分のヘモグロビンは，2本のα鎖と2本のβ鎖，合計4本のポリペプチド鎖が一緒になって1つのタンパク質分子をつくっている。このような<u>複数のポリペプチド鎖がつくる構造</u>を**四次構造**といい，ポリペプチド鎖をサブユニットという。

■ **S-S結合** イオウを含むシステインなどのアミノ酸どうしがつくる橋渡し結合を**S-S結合**といい，ペプチド鎖中やペプチド鎖間の橋渡しをしてタンパク質の立体構造の保持に重要な働きをする。

> **ポイント**
> 〔タンパク質の構造〕
> アミノ酸 ⇒ ペプチド ⇒ ポリペプチド ⇒ タンパク質
> 一次構造　二次構造　三次構造　四次構造

図28. タンパク質の構造

④ 熱で変形するタンパク質

■ **変性** タンパク質は熱や強い酸・アルカリなどによって立体構造が変化する。これをタンパク質の**変性**という。

■ **失活** 酵素タンパク質が変性して活性を失うことを**失活**という。

図29. 変性と失活

⚙**2**. 酵素をつくるタンパク質は，ふつう60℃以上の高温で失活する。ただし，温泉地帯に生息する細菌のDNAポリメラーゼのように90℃でも失活しない酵素もある。

1章 細胞と分子

6 生体防御に働くタンパク質

タンパク質のなかには，免疫のときに働く抗体となるものもある。抗体は可変部のアミノ酸配列を変えることにより，無数の抗原に対抗している。

1 2つの免疫システム

■ **免疫** 病原体などの体内侵入時に，これらの異物を排除するしくみを**免疫**という。鳥類や哺乳類で発達。

■ **2つの獲得免疫** 生後に獲得する免疫を**獲得免疫**といい，体液性免疫と細胞性免疫の2つがある。

■ **抗原** 細菌やウイルスなどの病原体，花粉など生体に特異的な免疫反応を引き起こさせる物質を**抗原**という。

> ポイント
> **免疫**…病原体などの異物(**抗原**)をからだから排除するしくみ。**細胞性免疫**と**体液性免疫**がある。

図30．免疫を担当する細胞

1. 獲得免疫で働く細胞
獲得免疫で重要な働きをする細胞は，リンパ球の一種であるT細胞とB細胞である。

T細胞 ┬ ヘルパーT細胞
　　　└ キラーT細胞
B細胞 → 抗体産生細胞に分化

2 体液中に放出される抗体

■ **体液性免疫** 体液中の**抗体**が**抗原**と**抗原抗体反応**を起こして凝集し，抗原を排除する免疫を**体液性免疫**という。

■ **体液性免疫のしくみ**
① 病原体などが体内に入ると，**樹状細胞**や**マクロファージ**が，抗原を食作用で分解する。
② 樹状細胞は，抗原の断片を細胞表面に出し，免疫の司令官となる**ヘルパーT細胞**に**抗原提示**する。
③ ヘルパーT細胞は，インターロイキンなどの活性因子(サイトカイン)を放出して**B細胞**に抗原の情報を伝え，**情報に合うB細胞を選択的に分裂・増殖させ，抗体産生細胞**に**分化**させる。
④ 抗体産生細胞は，抗原に特異的に結合する**抗体**をつくって体液中に放出する。

図31．体液性免疫のしくみ

⑤ 抗原と抗体は**抗原抗体反応**をして凝集する。これをマクロファージなどが食作用で排除する。

■ **免疫記憶**　B細胞やT細胞の一部は，免疫の情報を記憶する**記憶細胞**になって，再び同じ抗原が侵入したときにはすみやかに抗体をつくる。これを**二次応答**という。

■ **抗体の構造**　抗体は，**免疫グロブリン**というタンパク質からできている。免疫グロブリンは，2本の長いH鎖と2本の短いL鎖の合計4本のポリペプチド鎖からなる。どの抗体も基本構造は同じで，定常部と可変部がある。

{ 定常部…同じアミノ酸配列をもちすべての抗体に共通。
{ 可変部…種々の抗原に対抗するため，**アミノ酸配列を変えることにより形が異なる部分**。

図32. 二次応答

図33. 抗体（免疫グロブリン）

〔体液性免疫のしくみ〕
抗原の侵入 ⇒ **樹状細胞**などが食作用で分解
⇒ **抗原提示** ⇒ **ヘルパーT細胞**が活性因子を放出
⇒ **B細胞**を選択 ⇒ B細胞が分裂・増殖
⇒ **抗体産生細胞**に分化 ⇒ 抗体放出
⇒ **抗原抗体反応** ⇒ 食作用で排除
（⇒ 一部が免疫の情報を記憶）

③ どうやって多様な抗原に対応するのか？

■ **抗体の産生**　1個のB細胞は1種類の抗体しかつくらない。抗原の種類は無数にあるので多種類のB細胞をつくる必要があるが，抗体をつくる遺伝子の数は限られているので，**遺伝子を組み合わせ，無数の種類の可変部をもつB細胞をつくる**。

■ **H鎖の可変部**　H鎖の可変部の遺伝子群は，V遺伝子群，D遺伝子群，J遺伝子群である。未熟なB細胞が成熟したB細胞になるとき，各遺伝子群から1個ずつ選択して，連結・再編成して分化したB細胞となる。

■ **L鎖の可変部**　L鎖の可変部の遺伝子群にもV遺伝子群とJ遺伝子群があり，B細胞が分化するとき，同様に選択・連結・再編成する。

■ **利根川進**　遺伝子の組み合わせで無数の種類の抗体ができるしくみは，1977年に**利根川進**により解明された。

図34. 抗体の多様性

2. 利根川進
1977年に多様な抗体ができるしくみを解明した功績によって，1987年にノーベル生理学・医学賞を受賞した。

❋ **3. クローン**
クローンとは，同一の遺伝子組成をもつ個体をいう。

■ **クローン選択説** 抗原が体内に侵入して，ヘルパーT細胞が抗原情報を出すと，無数の遺伝子の組み合わせをもつB細胞の中から，その抗原に対応できる特定の抗体をつくる遺伝子の組み合わせをもつB細胞が選択される。選択されたB細胞が分裂・増殖したあと，抗体産生細胞となって抗体を生産し，体液中に放出する。これを**クローン選択説**という。

> **ポイント**
> 〔抗体と利根川進の**クローン選択説**〕
> 無数の抗原 ⇨ 適するB細胞を選択
> ⇨ B細胞が分裂・増殖 ⇨ 抗体産生細胞に分化
> ⇨ 抗原に特異的な抗体を生産 ⇨ 放出

4 キラーT細胞が攻撃する

■ **細胞性免疫** 移植された他人の臓器やがん細胞，ウイルスに侵された細胞，変性細胞などを抗原とみなし，**キラーT細胞により攻撃・破壊して排除する免疫を細胞性免疫**という。

図35．細胞性免疫のしくみ

■ **細胞性免疫のしくみ**
① ウイルスに感染した細胞，がん細胞，他人の臓器の細胞などの表面に特異的な糖タンパク質を**樹状細胞**が発見すると，**ヘルパーT細胞**に**抗原提示**する。
② 抗原提示を受けたヘルパーT細胞は，抗原に対応する**キラーT細胞**の増殖を促進する。
③ **キラーT細胞やナチュラルキラー細胞などが，上記の抗原をもつ細胞を直接攻撃し，破壊する。**
④ キラーT細胞の一部は**記憶細胞**となって抗原の情報を記憶する。

> **ポイント**
> 〔細胞性免疫のしくみ〕
> **キラーT細胞**が，移植された他人の臓器やがん細胞，ウイルスに侵された細胞，変性細胞などを**直接攻撃**し，破壊する。

5 自分でない細胞を見分ける

- **ネズミの皮膚移植実験** 同じネズミの皮膚を移植すると，皮膚は脱落しないが，異なる系統のネズミの皮膚を移植すると移植片は脱落する。このしくみを**自己・非自己の識別**という。
- **主要組織適合抗原（MHC抗原）** 細胞膜の表面には，自己・非自己の識別に関係する糖タンパク質が存在する。この糖タンパク質は個体ごとに異なり，これが自己と非自己の識別に関係している。このような働きをする糖タンパク質を，**主要組織適合抗原（MHC抗原）**という。
- **ヒト白血球型抗原（HLA）** ヒトの主要組織適合抗原（MHC抗原）は，**ヒト白血球型抗原（HLA）**と呼ばれ，第6染色体上にある6対の*HLA*遺伝子によって決定される。両親からは6種類ずつの*HLA*遺伝子を受け継ぐので，6×2＝12種類もっている。それぞれの*HLA*遺伝子（*A*，*C*，*B*，*DR*，*DQ*，*DP*）には，それぞれ26，10，55，24，9，6種類の対立遺伝子があるので，**ヒトのもつ*HLA*遺伝子の組み合わせは無数にある**。
- **拒絶反応** 無数にあるHLAが他人と一致することはほとんどなく，他人の組織や臓器の移植では**拒絶反応**が起こることが多い。*HLA*遺伝子が一致する人の間では拒絶反応は起こらない。
- **免疫抑制剤** 近年，他人からの臓器移植がよく行われるのは，免疫反応を抑制するシクロスポリンなどの**免疫抑制剤**が利用できるようになったからである。
- **親子鑑定** *HLA*遺伝子は近接した遺伝子座にあり，これらの遺伝子間で組換えはほとんど起こらない。よって，同じ夫婦から生まれる子では，$\frac{1}{2}\times\frac{1}{2}=\frac{1}{4}=25〔％〕$の確率で一致する。これを利用して，**親子鑑定**が行われる。

■ 移植組織の識別実験
① B系統のネズミにA系統の皮膚を移植すると，約10日で移植皮膚は脱落する（**一次拒絶反応**）。
② ①のマウスに再度A系統の皮膚を移植すると，移植片は約5日で脱落する（**二次拒絶反応**）。
③ ①のマウスにC系統のマウスから皮膚を移植した場合，脱落するのは約10日後である。

図36. 親子間での*HLA*遺伝子の組み合わせ

> **ポイント**　〔自己と非自己の識別〕
> 細胞膜表面には，**主要組織適合抗原（MHC抗原）**がある。
> ヒトでは，HLA（ヒト白血球型抗原）がある。
> HLAが異なる組織や臓器の移植 ⇒ **拒絶反応**

1章　細胞と分子

7 酵素

酵素はタンパク質でできた触媒で，複雑な立体構造をもつタンパク質の凹みが酵素の活性部位となっている。そのため酵素は無機触媒とは異なる性質をもつ。

1 触媒とは

■ **触媒** 化学反応の進行を助けるが，それ自身は反応の前後で変化しない物質を<u>触媒</u>という。白金や酸化マンガン（Ⅳ）などの金属触媒（無機触媒）のほか，タンパク質でできている<u>酵素</u>も触媒としての働きをもつ。

■ **活性化エネルギー** 化学反応を進行させるには，反応させる物質を活性化させるためのエネルギーが必要である。<u>触媒はこの活性化に必要なエネルギー量を減少させて生体内のように温度やpHが緩やかな反応条件でも速やかに化学反応を進行させる働きをもつ。</u>

図37. 活性化エネルギーと触媒

✿1. 無機触媒と生体触媒
金属や金属の酸化物，無機化合物などの**無機触媒**に対して，カタラーゼやペプシンなどの酵素は生物体内でつくられたタンパク質を主成分とする触媒なので，<u>生体触媒</u>と呼ばれる。

2 酵素は穴ぼこで反応

■ **酵素は触媒である** 酵素は<u>タンパク質</u>を主成分とする<u>生体触媒</u>で，反応の前後で変化せず，同じ分子がくり返し触媒作用を示す。

■ **基質と生成物** 酵素の作用を受ける物質を<u>基質</u>，反応後に生じる物質を<u>生成物</u>という。

■ **活性部位** 酵素には特有の立体構造をした<u>活性部位</u>と呼ばれる凹みがあり，ここに基質が結合して<u>酵素ー基質複合体</u>をつくり酵素作用を受ける（⇒図38）。

■ **補助因子** 酵素には，<u>タンパク質以外の有機物や金属などの補助因子をもつことではじめて活性を示すものがある。</u>そのうちタンパク質部分からはずれやすい低分子の有機化合物を<u>補酵素</u>といい，活性部位に結合して働く。

> **ポイント**
> 〔酵素反応〕
> <u>基質</u> ⇒ <u>酵素ー基質複合体</u> ⇒ <u>生成物</u>
> ＋酵素　　　　　　　　　　　＋酵素
> 基質が酵素の<u>活性部位</u>に結合すると酵素の作用を受ける。

図38. 酵素と基質の反応

22　1編　生命現象と物質

3 酵素のもつ性質

■ **基質特異性** 酵素は，活性部位で基質と結合して反応を促進するため，それぞれ活性部位の立体構造に対応した特定の基質としか反応しない。この性質を酵素の基質特異性という。

■ **最適温度** 一般に化学反応は温度が高いほど速く進行する。酵素による反応も同様であるが，酵素はタンパク質でできているため，一定温度以上になるとタンパク質の立体構造が変化して変性し，失活するために急激に反応速度は低下する。酵素が最もよく働く温度を最適温度という。

■ **最適pH** 酵素はタンパク質でできているため，強い酸やアルカリで立体構造が変化して変性してしまうものが多い。このため，溶液のpHによって酵素の活性は変化する。酵素活性が最大になるpHを最適pHという。

図39. 基質特異性

図40. 最適温度

> 〔酵素の特性〕
> **基質特異性**…1種類の酵素は1種類の基質としか反応しない。
> **最適温度**…多くの酵素では30～40℃の範囲にある。
> **最適pH**　例　ペプシン：pH2付近，トリプシン：pH8付近，だ液アミラーゼ：pH7付近

■ **基質濃度と反応速度** 一定量の酵素に対して反応させる基質濃度を増加していくと，酵素は基質と結合しやすくなるため，基質濃度が低いうちは基質濃度に比例して反応速度は上昇する。しかし，基質濃度がある程度に達すると，すべての酵素が酵素－基質複合体をつくっている状態になる。酵素－基質複合体から生成物をつくるまでに要する時間は一定であるため，さらに基質濃度を上げても反応速度は一定となる。

図41. 最適pH

図42. 基質濃度と反応速度

> 基質濃度と反応速度…酵素反応の速度は基質濃度と比例するが，一定以上の基質濃度では，酵素反応はそれ以上速くならない。

1章　細胞と分子　23

4 酵素の働きを助ける補酵素

■ **補酵素** 酵素の触媒作用のために，酵素タンパク質以外に金属や低分子有機化合物などの**補助因子**が必要な場合もある。このうち，**タンパク質からはずれやすい低分子有機化合物を補酵素**といい，活性部位に結合して働く。

■ **脱水素酵素の補酵素** **脱水素酵素**（デヒドロゲナーゼ）の補酵素には，呼吸で働く**NAD**（ニコチンアミドアデニンジヌクレオチド），と**FAD**（フラビンアデニンジヌクレオチド），光合成で働く**NADP**（ニコチンアミドアデニンジヌクレオチドリン酸）などがある。

図43. 脱水素酵素と補酵素の働き

■ **補酵素とアポ酵素** 補酵素をもつ酵素のタンパク質部分をアポ酵素，アポ酵素に補酵素が結合したものをホロ酵素という。補酵素は**透析**によってホロ酵素から分離できる。

■ **透析実験** 酵素のタンパク質部分（アポ酵素）と補酵素は，酵素をセロハン膜などの半透膜に包んで蒸留水につけると，高分子のタンパク質部分は膜内に，低分子の補酵素は外液に分離される（透析）。内液をA，外液をBとすると，

$$\begin{cases} Aのみ & \Rightarrow 酵素反応しない。\\ A+B & \Rightarrow 酵素反応する。\\ 煮沸A+B & \Rightarrow 酵素反応しない。\\ A+煮沸B & \Rightarrow 酵素反応する。 \end{cases}$$

■ **結 果** 内液に含まれる**酵素タンパク質は熱に弱く**，高温では失活するが，外液に含まれる**補酵素は比較的熱に強く**，ふつう煮沸ぐらいでは変化しない。

図44. 補酵素と透析

ポイント
　酵　素　＝タンパク質＋低分子有機化合物
（ホロ酵素）（アポ酵素）　　（補酵素）
　　　　　　　↳熱に弱い　↳熱に強い

5 基質に似た物質による酵素作用の阻害

■ **競争的阻害** 酵素の基質と形がよく似た物質（阻害物質）があると，基質との間で活性部位を奪い合う競争が起こり，酵素反応が阻害される。これを競争的阻害という。

■ **基質濃度と競争的阻害** 競争的阻害は基質濃度が上昇すると基質と酵素の結合する確率が上昇するため，阻害の程度は低下する。

図46. 基質濃度と競争的阻害

図45. 競争的阻害のしくみ

図47. コハク酸脱水素酵素の基質（コハク酸）と阻害物質

〔競争的阻害〕
基質と構造のよく似た物質は阻害物質となる。
基質濃度が上昇すると阻害の程度は低下する。

6 最終生産物による酵素反応の調節

■ **フィードバック調節** 細胞内には，一連の代謝経路があり，その最終産物が代謝の初期の反応に関係する酵素の働きを調節して反応系全体の進行具合を調節することをフィードバック調節という。最終産物が初期の反応を阻害して反応系の進行を止めることをフィードバック阻害という。

図48. フィードバック阻害

〔フィードバック調節〕
最終産物が初期反応を止めて生成物の量を調節

1章　細胞と分子　**25**

図49. アロステリック酵素

7 活性部位以外に穴ぼこがある酵素

■ **アロステリック酵素**　酵素には，基質と結合する活性部位とは別に，特定の物質と結合する部分（**アロステリック部位**）をもつ酵素がある。これを**アロステリック酵素**という。

■ **アロステリック効果**　アロステリック酵素のアロステリック部位に特定の物質が結合することによって酵素の活性部位の構造が変化することを**アロステリック効果**といい，このような阻害を**非競争的阻害**という。

図50. アロステリック効果

> **ポイント**
> アロステリック酵素…アロステリック部位をもつ。
> 非競争的阻害…アロステリック効果による阻害。

8 いろいろな酵素

■ 生体内で働く酵素は，次のように3つに大別できる。

表3. いろいろな酵素

酵素の種類	酵素の例	酵素の働き
酸化還元酵素（酸化還元反応に関係する）	脱水素酵素（デヒドロゲナーゼ） 酸化酵素 カタラーゼ	基質から水素を奪う。 基質と酸素を結合する。 $2H_2O_2$（過酸化水素）$\longrightarrow 2H_2O + O_2$
加水分解酵素（基質を加水分解する）	アミラーゼ ペプシン リパーゼ ATPアーゼ	デンプン⟶マルトース（麦芽糖） タンパク質⟶ペプチド 脂肪⟶脂肪酸＋モノグリセリド ATP⟶ADP＋リン酸
その他の酵素（酸化還元反応・加水分解以外の反応に関係する）	アミノ基転移酵素 （トランスアミナーゼ） 脱炭酸酵素 （デカルボキシラーゼ） DNAリガーゼ	基質からアミノ基（$-NH_2$）を奪い他の物質に移動させる。 基質のカルボキシ基（$-COOH$）を分解してCO_2を発生させる。 DNAどうしを結合させる。

26　1編　生命現象と物質

重要実験 酵素の反応条件を調べる実験

> 温度・熱と pH の影響をしっかりおさえよう！

方法

1. 5gの**肝臓片**を乳鉢ですりつぶし，10 mLの蒸留水を加えたものを酵素液Ⅰとする。
2. 5gの**シロツメクサ**を乳鉢ですりつぶし，10 mLの蒸留水を加えたものを酵素液Ⅱとする。
3. **酸化マンガン(Ⅳ)**の粉末5gに10 mLの蒸留水を加えたものを無機触媒とする。
4. 細かな石英砂5gに10 mLの蒸留水を加えたものを対照実験に使用する液とする。
5. 基質として4％の過酸化水素水，pH調節用に1％の水酸化ナトリウム(NaOH)溶液，1％の塩酸(HCl)溶液を用意して，下図のように組み合わせて加え，反応を観察する。

結果

各試験管の泡の発生量をまとめると次のようになった。＋は泡の発生を，＋の数はその量を示す。－は泡が発生しなかったことを示す。

試験管	A	B	C	D	E	F	G	H	I	J	K
酵素液Ⅰ	－	＋＋＋	－	－	－	＋	＋＋＋	＋＋＋	＋＋＋	＋＋＋＋	－
酵素液Ⅱ		＋			－	±					

考察

1. 実験区Bで起こる反応の反応式を示せ。 → $2H_2O_2 \longrightarrow 2H_2O + O_2$
2. この実験でH₂O₂を分解する触媒作用を示した物質名を2つ答えよ。 → 酸化マンガン(Ⅳ)，カタラーゼ
3. 煮沸した実験区Eでは泡の発生が見られなかった。これはなぜか。 → 熱によって**酵素が失活したため**。
4. NaOHやHClを加えた実験区C，Dでは泡の発生が見られなかったのはなぜか。 → カタラーゼの**最適pHは約7**であり，酸性やアルカリ性では酵素の活性が低下するため。
5. 実験区Fではなぜ泡の発生が少ないか。 → 温度が低いと反応速度が低下するから。
6. 酵素液Ⅱでは泡の発生量がなぜ少ないか。 → 植物の酵素活性は低いから。

1章 細胞と分子 27

テスト直前チェック　定期テストにかならず役立つ！

1. ☐ 細胞内でタンパク質を合成する場となる細胞小器官を何という？
2. ☐ 1が多数表面に付着した小胞体を何という？
3. ☐ DNAがヒストンに巻きついた状態の構造を何という？
4. ☐ 原核細胞になくて真核細胞にあるものは何か？
5. ☐ 細胞の構造を支える，タンパク質でできた繊維状構造を何という？
6. ☐ 3種類ある5のうち，アメーバ運動に重要な働きを果たしているのは？
7. ☐ 3種類ある5のうち，細胞分裂のときに紡錘糸をつくるのは？
8. ☐ 細胞膜を構成する2つの物質は何か？
9. ☐ 8からなる細胞膜の構造を示したモデルを何という？
10. ☐ 細胞膜が特定の物質だけを透過させる性質を何という？
11. ☐ 細胞膜がエネルギーを使って物質を輸送することを何という？
12. ☐ 細胞膜にはまっていて，イオンなどを通す輸送タンパク質を何という？
13. ☐ 12の一種で水を通す輸送タンパク質を何という？
14. ☐ ATPを使ってNa$^+$を運ぶ輸送タンパク質を何という？
15. ☐ タンパク質を構成する単位となる物質は何か？
16. ☐ タンパク質を構成するアミノ酸の配列をタンパク質の何次構造という？
17. ☐ 複数のポリペプチド鎖がつくるタンパク質の構造を何次構造という？
18. ☐ タンパク質の立体構造が熱や酸で変化することを何という？
19. ☐ 酵素が基質と結合する部分を何という？
20. ☐ 1種類の酵素が1種類の基質としか反応しない性質を何という？
21. ☐ 酵素が最もよく働く温度を何という？
22. ☐ 活性部位以外に阻害物質が結合して起こる反応阻害を何という？
23. ☐ 酵素の働きを助ける低分子の有機化合物を何という？

解答

1. リボソーム
2. 粗面小胞体
3. クロマチン繊維
4. 核と細胞小器官
5. 細胞骨格
6. アクチンフィラメント
7. 微小管
8. リン脂質，タンパク質
9. 流動モザイクモデル
10. 選択的透過性
11. 能動輸送
12. チャネル
13. アクアポリン
14. ナトリウムポンプ
15. アミノ酸
16. 一次構造
17. 四次構造
18. 変性
19. 活性部位
20. 基質特異性
21. 最適温度
22. アロステリック阻害
23. 補酵素

定期テスト予想問題

解答→ p.260〜262

1 細胞の構造

下の図は、電子顕微鏡で観察した動物細胞と植物細胞の微細構造を示したものである。各問いに答えよ。

(1) Aで示された側は植物細胞、動物細胞のいずれを示しているか。
(2) 図中のa〜lの名称をそれぞれ答えよ。
(3) 次の①、②を、図中のa〜gから選べ。
　① タンパク質合成の場となる構造
　② タンパク質の通路となっている構造

2 細胞内構造の働き

下の(1)〜(5)の働きをもつ細胞小器官の名称を、それぞれ答えよ。
(1) 二重の膜に包まれ、酸素を使って有機物を分解し、ATPを生産する場である。
(2) 一重の膜に包まれた構造で、小胞体から受け取ったタンパク質を小胞で包んで細胞外に分泌しやすくする。
(3) 内部には消化酵素が含まれており、細胞内の不要物を分解する。
(4) 二重の膜に包まれており、内部にはチラコイドという光合成色素を含む膜構造があり、光エネルギーを利用して、二酸化炭素と水から有機物を合成する。
(5) 表面には多数のリボソームが付着しており、タンパク質の移動の通路となる。

3 細胞骨格

下の図の細胞骨格について、各問いに答えよ。

(1) 図中のA〜Cは細胞骨格を示している。A〜Cの名称をそれぞれ答えよ。
(2) 次の細胞骨格を図中の記号で答えよ。
　① 細胞分裂のときに紡錘糸をつくる。
　② アメーバ運動に関係する。
　③ 骨格筋の収縮に関係する。
　④ 繊毛や鞭毛の形成に関係する。
(3) 図中のA〜Cのうち、最も強度があるものはどれか。図中の記号で答えよ。

4 タンパク質の構造

右の図は、タンパク質の構成単位を示したものである。各問いに答えよ。

(1) 図のような化合物を何というか。
(2) 図中のa、bの名称をそれぞれ答えよ。
(3) 図中のRで示したものは、生体を構成するタンパク質としては何種類あるか。
(4) 図の化合物2分子の隣接する部分から水がとれてできる結合を何というか。

1章 細胞と分子　29

5 細胞膜の構造

下の図は，細胞膜の構造を分子レベルで示したものである。各問いに答えよ。

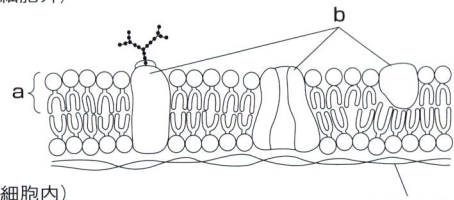

(1) 図中のa，bの物質名をそれぞれ答えよ。
(2) 図で示したような細胞膜の構造モデルを何というか。
(3) 図中のaの分子では，水になじみやすい部分（親水基）は，○の部分と棒で示した部分のどちらか。
(4) 細胞膜が特定の物質を透過させる性質を何というか。
(5) 細胞膜を通じた物質の輸送のうち，濃度勾配にしたがって細胞膜の内外の物質を輸送することを何というか。
(6) 細胞膜を通じた物質の輸送のうち，(5)とは逆に，濃度勾配に逆らって細胞膜の内外の物質を輸送することを何というか。

6 膜タンパク質の働き

下の図は，輸送タンパク質の働きを模式的に示したものである。各問いに答えよ。

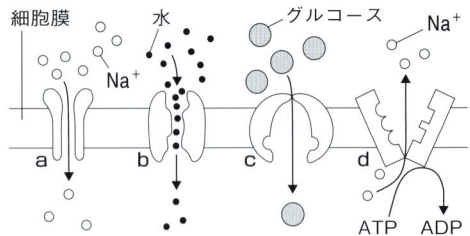

(1) aのように，イオンの透過を調節する輸送タンパク質を何というか。

(2) bのように，水の透過を調節する輸送タンパク質を何というか。
(3) cのように，グルコースの透過を調節する輸送タンパク質を何というか。
(4) dのように，ATPを消費しながらNa^+を運ぶ輸送タンパク質を何というか。
(5) 受動輸送をするタンパク質を，a〜dからすべて選び，記号で答えよ。

7 細胞間結合

右の図は，いろいろな細胞間結合に働くタンパク質を示したものである。各問いに答えよ。

(1) 図のa〜eのような細胞間結合をそれぞれ何というか。下から選べ。

　ア　ギャップ結合　　イ　密着結合
　ウ　デスモソーム
　エ　ヘミデスモソーム　　オ　接着結合

(2) 消化管の内面の上皮細胞などの結合に使われ，小さな分子でも通さないほど密な結合はどれか。図中の記号で答えよ。
(3) 中空のタンパク質による結合で，管の中空の部分をイオンなどが移動する結合はどれか。図中の記号で答えよ。
(4) カドヘリンなどのタンパク質が関係する結合はどれか。図中の記号で答えよ。
(5) a〜eの結合の中で，最も強固な結合をつくるのはどれか。(1)のア〜オで答えよ。

8 免疫とタンパク質

免疫とタンパク質に関する各問いに答えよ。
(1) 抗体の成分となるタンパク質は何か。

(2) 抗原と結合する部分は，抗体の可変部，定常部のいずれか。
(3) 抗原と抗体の反応を何というか。
(4) 抗体の多様性のしくみを明らかにしたのは誰か。
(5) 自己・非自己の識別に関係するヒトの主要組織適合抗原を何というか。

❾ 酵素の性質

図Ⅰ～Ⅲは，いろいろな条件での酵素反応の速度を示したものである。各問いに答えよ。

(1) 図Ⅰのaの温度を何というか。
(2) 図Ⅰのa以上の温度で反応速度が急激に低下している理由を説明せよ。
(3) 図ⅡのbのpHを何というか。
(4) 図Ⅱのb以外のpHでは反応速度が低下する理由を説明せよ。
(5) 図Ⅲのcまでの基質濃度では，濃度が上がるにつれて反応速度が速くなるのはなぜか。
(6) 図Ⅲのc以上の基質濃度では，濃度が上がっても反応速度が上昇しないのはなぜか。

❿ 酵素反応

アルコールを分解するチマーゼという酵素（群）がある。これの酵素液をセロハン膜に包んで蒸留水に浸して1日置いた。セロハン膜に包まれた内液をA，外液をBとした。AとB液の組み合わせと酵素反応の関係を調べたところ，次のようになった。反応した場合を＋，しない場合を－で示した。各問いに答えよ。

	液の組み合わせ	反応
①	A液＋B液	＋
②	A液のみ	－
③	B液のみ	－
④	A液＋煮沸B液	＋
⑤	煮沸A液＋B液	－

(1) B液に含まれるような性質を示す物質を何というか。
(2) ④では反応が起こったが，⑤では反応が起こらなかった理由を説明せよ。

⓫ 酵素反応の調節のしくみ

下の図は，一連の酵素群による反応調節のしくみを示したものである。各問いに答えよ。

(1) 図中の酵素Aのようなタイプの酵素を何というか。
(2) 酵素AのX，Yの各部分のへこみをそれぞれ何というか。
(3) 基質以外のものが酵素AのYの部分に結合することによって，酵素Aの立体構造が変化してXに基質が結合できなくなることを何というか。
(4) このようなしくみで最終生産物の量を調節するしくみを何というか。
(5) (4)のような阻害を何というか。
(6) (4)のような調節のしくみは，生体内にとってどのような意義があるか。

1章　細胞と分子　**31**

2章 代謝とエネルギー

1 代謝とエネルギー

1. 代 謝

代謝 ┤
- 同化…体物質の合成
  - 炭酸同化（光合成，化学合成）
  - 窒素同化
- 異化…体物質の分解
  - 呼吸
  - 発酵

■ 細胞内で酵素の触媒作用によって起こる化学反応や，物質の合成や分解といった物質の変化をまとめて**代謝**という。

1 代謝によって物質は変化する

■ **代謝とエネルギー代謝** 細胞内で起こる物質の化学反応をまとめて代謝といい，**同化と異化の2つに大別される**。また，このとき代謝に伴ってエネルギーの変化や出入りも起こり，これを**エネルギー代謝**という。

■ **同化** CO_2 や H_2O などの簡単な物質から自分に有用な物質（有機物）を合成する過程を**同化**といい，エネルギーを必要とするエネルギー吸収反応である。同化には，CO_2 を同化する炭酸同化，窒素を同化する窒素同化などがある。

■ **異化** 体内の複雑な有機物を分解して簡単な物質にする過程を**異化**といい，エネルギー放出反応である。グルコースを分解してエネルギーを取り出す**呼吸は異化の代表である**。呼吸の反応において酸素を利用する場合を呼吸，酸素を利用しない場合を**発酵**（⇒p.38）という。

図1. 生物界における代謝とエネルギー代謝

32　1編　生命現象と物質

〔代謝〕
- 同化…有機物を合成。エネルギーを使う・蓄える。
- 異化…有機物を分解。エネルギーを取り出す。

2 独立栄養生物と従属栄養生物

■ **独立栄養生物**　緑色植物のように炭酸同化によって有機物をつくる能力をもつ生物を，独立栄養生物という。

■ **従属栄養生物**　自らは炭酸同化できないため，他の生物がつくった有機物を摂取する生物を従属栄養生物という。

光合成を行わないけど，化学合成細菌も独立栄養生物だよ。

3 エネルギーの通貨ATP

■ **ATP**　エネルギー代謝では，ATP（アデノシン三リン酸）と呼ばれる物質が仲立ちをしている。

■ **高エネルギーリン酸結合**　ATPは塩基であるアデニンと糖の一種リボースにリン酸が3個直列に結合した物質である。このリン酸どうしの結合が切れるとき，多量のエネルギーが放出されるので，この結合を高エネルギーリン酸結合という。

■ **エネルギーの通貨**　生体内では，ATPをADP（アデノシン二リン酸）とリン酸に分解してエネルギーを取り出し，異化などで生じたエネルギーはADPとリン酸からATPを合成して蓄える。生命活動で使われるエネルギーはATPから取り出したものが使われる。これはすべての生物に共通で，ATPは「エネルギーの通貨」と呼ばれる。

図2．ATPの構造

○ 2．アデニン
アデニンはDNAを構成する塩基の1つでもあり略号Aで示される。

○ 3．リボース
リボースは炭素数5のRNAの材料となる糖で$C_5H_{10}O_5$で示される。アデニンとリボースが結合したものをアデノシンと呼ぶ。

〔ATP（アデノシン三リン酸）〕
- リン酸どうしの結合は高エネルギーリン酸結合
- 生命活動の「エネルギーの通貨」

図3．エネルギーの通貨としてのATPの働き

2章　代謝とエネルギー

2 呼吸

図4. 燃焼と呼吸

図5. ミトコンドリアのつくり

■ 酸素を使って有機物を分解して，生じるエネルギーをATPとして取り出す過程を**呼吸**という。

1 呼吸と燃焼

■ **呼吸と燃焼** 有機物などの急激な酸化が**燃焼**で，光と高熱を発生する。一方，**呼吸**は**有機物を段階的に酸化してエネルギーを取り出す過程**で，放出されたエネルギーは効率的にATPに蓄えられる。

■ **呼吸の場** 呼吸の場は**ミトコンドリア**である。ミトコンドリアは二重の膜で囲まれ，内膜は**クリステ**という多数の突起をもつ。内膜で囲まれた部分を**マトリックス**（基質）という。ミトコンドリアは独自のDNAをもつ。

 ミトコンドリア…呼吸の場。内膜の突起を**クリステ**，その内側の基質を**マトリックス**という。

2 有機物からATPを取り出す呼吸のしくみ

■ **呼吸の過程** ①**解糖系**→②**クエン酸回路**→③**電子伝達系**の順に進む。解糖系の反応は**細胞質基質**で，クエン酸回路と電子伝達系は**ミトコンドリア内**で進む。

■ **酸素の消費** 呼吸の過程で酸素が使われ，電子伝達系で生成した水素が酸化されて無害な水になる。

■ **呼吸のしくみ**

①解糖系（細胞質基質での反応）

- 解糖系では2分子のATPを使ってグルコースを活性化した後，分解して2分子の**ピルビン酸**，**2NADH**，$2H^+$ができる。このとき，4分子のATPが生じる（基質レベルのリン酸化）ので，**差し引きで2ATP生成**する。
- 反応式：$C_6H_{12}O_6 + 2NAD^+$
  $\longrightarrow 2C_3H_4O_3 + 2NADH + 2H^+ + 2ATP$

 解糖系…**細胞質基質**で起こる。酸素は不要。
グルコース ⇨ **ピルビン酸**，ATP，NADH，H^+

図6. 解糖系

②**クエン酸回路**(ミトコンドリアのマトリックス(基質)での反応)
- ピルビン酸は**脱炭酸酵素**の働きでC_2化合物となり，さらにコエンザイムA(CoA)という補酵素が結合して**アセチルCoA**(活性酢酸)となる。
- アセチルCoAはオキサロ酢酸(C_4化合物)と結合して**クエン酸**(C_6化合物)となる。
- クエン酸は脱炭酸酵素の働きで段階的にCO_2を放出し，脱水素酵素(補酵素はNAD, FAD)の働きで**オキサロ酢酸**にもどる。この回路状の反応を**クエン酸回路**という。
- 解糖系と同様，反応過程で基質レベルのリン酸化でリン酸がADPに付加して**ATPが2分子できる**。
- 反応式：$2C_3H_4O_3 + 6H_2O + 8NAD^+ + 2FAD$
  $\longrightarrow 6CO_2 + 8NADH + 8H^+ + 2FADH_2 + 2ATP$

図7．クエン酸回路

> **ポイント**
> クエン酸回路…マトリックスでの反応
> ピルビン酸 ⇒ CO_2, ATP, NADH, H^+, $FADH_2$

✿1. NADはニコチンアミドアデニンジヌクレオチド，FADはフラビンアデニンジヌクレオチドの略。

③**電子伝達系**(ミトコンドリアのクリステでの反応)
- NADHや$FADH_2$が運んできた電子(e^-)は**電子伝達系**に渡され，**ミトコンドリアの内膜にあるタンパク質複合体の間を受け渡される**。このとき生じたエネルギーを利用し，H^+をマトリックス側から膜間(外膜と内膜の間)に出す。
- 膜間のH^+濃度が高くなると，H^+は濃度勾配にしたがい，**ATP合成酵素**を通ってマトリックス側にもどる。
- ATP合成酵素はこのH^+の流れを使い，ATPを合成する。これを**酸化的リン酸化**といい，**最大34ATP生成する**。
- 電子伝達系を流れた電子とH^+は，酸素で酸化されて無害な水となる。
- 反応式：$10NADH + 10H^+ + 2FADH_2 + 6O_2$
  $\longrightarrow 10NAD^+ + 2FAD + 12H_2O + 最大34ATP$

図8．電子伝達系

2章 代謝とエネルギー **35**

> **ポイント**
> 電子伝達系…ミトコンドリアのクリステ(内膜)での反応
> H^+と電子は酸素O_2で酸化されてH_2Oとなる。
> H^+の流れで**ATP合成酵素**はATPを合成（**酸化的リン酸化**）

④呼吸全体の反応式

$$C_6H_{12}O_6 + 6H_2O + 6O_2 \longrightarrow 6CO_2 + 12H_2O + 最大38\,ATP$$

図9．呼吸の全過程の反応

36　1編　生命現象と物質

３ タンパク質や脂肪も呼吸基質となる

■ **タンパク質の分解** タンパク質は加水分解されてアミノ酸となる。アミノ酸は**脱アミノ反応**でアミノ基($-NH_2$)を**アンモニア**(NH_3)として遊離する。アミノ基以外の部分は，ピルビン酸や有機酸となってクエン酸回路に入って分解される。有害な**アンモニアは，肝臓の尿素回路で毒性の低い尿素に合成され，腎臓を通じて排出**される。

■ **脂肪の分解** 脂肪は加水分解されて**モノグリセリド**と**脂肪酸**となる。

- モノグリセリド…解糖系に入って分解される。
- 脂肪酸…端から炭素数2個の化合物として切り取られ，これに**コエンザイムAが結合してアセチルCoA**となる（**β酸化**）。アセチルCoAはクエン酸回路に入り，最終的にCO_2とH_2Oに分解される。

✿2. 脊椎動物の窒素排出物
NH_3は有害なため，両生類や哺乳類では肝臓の**尿素回路**（オルニチン回路）で毒性の低い**尿素**に合成され，腎臓を通じて尿に含まれた状態で体外に排出される。ハ虫類や鳥類では，卵殻内で発生するアンモニアを水に不溶性で無毒な**尿酸**に合成して排出している。

図10. 各呼吸基質の分解経路

４ 呼吸商でわかる呼吸基質

■ **呼吸商（RQ）** 呼吸で発生するCO_2と消費したO_2の体積比$\frac{CO_2}{O_2}$を**呼吸商**（RQ）という。次のように呼吸商は呼吸基質によって異なるため，呼吸商から消費された有機物を推定することができる。

■ 炭水化物　$C_6H_{12}O_6 + 6H_2O + 6O_2 \longrightarrow 6CO_2 + 12H_2O$
　　　グルコース
　　　　　　　　　　　　　　　　⇨ $RQ = \frac{6}{6} = 1.0$

■ 脂肪　$2C_{57}H_{110}O_6 + 163O_2 \longrightarrow 114CO_2 + 110H_2O$
　　　トリステアリン
　　　　　　　　　　　　　　　　⇨ $RQ = \frac{114}{163} \fallingdotseq 0.7$

■ タンパク質　$2C_6H_{13}O_2N + 15O_2 \longrightarrow 12CO_2 + 10H_2O + 2NH_3$
　　　ロイシン
　　　　　　　　　　　　　　　　⇨ $RQ = \frac{12}{15} = 0.8$

> **ポイント**　〔いろいろな呼吸基質の呼吸商（RQ）〕
> 炭水化物：約1.0，脂肪：約0.7，タンパク質：約0.8

2章　代謝とエネルギー　**37**

3 発酵

酸素を使わずに呼吸基質を分解してエネルギーを取り出す過程を発酵という。

1. 発酵と嫌気呼吸
かつては，酸素を使わない異化を嫌気呼吸と呼び，発酵はその1つとして扱われていた。しかし，嫌気呼吸は脱窒やメタン発酵など反応が全く異なる代謝も指すためここでは嫌気呼吸の語は用いない。

1 発酵とは何？

発 酵 グルコースなどの有機物を酸素のない条件下で分解して，細胞質基質でADPとリン酸からATPを生成する過程を発酵という。発酵の過程では，脱水素酵素の働きで生じたNADHはピルビン酸を乳酸などに還元するために使われ，NADHは酸化してNAD$^+$へと再生される。これによって，ピルビン酸やNADHが蓄積して解糖系の反応が停止しないようにしている。

2.
反応生成物であるNADHが蓄積すると，NADHを生成する反応は停止してしまい，ADPとリン酸からATPを生成することができなくなる。そのため，NADHを何らかの方法で酸化してNAD$^+$にもどす必要がある。

図11. 乳酸発酵

2 乳酸発酵

乳酸発酵 乳酸菌が酸素を使わずにグルコースを乳酸に分解する過程を乳酸発酵という。

乳酸発酵の過程 乳酸菌は解糖系で，グルコースを2分子のピルビン酸に分解する。この過程では，グルコースを活性化するために2ATPを消費し，4ATPができる。つまり，差し引き2ATPが生成する。また，同時に2NADHができる。

NADHやピルビン酸が解糖系内に蓄積すると反応を継続することができないので，ピルビン酸（C$_3$H$_4$O$_3$）を乳酸（C$_3$H$_6$O$_3$）に還元するときに，NADHを酸化してNAD$^+$にもどして再生している。その結果，解糖系の反応を継続させることができる。

生成した乳酸は細胞外に放出される。これを利用してヨーグルトや漬け物などの発酵食品がつくられる。

乳酸発酵の反応式

C$_6$H$_{12}$O$_6$（グルコース） ⟶ 2C$_3$H$_6$O$_3$（乳酸） + 2ATP

図12. 乳酸菌

> 〔乳酸発酵〕
> 乳酸菌が行う発酵，2分子の乳酸と2ATPが生成
> C$_6$H$_{12}$O$_6$ ⟶ 2C$_3$H$_6$O$_3$ + 2ATP

1編 生命現象と物質

③ 解 糖

■ **解 糖** 激しい運動をしている筋肉などでは，ATPの供給が不足すると，乳酸発酵と同じ過程でグルコースやグリコーゲンを分解してATPを生成する。この過程を解糖という。解糖の結果，筋肉には乳酸が蓄積する。

■ **解糖の反応式**

$C_6H_{12}O_6$やグリコーゲン $\longrightarrow 2C_3H_6O_3 + 2ATP$
（グルコース）　　　　　　　　　　（乳酸）

> **ポイント**
> 〔解 糖〕
> グルコースなどを乳酸に分解してATPをつくる。
> $(C_6H_{10}O_5)_n,\ C_6H_{12}O_6 \longrightarrow 2C_3H_6O_3 + 2ATP$
> グリコーゲン　グルコース　　　乳酸

図13．酵母菌

④ アルコール発酵

■ **アルコール発酵** 酵母菌は，解糖系で生じたピルビン酸（$C_3H_4O_3$）から脱炭酸酵素を使ってCO_2を除去してアセトアルデヒドをつくる。さらに，このアセトアルデヒドを解糖系で生じたNADHを使ってエタノール（C_2H_6O）に還元する。このときにNADHは酸化されてNAD$^+$にもどり，再利用される。この反応過程で，グルコースはアセトアルデヒドを経てエタノール（飲用にできるアルコール）となるので，これをアルコール発酵という。

生じたエタノールとCO_2は細胞外に放出される。パン製造では，生成するCO_2でパン生地を膨らませている。ワイン製造では，ブドウの果汁に含まれるグルコースからエタノール（ワイン）をつくっている。

■ **アルコール発酵の反応式**

$C_6H_{12}O_6 \longrightarrow 2C_2H_6O + 2CO_2\ (+2ATP)$
（グルコース）（エタノール）

図14．アルコール発酵

> **ポイント**
> 〔アルコール発酵〕
> 酵母菌が酸素のない条件下で
> $C_6H_{12}O_6 \longrightarrow 2C_2H_6O + 2CO_2\ (+2ATP)$
> の反応で分解してエタノールを生成する。

✿3．日本酒をつくるときは，コメのデンプンをコウジカビのアミラーゼでグルコース（甘酒）にした後，日本酒酵母を使ってエタノール（日本酒）にしている。また，ビールではムギの麦芽に含まれるアミラーゼで胚乳のデンプンを糖化した後，アルコール発酵をしている。

2章　代謝とエネルギー

4 光合成

二酸化炭素と水を材料に，光エネルギーを使って複雑な過程で行われる光合成のしくみを調べよう。

図15. ヒルの実験（1905年）

葉緑体を含む液に酸化剤を入れておくと，CO_2 がなくても O_2 が放出される。

→ 光合成では，水の分解で酸素と水素が発生。

図16. ルーベンの実験（1941年）

酸素の同位体でできた水を用いて光合成を行わせると，同位体でできた気体の酸素が発生する。

→ 光合成で発生する酸素は，水に由来する。

図17. 葉緑体を含む細胞

図18. 葉緑体のつくり

1 光を使って有機物をつくる

■ **光合成** 光エネルギーを利用して CO_2 と H_2O から有機物をつくる過程を**光合成**という。
■ **光合成をする生物** 緑色植物の他に**光合成細菌**や**シアノバクテリア**なども光合成をする。

2 光合成の研究の歴史

■ **プリーストリー** 光合成で酸素が発生。
■ **インゲンホウス** 光照射時のみ植物は光合成をする。
■ **ザックス** 光合成の場は葉緑体。
■ **ヒル，ルーベン** 光合成で発生する**酸素は水に由来**する（二酸化炭素由来ではない）。
■ **カルビン，ベンソン** 二酸化炭素を還元するカルビン・ベンソン回路（⇒p.42）を発見。

〔光合成研究の歴史で解明されたこと〕
材料：H_2O と CO_2（O_2 は H_2O 由来）
カルビン・ベンソン回路で CO_2 を固定

3 光合成はどこでやる？

■ **葉緑体** 葉緑体は緑葉の**柵状組織**や**海綿状組織**，気孔の**孔辺細胞**などに含まれ，二重膜で包まれた直径3～10μmの細胞小器官で，独自のDNAをもつ。
■ **チラコイド** 葉緑体の内部には，**チラコイド**という扁平な袋状構造があり，その膜には**光合成色素**がはまっている。チラコイドの間の液状部分を**ストロマ**という。

葉緑体…光合成の場。内部の袋状構造を**チラコイド**，その間の液状部分を**ストロマ**という。

40　1編　生命現象と物質

4 光を吸収する色素

■ **光合成色素** チラコイド膜には，**クロロフィルa**，**クロロフィルb**，**カロテン**，**キサントフィル**などの光合成色素がある。

■ **吸収スペクトルと作用スペクトル** 光の波長と光合成色素による光の吸収率との関係を示したグラフを**吸収スペクトル**，光の波長と光合成速度の関係を示したグラフを**作用スペクトル**という。吸収スペクトルと作用スペクトルはほぼ一致するので，光合成に利用される光は**青色光と赤色光**である。

図19．光合成の吸収スペクトルと作用スペクトル

5 光合成のしくみ

■ 光合成の4つの過程

①**光エネルギーの捕集**（**チラコイド**での反応）

- **光化学系** チラコイドには**光化学系Ⅰ**と**光化学系Ⅱ**と呼ばれる光エネルギーを捕集する2つの反応系がある。反応系はクロロフィルa・b，カロテノイドなどの光合成色素とタンパク質の複合体からなる。
- **反応中心** カロテノイドなどの光合成色素が集めた光エネルギーは，反応中心の**クロロフィル**に集められる。

②**光化学系での水の分解**（**チラコイド**での反応）

- **光化学系Ⅱの反応** 光エネルギーを受容した光化学系Ⅱでは，**活性化したクロロフィルから電子(e^-)が飛び出し，電子伝達系へと流れる**。不足した電子はH_2OをO_2とH^+とe^-に分解したときのe^-で補充され，O_2は気孔から排出される。e^-は電子伝達系を通り光化学系Ⅰへ渡される。
- **光化学系Ⅰの反応** 光化学系Ⅰでは，光エネルギーを受容した**クロロフィルから$NADP^+$にe^-が渡され，H^+とNADPH**をつくる。**不足した電子は光化学系Ⅱから電子伝達系を経由して補充**される。

図20．チラコイドでの反応

2章　代謝とエネルギー　41

③ATPの生成（チラコイドでの反応）

- 電子伝達系　光化学系ⅡからⅠにe⁻が伝達される経路を電子伝達系という。呼吸の電子伝達系とよく似たしくみである。光合成色素とタンパク質複合体の間をe⁻が受け渡しされるときに生じたエネルギーを使ってH⁺がストロマ側からチラコイドの内側に運ばれる。
- ATPの生成—光リン酸化　チラコイドの内側のH⁺濃度が上がり、H⁺濃度の勾配が大きくなると、チラコイド膜のATP合成酵素を通ってH⁺がストロマ側にもどる。このとき、ATP合成酵素の一部（⇒図21）が回転してエネルギーを発生し、ATPを生成する。この反応を光リン酸化という。光リン酸化は、呼吸の酸化的リン酸化でATPを生成するしくみとよく似ている。

図21. ATP生成

④カルビン・ベンソン回路（ストロマでの反応）

- 二酸化炭素の還元　ストロマでは、ATPとNADPHを使ってCO_2を還元し、グルコースなどの有機物を合成する。この回路状の反応系を、カルビン・ベンソン回路という。

■ 転流　グルコースはスクロースに合成された後、師管を通って各部に運ばれる（転流）。運びきれないものは葉緑体で同化デンプンに合成される。転流したスクロースは、根や茎で貯蔵デンプンに合成される。

図22. カルビン・ベンソン回路

図23. 光合成のしくみ

42　1編　生命現象と物質

■ 光合成全体の反応式

$6CO_2 + 12H_2O \xrightarrow{\text{光エネルギー}} 有機物(C_6H_{12}O_6) + 6H_2O + 6O_2$

> **ポイント**
> 〔光合成の4段階〕
> ① 光合成色素による**光エネルギーの捕集**
> ② 還元物質である**NADPHの生成**
> ③ 電子伝達系で光リン酸化により**ATPを生成**
> ④ カルビン・ベンソン回路でCO₂を**還元**

6 熱帯や砂漠に適応した植物

■ **C₄植物** 多くの植物は，光合成においてCO₂がまずC₃化合物のPGAに固定されることから**C₃植物**という。これに対して熱帯産のトウモロコシやサトウキビは，維管束鞘細胞でのカルビン・ベンソン回路以外に，葉肉細胞でCO₂を一時的にリンゴ酸などのC₄化合物に固定する経路をもつので，**C₄植物**という。高温・乾燥条件で光合成の能率がよい。

■ **CAM植物** 砂漠地帯で生育するサボテンなどは，昼間は極度に乾燥するため，気孔を開いてCO₂を取り入れることができない。そこで夜間に気孔を開いてCO₂を吸収し，オキサロ酢酸を経てリンゴ酸などに蓄え，このCO₂を利用して昼間光合成を行う。これを**CAM植物**という。

図24. C₄植物のCO₂固定

図25. CAM植物のCO₂固定

7 光合成をする原核生物

■ **シアノバクテリアの光合成** シアノバクテリアのネンジュモなどは，**クロロフィルa**をもち，**光化学系Ⅰ**と**Ⅱ**を使って，緑葉と同じような光合成を行う。

$6CO_2 + 12H_2O + 光エネルギー \longrightarrow (C_6H_{12}O_6) + 6H_2O + 6O_2$

■ **光合成細菌の光合成** 原核生物の細菌のなかで光合成を行うものを**光合成細菌**という。光合成細菌は，光合成色素として**バクテリオクロロフィル**をもつ。

例 紅色硫黄細菌，緑色硫黄細菌

$6CO_2 + 12H_2S + 光エネルギー \longrightarrow (C_6H_{12}O_6) + 6H_2O + 12S$
　　　硫化水素　　　　　　　　　　　有機物　　　　硫黄

図26. 原核生物の光合成

5 化学合成と窒素同化

化学エネルギーを使って二酸化炭素から有機物をつくる過程を化学合成，無機窒素化合物からアミノ酸などの有機窒素化合物をつくる過程を窒素同化という。

1 光を使わない炭酸同化

■ **化学合成** 酸素を使って無機物を酸化するときに生じる化学エネルギーを利用して二酸化炭素から有機物をつくる過程(炭酸同化)を化学合成という。

$$6CO_2 + 12H_2O + 化学エネルギー \longrightarrow (C_6H_{12}O_6) + 6H_2O + 6O_2$$

■ **化学合成細菌** 化学合成をする細菌を化学合成細菌という。 例 亜硝酸菌・硝酸菌・硫黄細菌・鉄細菌など。

■ **亜硝酸菌** アンモニウムイオンを亜硝酸イオンにする。

$$2NH_4^+ + 3O_2 \longrightarrow 2NO_2^- + 2H_2O + 4H^+ + 化学エネルギー$$

■ **硝酸菌** 亜硝酸イオンを硝酸イオンにする。

$$2NO_2^- + O_2 \longrightarrow 2NO_3^- + 化学エネルギー$$

> **ポイント**
> 化学合成…無機物を酸化して行う炭酸同化。
> 化学合成細菌…硝化菌・硫黄細菌・鉄細菌など

★1. 亜硝酸菌と硝酸菌は，ともに働いてアンモニウムイオンから硝酸イオンをつくるので，**硝化菌（硝化細菌）**と呼ばれる。硝化菌は生態系の窒素循環において重要な働きをする。

★2. 硫黄細菌は，深海の**熱水噴出孔**などに生息している。

図27. 窒素同化のしくみ

2 植物の窒素同化

■ **窒素同化** 植物が体外から吸収した無機窒素化合物から有機窒素化合物を合成する働きを**窒素同化**という。

　植物が吸収したNO_3^-やNH_4^+は葉に運ばれ，NO_3^-は還元酵素によりNH_4^+になり，**グルタミン**が合成される。このグルタミンの**アミノ基**（$-NH_2$）を，**アミノ基転移酵素**により他の有機酸に転移し，20種類のアミノ酸を合成する。

1編　生命現象と物質

■ **有機窒素化合物** アミノ酸はペプチド結合してタンパク質になるほか，核酸やATP，クロロフィルなどのいろいろな有機窒素化合物の原料となる。

> **ポイント**
> **窒素同化**…NO_3^-やNH_4^+からグルタミン酸などの有機窒素化合物を合成する過程。

③ N_2からNH_4^+をつくる窒素固定

■ **窒素固定** 一部の細菌は，空気中の窒素(N_2)を取り込んでNH_4^+に還元できる。この過程を**窒素固定**という。

■ **窒素固定細菌** **窒素固定細菌**は，N_2を固定する**ニトロゲナーゼ**(酵素)をもっていてN_2からNH_4^+をつくり，これを利用して窒素同化を行う。

- 独立生活：アゾトバクター，クロストリジウム，シアノバクテリア
- 共生生活：根粒菌(マメ科と共生)，放線菌(グミと共生)

■ **根粒菌** 根粒菌は，マメ科植物の根に**根粒**をつくって**共生**すると窒素固定を行う。根粒菌は窒素固定でできたNH_4^+を**マメ科植物に供給し，マメ科植物からは光合成でできた有機物**を得る。このため，根粒菌と共生したマメ科植物は窒素源の少ないやせた土地でも生育できる。

例 マメ科植物のゲンゲ(レンゲ)が，やせた農地で**緑肥**として利用される。

> **ポイント**
> **窒素固定**…窒素N_2からNH_4^+を合成する働き。**根粒菌**などが行う。

図28. 窒素固定細菌の働き

図29. 根粒菌

④ 動物での有機窒素化合物の合成

■ **動物の窒素同化** 動物は**食物としてタンパク質などの有機窒素化合物を摂食**し，これを消化してアミノ酸とした後，腸から吸収する。このアミノ酸を使ってタンパク質，核酸(DNA・RNA)，ATPなどを合成する。この過程を**動物の窒素同化**という。

■ **必須アミノ酸** 動物が体内で合成できないアミノ酸を**必須アミノ酸**といい，動物により異なる。動物は必須アミノ酸を食物から吸収する必要がある。

図30. 動物の窒素同化

2章　代謝とエネルギー　45

重要実験 脱水素酵素の実験

> メチレンブルーは水素と結合すると（還元されると）無色になるよ！

方法

1. ニワトリの胸筋とリン酸緩衝液を乳鉢に入れてよくすりつぶし，ガーゼでこして**脱水素酵素液**とする。
2. ツンベルク管の主室に酵素液，副室にコハク酸ナトリウム（基質）とメチレンブルー（指示薬）を入れる。
3. **アスピレーター（真空ポンプ）でツンベルク管の空気を排気**し，副室を回して密閉してから，副室の液と主室の酵素液を混ぜて35～40℃で保温して色の変化を観察する。
4. 主室の液の色が変化したら，ツンベルク管の副室を回して空気を吸い込ませ，主室の液の変化を観察する。
5. 4のツンベルク管をよく振って，色の変化を観察する。
6. 5のツンベルク管の副室をひねって主室に空気が入らないようにした後，35～40℃で保温して色の変化を観察する。

1. 酵素液をつくる。
   - ニワトリのささみ
   - リン酸緩衝液
   - 乳鉢ですりつぶす。
   - ガーゼでしぼる。

2. 副室
   - 基質：コハク酸ナトリウム
   - 指示薬：メチレンブルー
   - 主室：脱水素酵素液
   - すり合わせにグリースをぬる。

3. アスピレーターで排気 → 密閉 → 主室と副室の液を混ぜ合わせる。

結果

1. 3のツンベルク管の中の液の色は**青色**から**無色**に変化した。
2. 4で空気が入ると，主室の**液の上部が青色**に変化した。
3. 5では主室の**液全体が青色**に変化した。
4. 6では主室の液の色は再び**無色**となった。

考察

1. 3のツンベルク管で液の色が青色から無色に変化したのはなぜか。
   → 基質のコハク酸ナトリウムがコハク酸脱水素酵素の作用によって水素を奪われた。この水素によって**メチレンブルー（青色）**が還元され，**還元型メチレンブルー（無色）**となった。

2. なぜ，この実験ではツンベルク管を使って実験を行ったのか。
   → 酸素の影響がない条件下で基質と酵素を混ぜ合わせるため。

3. 4では主室の液の上部が，5では液全体が青色に変化したのはなぜか。
   → 4では空気と接する液面付近，5では振ったことで液全体に酸素が溶け込み還元型メチレンブルーがメチレンブルーにもどったため。

4. 6で主室の液の色が再び無色になったのはなぜか。
   → 脱水素酵素はくり返し働くため，再び1と同様のことが起こったため。

重要実験 アルコール発酵の実験

温度と発酵速度の関係。

方法

1. 10％グルコース溶液100 mLに乾燥酵母1 gを入れてよくかき混ぜ10分程度放置したものを酵母菌・グルコース溶液とする。
2. 1の溶液を5本のキューネの発酵管に入れる。このとき盲管部に空気が残らないようにすること。
3. 1本の発酵管には10％グルコース溶液だけを入れて対照実験区とする。
4. 2の4本の発酵管を，それぞれ10℃，20℃，30℃，40℃に設定した恒温器に入れて保温する。
5. 1分ごとに各発酵管の盲管部にたまる気体の量を，盲管部の目盛りを使って測定する。
6. 縦軸に気体の発生量，横軸に測定時間をとってグラフをかく。

1 乾燥酵母 10％グルコース溶液
2 キューネの発酵管に注ぐ。 球部 盲管部
3 乾燥酵母を入れなかったもの
4 10℃・20℃・30℃・40℃で各気体発生量を測定 気体

結果

1. それぞれの温度の発酵管における気体の発生量と時間との関係をグラフに示すと，右図のようになる。
2. 対照実験区では気体は発生しなかった。

考察

1. 盲管部にたまった気体は何か。 → 二酸化炭素（CO_2）
2. 対照実験区を設定した目的を答えよ。 → グルコースが自然に分解して気体を発生しないことを確かめるため。
3. 対照実験区で気体が発生しなかったのはなぜか。 → 酵母菌がいないためアルコール発酵が起こらなかったから。
4. アルコール発酵に最も適した温度は，10℃・20℃・30℃・40℃のうちどれか。 → 40℃
5. キューネの発酵管には，なぜ球部が作ってあるか。 → CO_2によって盲管部から押し出されてきた溶液があふれ出ないようにするため。

2章 代謝とエネルギー

重要実験 光合成色素の分離

> クロマトグラフィーのしくみとやり方をおさえよう。

方法

1. 水をよく切った緑葉を細かく切って乳鉢でよくすりつぶし，抽出液を加える。
2. ペーパークロマトグラフィー用ろ紙または薄層クロマトグラフィーシート（TLCシート）の下から2cm位のところに鉛筆で基線を引き，その1点（原点）にガラス毛細管で①の抽出液を数回つけて乾かす。
3. ②のろ紙（またはTLCシート）を，展開液を5mmほどの深さまで入れた試験管につけて，直立させて，密封し，展開液が上端近くに上がるまで放置する。
4. 展開液が上端近くまで上がったらろ紙（またはTLCシート）を取り出し，**展開液が上昇した上端（溶媒前線）と各色素の輪郭を鉛筆でなぞる**。
5. 各色素のRf値を次の式から計算する。

$$Rf 値 = \frac{原点から各色素のしみの中点までの距離}{原点から展開液の上昇した上端までの距離}$$

① 乳鉢ですりつぶす　抽出液（メタノール：アセトン＝3：1）
② 抽出した色素液を小さく濃く重ねてつける。ガラス毛細管　原点
③ 展開　ゴム栓（密封）　基線　展開液（石油エーテル：アセトン＝7：3）
④ 前線　原点　鉛筆で印をつける。展開液につけないようにする。

$$Rf = \frac{A}{B}$$

結果

1. ペーパークロマトグラフィーと薄層クロマトグラフィー（TLC）で分離した結果は右図のようになる。**2つの方法では色素が展開される順序が異なる**。TLCの方が短時間で鮮明に分離する。
2. 色素の色とRf値はおよそ次のようになる。

色　素		色	Rf値（ろ紙）
カロテン		橙色	0.9〜1.0
キサントフィル	ルテイン	黄	0.7〜0.8
	ビオラキサンチン	黄	0.6〜0.7
クロロフィルa		青緑	0.5〜0.6
クロロフィルb		黄緑	0.4〜0.5

ろ紙　前線　原点
TLCシート　前線　原点
カロテン　橙色
キサントフィル類　黄色
クロロフィルa　青緑色
クロロフィルb　黄緑色

考察

1. 光合成色素は水溶性か油溶性か。 → 有機溶媒で抽出されるので**油溶性**である。
2. 直視分光計で抽出液に光を透過して見たとき，どのように見えるか。 → **赤色と青紫色の部分が暗く見える**。光合成色素に吸収された波長の光は目に届かない。

1編　生命現象と物質

テスト直前チェック 定期テストにかならず役立つ！

1. ☐ 代謝の仲立ちをする，高エネルギーリン酸結合をもつ物質を何という？
2. ☐ 複雑な物質が簡単な物質に分解される代謝を何という？
3. ☐ 簡単な物質から複雑な物質をつくる代謝を何という？
4. ☐ 呼吸の過程を3段階に分けると，その名称は何と何と何か？
5. ☐ 4の3段階のうち，第2・3段階が行われる細胞小器官を何という？
6. ☐ 4の3段階のうち，酸素を消費するのはどの段階か？
7. ☐ 4の3段階のうち，ATPが最も多くできるのはどの段階か？
8. ☐ 7の段階で行われるADPのリン酸化のことを何という？
9. ☐ 酵母菌が行う発酵を何という？
10. ☐ 乳酸菌が行う発酵を何という？
11. ☐ 激しい運動をしている筋肉などで，10と同じ過程でATPを生成することを何という？
12. ☐ 光合成の場となる細胞小器官を何という？
13. ☐ 光合成で行われるADPのリン酸化を何という？
14. ☐ 13は12のどこで行われるか？
15. ☐ 光合成の過程で水素イオンを受け取る，脱水素酵素の補酵素は何？
16. ☐ 光合成で，二酸化炭素を還元して有機物にする回路状の反応経路を何という？
17. ☐ 16は12のどこで行われるか？
18. ☐ 光合成色素によく吸収され，光合成に有効な波長の光は何色光と何色光？
19. ☐ 植物とシアノバクテリアが共通してもつ光合成色素は何？
20. ☐ 光合成細菌がもつ光合成色素を何という？
21. ☐ 無機物を酸化するときに生じる化学エネルギーを使って行う炭酸同化を何という？
22. ☐ 緑色植物が無機窒素化合物から有機窒素化合物をつくる過程を何という？
23. ☐ 根粒菌（根粒細菌）がN_2からNH_4^+をつくる過程を何という？

解答

1. ATP
2. 異化
3. 同化
4. 解糖系，クエン酸回路，電子伝達系
5. ミトコンドリア
6. 電子伝達系
7. 電子伝達系
8. 酸化的リン酸化
9. アルコール発酵
10. 乳酸発酵
11. 解糖
12. 葉緑体
13. 光リン酸化
14. チラコイド
15. $NADP^+$（NADP）
16. カルビン・ベンソン回路
17. ストロマ
18. 赤色光と青色光
19. クロロフィルa
20. バクテリオクロロフィル
21. 化学合成
22. 窒素同化
23. 窒素固定

定期テスト予想問題　解答→p.262~264

1 代謝

代謝に関して，各問いに答えよ。
(1) 簡単な物質から複雑な物質を合成する過程を何というか。
(2) 複雑な物質を簡単な物質に分解する過程を何というか。
(3) (2)のときに生じたエネルギーは何という物質に蓄えられるか。
(4) (3)の物質にエネルギーを蓄える働きがあるのは，何という結合をもつからか。
(5) (3)の物質が合成される反応を，次のア～エからすべて選べ。
　ア　呼吸　　　イ　光合成
　ウ　発酵　　　エ　消化

2 呼吸と燃焼

呼吸と燃焼について，各問いに答えよ。
(1) 次のア～ウから，正しいものをすべて選べ。
　ア　呼吸では，光や高熱が発生しない。
　イ　呼吸でも燃焼でも，酸素は消費される。
　ウ　呼吸でも燃焼でも，ATPが生成する。
(2) グルコースを呼吸の過程で完全に分解したときおもに生成する物質を，3つ答えよ。

3 呼吸の場

右の図は，呼吸の場となる細胞小器官を示したものである。各問いに答えよ。
(1) 図の細胞小器官の名称を答えよ。
(2) 図中のA，Bの各部分の名称を答えよ。
(3) 呼吸の過程のうち，この細胞小器官で行われるものを，次のア～ウからすべて選べ。
　ア　解糖系　　　イ　クエン酸回路
　ウ　電子伝達系

4 呼吸のしくみ

下の図は，グルコースを基質としたときの呼吸の過程を示したものである。各問いに答えよ。

(1) 図中のA，B，Cの過程をそれぞれ何というか。
(2) 図中のa～fにそれぞれ適当な物質名を答えよ。
(3) ミトコンドリアのマトリックス，細胞質基質で起こる過程をA～Cからそれぞれ選べ。
(4) Bの過程では，グルコース1分子につき何分子のATPが生成するか。
(5) Cの過程では，グルコース1分子につき最大何分子のATPが生成するか。また，この過程でのATP生成の反応のことを，特に何というか。
(6) 図中の○は補酵素として働く有機物を示している。○は何という酵素の補酵素となっているか。
(7) 呼吸の過程全体の反応を示した化学反応式を答えよ。

5 脱水素酵素の実験

右の図のような器具を使ってコハク酸脱水素酵素の働きを調べる実験を行った。

実験 器具の主室に，ニワトリの胸筋をすりつぶしてガーゼでろ過した液を酵素液として加え，副室に8％コハク酸ナトリウム溶液5mLと0.1％メチレンブルー溶液を3滴加えた。副室を主室に取り付けた後，アスピレーターで排気した。次に副室の液を主室に加えて38℃に保温した。

結果 液の色が青色から無色に変化した。

(1) 図のような器具を何というか。
(2) アスピレーターで排気したのはなぜか。
(3) 液が青色から無色に変化したのはなぜか。
(4) 副室を回して管内に空気を入れると，液の色は無色からどのように変化するか。
(5) (4)の理由はなぜか。

6 電子伝達系

下の図は，ミトコンドリア内膜における電子伝達系を示したものである。各問いに答えよ。

(1) 図中のa～eにあてはまるものを，次のア～オから選べ。
 ア FAD　　イ NAD$^+$　　ウ H$^+$
 エ FADH$_2$　　オ NADH＋H$^+$
(2) 図中のfがATPを合成するときのcの輸送は，能動輸送と受動輸送のどちらか。
(3) 図中のfによるADPのリン酸化のことを何というか。
(4) 図中のA，Bのうち，マトリックス側を示しているのはどちらか。

7 いろいろな呼吸基質

下の図は，いろいろな呼吸基質の異化の過程を示したものである。各問いに答えよ。

(1) 図中のaにあてはまる呼吸基質の名称を答えよ。
(2) 図中のb～dにあてはまる物質名をそれぞれ答えよ。
(3) 図中のAのように，アミノ酸をbと有機酸に分解する反応を何というか。

8 酵母菌による発酵

15％グルコース溶液と酵母菌0.5gをキューネ発酵管に入れて43℃に保温した。各問いに答えよ。

(1) 盲管部にたまる気体は何か。
(2) (1)の気体のほかに，溶液中に蓄積する物質は何か。
(3) キューネ発酵管の中で起こる化学反応式を答えよ。
(4) (3)のような発酵を何というか。

2章　代謝とエネルギー　51

9 発酵

下の図は，2種類の発酵の過程を示したものである。各問いに答えよ。

(1) 図中のa～cに適当な物質名を答えよ。
(2) Bの発酵を何というか。
(3) AとBの発酵で共通する，グルコースからaができる過程を何というか。
(4) 図中のA，Bの発酵に関係が深いものを，次のア～エからそれぞれすべて選べ。
　ア　乳酸菌によるヨーグルトの製造
　イ　イースト菌(酵母菌)によるパンの製造
　ウ　激しく運動しているときの筋肉での反応
　エ　酢酸菌による酢酸の製造

10 光合成の場

右の図は，光合成の場となる細胞小器官を示したものである。各問いに答えよ。
(1) 図の細胞小器官の名称を答えよ。
(2) 図中のa，bの名称を答えよ。
(3) 緑葉の組織で(1)が多く含まれる組織を2つ答えよ。

11 光合成のしくみ

次の図は光合成のしくみを示したものである。各問いに答えよ。

(1) ①～③の反応系をそれぞれ何というか。
(2) 図中のa～eにあてはまるものを，次のア～クから選べ。
　ア　CO_2　　イ　$NADP^+$　　ウ　H^+
　エ　H_2O　　オ　$NADPH+H^+$
　カ　GAP　　キ　PGA　　ク　RuBP
(3) 図のようなしくみによって酵素XがATPを合成する過程を何というか。
(4) 光合成全体の化学反応式を答えよ。

12 窒素化合物の代謝

下の図は，窒素循環に関係する生物の働きを示したもので，a～cは微生物を示している。各問いに答えよ。

(1) 植物が，とり入れたNO_3^-やNH_4^+からアミノ酸や核酸などをつくる働きを何というか。
(2) (1)の過程で，アミノ酸の-NH₂を他の物質へ移す働きをもつ酵素を何というか。
(3) a～cの生物をそれぞれ何というか。
(4) cのうち，マメ科植物の根に入りこんで植物と共生する生物を何というか。

ホッとタイム ◎いろいろなタンパク質

◉生物のからだを構成するタンパク質は，いろいろな構造と働きをもった非常に多くの種類から成る。そのうちの代表的なものを見てみよう。

ミオグロビン

筋肉に含まれ，呼吸に必要な**酸素をためておく働き**をもっている赤い色素タンパク質。
- 1本のポリペプチドに鉄 Fe を含んだヘムという構造が組み合わさってできている。

> マグロの刺身が赤いのは筋肉にミオグロビンが多く含まれているからだよ。

ヘモグロビン (p.17)

赤血球の細胞膜に含まれ，**血液の酸素運搬**に働く。
- ミオグロビンとよく似たサブユニットが4つ組み合わさった構造をしている。

ロドプシン

網膜の桿体細胞(p.142)がもつ赤紫色のタンパク質で，**視紅**とも呼ばれる。可視光が当たると白くなり，この反応で生じたエネルギーによって桿体細胞は視覚中枢に情報を伝える。

コラーゲンとケラチン

コラーゲンはおもに**結合組織**に含まれる繊維状のタンパク質で，引っぱりに対する強度を与える。ケラチンは細胞を支える細胞骨格の中間径フィラメント(p.8)をつくり，**毛や爪**などの主成分である。

> コラーゲンはゼラチンの原料でもあるよ。

アクチンとミオシン (p.9, 150)

筋原繊維を構成し，**筋収縮に働くタンパク質**。アクチンは細胞骨格をつくるタンパク質の1つでもあり，**原形質流動**にも働く。
- アクチンフィラメントはアクチンが多数つながった二重らせん構造。

免疫グロブリン (p.19)

抗体として抗原と結合し（抗原抗体反応），**体液性免疫に働く**。

一部のホルモン（ペプチドホルモン）

ホルモン（内分泌腺で合成され，受容体をもつ細胞の働きを調節する物質）には，インスリンや成長ホルモンのように，タンパク質でできたものが多い。

アルブミン

卵白に含まれるタンパク質の大部分を占め，加熱すると白くかたまる。血しょうや乳に含まれるものもある。

リゾチーム

鼻水や乳，卵白に含まれる酵素で，**細菌の細胞膜を破壊する**。

> このほか，酵素はすべてタンパク質が主成分。

2章　代謝とエネルギー　53

3章 遺伝情報と形質発現

1 DNAの構造

1. 核酸の発見
19世紀, ミーシャー(スイス)は病院の使用済みガーゼから死んだ白血球を集め, リンと窒素を含む物質を分離して, これをヌクレインと呼んだ。

2. 核酸にはDNA(デオキシリボ核酸)のほかにRNA(リボ核酸)がある。

3. デオキシリボース
デオキシリボースは炭素原子を5つ含む単糖で五炭糖と呼ばれる。これに対してグルコースなど炭素数が6の糖は六炭糖と呼ばれる。

デオキシリボース $C_5H_{10}O_4$

グルコース $C_6H_{12}O_6$

○=炭素

表1. DNAの塩基の割合〔%〕

	A	T	C	G
ヒト	30.3	30.3	19.9	19.5
ウシ	28.8	29.0	21.1	21.0
サケ	29.7	29.1	20.4	20.8
大腸菌	24.7	23.6	25.7	26.0

ヒト, ウシは肝臓の細胞, サケは精子から抽出したものを分析。

■ DNAは, どのような構造で, どこに遺伝情報を保存し, どのように調節しながら, その情報を発現しているのか。

1 核酸とは

■ **核酸** DNAは核に含まれる酸性物質として発見され, **核酸**(nucleic acid)と名づけられた。

■ **ヌクレオチド** 核酸を構成する単位は**ヌクレオチド**で, これは**糖**と**リン酸**と**塩基**からなる。

■ **DNAのヌクレオチド** DNAのヌクレオチドはリン酸と**デオキシリボース**にA, T, G, Cのうち1つの塩基が結合してできているため**4種類ある**。

図1. DNAのヌクレオチド

2 DNAの構造

■ **塩基の相補性** 生物のDNAを化学的に分析してみると, どの生物の細胞も**AとT, GとCの数は同じ**である。

■ **二重らせん構造** DNAは, 多数のヌクレオチドが結合してできた2本の鎖からなる。2本のヌクレオチド鎖は**AとT, GとCが相補的な塩基対をつくり, 水素結合でつながった二重らせん構造**をしている。この構造は1953年, **ワトソン**と**クリック**が解明した(図2)。

■ **DNAと遺伝情報** DNAのA・T・G・Cの塩基の並び方(塩基配列)が遺伝情報(遺伝子)となっている。

ポイント
〔DNAの二重らせん構造〕
① 2本鎖は, **A-T, C-G**で相補的に対合。
② 塩基(A・T・G・C)の配列が遺伝情報である。

54　1編　生命現象と物質

図2. DNAの構造

3 DNAと染色体の関係

■ **真核生物の染色体** 真核生物のDNAは，**ヒストン**と呼ばれるタンパク質に巻きついて**染色体**をつくっている。**1本の染色体に含まれるDNAは，1つのDNA分子からできている**。この染色体は核の中に存在し，分裂期以外は核全体に分散して遺伝情報を発現している。

■ **原核生物の染色体** 大腸菌のような原核生物では，1個の環状になったDNA分子が細胞質基質内に存在し，これも広い意味で染色体DNAと呼ばれる。

◎4. 細菌類では，この染色体DNA以外に，**プラスミド**と呼ばれる小さな環状のDNAももっていて，これも形質の発現に働く。

ポイント
- 真核生物の染色体…DNA＋ヒストン
- 原核生物のDNA…環状DNA

図3. 染色体とDNAの関係

3章 遺伝情報と形質発現

2 DNAの複製

遺伝子の本体であるDNAは親から子孫へ，また細胞分裂のとき母細胞から娘細胞に伝えられる。そのときどのようにして同じ情報をもつDNAが複製されるのだろうか。

1 DNAが複製される時期

■ **細胞周期** 細胞分裂でできた細胞が次の細胞分裂を経て新しい娘細胞を生じるまでの周期を**細胞周期**といい，分裂期（M期）と間期に分けられる。

■ **細胞周期とDNA量** 細胞のDNA量は，間期の終わり近くで2倍に増え，これを**DNA合成期（S期）**という。S期の前後はG_1期・G_2期と呼ばれる。倍加したDNA量は体細胞分裂でもとにもどり，減数分裂でできた生殖細胞はもとのDNA量の半分になっている。

> **ポイント** 〔細胞周期とDNA量〕
> 間期（S期）に倍加して分裂期（M期）に半減。

図4. 細胞分裂とDNA量の変化

2 DNA複製のしくみ

■ **半保存的複製** DNAの複製は，**2本のヌクレオチド鎖がそれぞれ鋳型となって**，新しいDNA2分子が複製される。新しいDNAは二重らせん構造のうち1本の鎖をもとのDNA分子からそのまま受け継いでおり，このようなしくみを**半保存的複製**という。これは，**メセルソンとスタール**によって証明された（➡p.57）。

■ **複製のしくみ**（➡図5）
① 2本鎖の一部がほどけて2本のヌクレオチド鎖になる。
② ヌクレオチド鎖の塩基に対して相補的な塩基（AとT，CとG）をもつヌクレオチドが**水素結合する**。
③ **DNA合成酵素（DNAポリメラーゼ）**が隣り合うヌクレオチドどうしを結合させ，新しいヌクレオチド鎖をつくる。これによって新しい2本鎖DNAができる。

> **ポイント** DNAの複製は**半保存的複製**。
> **メセルソン**と**スタール**が証明。

✿1. S期とG_1期・G_2期
Sはsynthesis（合成）の，Gはgap（すき間・間隔）の頭文字である。

✿2. 真核生物と原核生物のDNA複製の相違点
真核生物では，DNA分子が長く，多数の複製の起点があるので，それぞれで複製が行われた後，結合して1本のDNAとなる。
原核生物ではDNAの長さは比較的短く，環状のDNAの1か所の複製の起点から両側へ進行する。

図5. DNAの複製のしくみ

③ メセルソンとスタールの実験

■ **重いDNAの作成** 窒素源としてふつうの窒素(^{14}N)よりも重い ^{15}N からなる $^{15}NH_4Cl$ の培地で大腸菌を何代も培養すると，大腸菌のDNAに含まれる塩基中の窒素はすべて ^{15}N に置きかわり，**重いDNA**($^{15}N-^{15}NDNA$)ができる。

■ **^{14}N培地で分裂** この重いDNAをもつ大腸菌を，窒素源として $^{14}NH_4Cl$ をもつ普通の培地に移して，分裂をそろえる薬剤を加えて培養し，分裂後の大腸菌のDNAの重さを**密度勾配遠心法**によって調べた。

■ **結果** 1回目の分裂後，すべての大腸菌のDNAは**中間の重さのDNA**($^{14}N-^{15}NDNA$)となり，2回目の分裂後には，**中間の重さのDNAと軽いDNA**($^{14}N-^{14}NDNA$)の比が1：1となった。

$^{15}N-^{15}NDNA$ とは，2本のヌクレオチド鎖とも ^{15}N よりなるDNAという意味。

✿ **3．密度勾配遠心法**
塩化セシウム（CsCl）溶液に遠心力を加えて，底に近いほどCsCl濃度が高い状態をつくる。この試験管にDNAを加えると，DNAはその密度とつり合った部分に集まるので，わずかな質量の差でも物質を分離できる。

図6．メセルソンとスタールの実験

3章 遺伝情報と形質発現 57

図7. DNAの5′末端と3′末端

★4. DNAを複製するときには，まず起点となるプライマーという核酸の断片が結合する（⇒p.73）。

★5. 岡崎フラグメントという名称は，発見者である岡崎令治にちなんでつけられた。ラギング鎖を複製するときは，5′→3′方向にヌクレオチド鎖の断片を不連続につくり，この断片どうしをDNAリガーゼが連結して新しいヌクレオチド鎖に合成する。

図8. DNAの複製と方向性

4 DNAの2本鎖では複製方法が異なる

■ **DNAヘリカーゼ**　DNAを複製するとき，まず**DNAヘリカーゼ**（酵素）がDNAの二重らせんをほどく。

■ **5′→3′方向**　もとの2本のヌクレオチド鎖が鋳型となって，新しいヌクレオチドが相補的に結合し，これを**DNAポリメラーゼ(DNA合成酵素)** が順に結合していくが，DNA合成酵素は5′→3′方向だけにしかヌクレオチド鎖を伸ばすことができない。

■ **リーディング鎖**　DNAがほどけていく方向（複製される方向）には，連続的に新しいヌクレオチド鎖が合成される。これを**リーディング鎖**という。

■ **ラギング鎖**　反対側の鎖を**ラギング鎖**という。DNA合成酵素は，こちらも5′→3′方向にしか結合できないので，連続的につなぐことはできない。そこで**岡崎フラグメント**と呼ばれる小さな断片で5′→3′方向にヌクレオチド鎖を結合させる。

■ **岡崎フラグメントの連結**　フラグメントは**DNAリガーゼ**（酵素）によって結合し，もとのヌクレオチド鎖と対応する新しい1本のヌクレオチドとなる。これはもとの鎖と一緒になり，新しい二重らせん構造のDNAをつくる。

〔DNAの複製の方向性〕
・**DNAポリメラーゼ**は，5′→3′方向にだけヌクレオチドを結合する。
・**リーディング鎖**は連続的に複製される。
・**ラギング鎖**は**DNAリガーゼ**が**岡崎フラグメント**を結合してできる。

3 タンパク質の合成とRNA

■ DNAの遺伝情報の発現には，もう1つの核酸であるRNAが関係している。遺伝情報発現のしくみを調べよう。

1 もう1つの核酸RNA

■ **RNAのヌクレオチド** RNAのヌクレオチドは，リン酸，五炭糖の**リボース**（$C_5H_{10}O_5$），そして**A（アデニン）・U（ウラシル）・G（グアニン）・C（シトシン）**の4種類からなる塩基で構成されている。したがってヌクレオチドの種類はDNAと同じく4種類である。糖と4種類の塩基のうち1つがDNAと異なっている。

■ **RNAは1本鎖** RNAもDNA同様にヌクレオチドが鎖状に多数つながったヌクレオチド鎖からできている。しかし，RNAは二重らせん構造をつくらず，1本鎖である。

表2. ヌクレオチドの構造

	DNA	RNA
リン酸	リン酸	リン酸
糖	デオキシリボース	リボース
塩基	アデニン チミン シトシン グアニン	アデニン ウラシル シトシン グアニン

ポイント
〔DNAとRNAの違い〕

核酸	塩基	糖	分子構造
DNA	A・T・C・G	デオキシリボース	二重らせん構造
RNA	A・U・C・G	リボース	1本鎖

■ **分布の違い** DNAの99%は核内に存在するが，RNAは核と細胞質の両方に存在する。

■ **分布を観察** タマネギ細胞などを**メチルグリーン・ピロニン染色液**で二重染色すると，DNAはメチルグリーンによって青〜青緑色に，RNAはピロニンによって赤桃色に染色されるので，その存在場所を確認することができる。

◎1. **核酸の細胞内分布**
真核生物では，DNAは核内のほか，ミトコンドリアや葉緑体にも存在する。

■ **RNAの種類** RNAには次の3種類があり，それぞれタンパク質の合成（⇒p.60）に重要な働きをもっている。
① **mRNA**（伝令RNA，メッセンジャーRNA） DNAの遺伝情報を写し取って核から細胞質に伝える。
② **tRNA**（転移RNA，トランスファーRNA） mRNAの遺伝暗号が指定するアミノ酸をリボソームまで運搬する。
③ **rRNA**（リボソームRNA） タンパク質と結合してリボソームをつくっている。

図9. ユスリカのだ腺染色体（メチルグリーン・ピロニン染色）

3章 遺伝情報と形質発現　59

2 DNAの形質発現は2種類ある

■ **DNAの遺伝情報はタンパク質を合成することによって遺伝形質として発現される**。その発現のしかたは次の2つに大別される。

① 合成されたタンパク質がからだの構造をつくる**構造タンパク質**の場合，タンパク質合成が直接遺伝形質を発現することになる。

② 合成されたタンパク質が**酵素**となる場合は，酵素による化学反応の結果できた物質によって，間接的に遺伝形質として発現することになる。

図10．遺伝形質発現の2タイプ

3 遺伝情報のコピー

■ **DNAからRNAに**

① 核内にある2本鎖DNAの特定の部分のらせん構造がほどけ，相補的な塩基対の水素結合が切れる。そこに，**RNA合成酵素（RNAポリメラーゼ）がプロモーター（⇨ p.68）の部分に結合**する。

② 鋳型となるほうの1本鎖の塩基A，T，G，Cに，それぞれRNAヌクレオチドのU，A，C，Gが**相補的に水素結合**する。

③ これにRNA合成酵素が働き，隣り合うRNAのヌクレオチドどうしを結合させる。

④ これを順にくり返すことで，DNAの遺伝情報となる1本鎖の塩基配列を正確にコピーした鎖状のRNAがつくられる。これを**遺伝情報の転写**という。

✱ 2. 遺伝情報の鎖と鋳型鎖
RNA合成酵素がどちらの鎖を転写するかはプロモーターで指定されている。

✱ 3. 転写と塩基の対応

DNAの塩基	A	T	C	G
RNAの塩基	U	A	G	C

図11．遺伝情報の転写と翻訳

■ **イントロンとエキソン** 真核生物のDNAには，タンパク質の合成に関与する**エキソン**と呼ばれる塩基配列のほかに，タンパク質合成に関係しない**イントロン**と呼ばれる塩基配列が含まれている。

■ **スプライシング** DNAの塩基配列を転写したヌクレオチド鎖からイントロンの部分を取り除く**スプライシング**という過程を経た後，はじめて**mRNA**（伝令RNA）となって核から細胞質に出て行く。

4 遺伝情報の翻訳

■ **コドン** mRNAの塩基配列は**3個で1つのアミノ酸を指定する**。この遺伝暗号を**コドン**という。

■ **タンパク質の合成**
① 核膜孔から細胞質に出たmRNAに細胞小器官の1つである**リボソームが結合**する。
② リボソームはmRNAの遺伝暗号（コドン）に相補的な塩基配列（**アンチコドン**）をもったtRNAと結合させる。
③ **tRNA**（運搬RNA）はそのアンチコドンごとに特定のアミノ酸と結合しており，アミノ酸どうしがペプチド結合で連結されるとtRNAは離れていく。
④ リボソームはmRNAの遺伝暗号を読み取りながら移動し，**コドンがアミノ酸配列に置き換えられたタンパク質が合成される**。これを遺伝情報の**翻訳**という。

〔遺伝情報の形質発現〕
転写・スプライシング
DNA → mRNA → タンパク質
翻訳　　　　 tRNA・リボソーム

※**4. 選択的スプライシング**
DNAの同じ領域から転写されたRNAでもスプライシングによって取り除かれるイントロンは異なることがあり，その場合2種類以上のmRNAができ，結果として異なるタンパク質が合成される。このしくみを**選択的スプライシング**といい，限られた遺伝子から多様なタンパク質をつくることを可能にしている。

※**5. コドンとアンチコドン**
3つの塩基配列で1つのアミノ酸を示す**トリプレット**（三つ組塩基）のうち，mRNAのものを**コドン**といい，tRNAのものを**アンチコドン**という。

DNA（鋳型）	A	T	C	G
	↓	↓	↓	↓
mRNA（コドン）	U	A	G	C
	↓	↓	↓	↓
tRNA（アンチコドン）	A	U	C	G

3章　遺伝情報と形質発現

4 遺伝暗号と原核生物の形質発現

■ 原核生物ではどのように遺伝情報が発現されるのか。また，遺伝暗号であるコドンがどのようにして解読されたのかを調べよう。

1 原核生物のタンパク質合成

図12. 原核生物のタンパク質合成

■ **転写と翻訳が同時進行** 大腸菌のような核をもたない原核生物では，合成中のmRNAにリボソームが結合し，**遺伝情報の転写と翻訳が同時並行で行われる**。また，原核生物ではふつう**スプライシングは行われない**。

ポイント
〔原核生物の転写と翻訳〕
転写と翻訳が同時に進行。
スプライシングがない。

2 遺伝暗号の解読

○1. 何個の塩基で20種類のアミノ酸を指定できるか
1個…4 = 4通り　⇨不足
2個…4^2 = 16通り　⇨不足
3個…4^3 = 64通り　⇨十分

■ **トリプレット説** DNAのヌクレオチドをつくる塩基の種類は4種類。タンパク質をつくるアミノ酸は20種類あるので，**3個の塩基が1組となって1つのアミノ酸を指定する**という考え（トリプレット説）が有力となった。

■ **ニーレンバーグらの実験** 1961年，**ニーレンバーグ**らは，大腸菌の抽出物に人工的に合成したmRNAを加えてタンパク質を合成させることに成功し，核酸の塩基配列とアミノ酸の関係が調べられるようになった。

図13. ニーレンバーグらの実験

例題 遺伝暗号の解読

人工合成RNAを大腸菌をすりつぶした抽出液（リボソーム，酵素，ATP，アミノ酸を含む）に加えて，タンパク質合成を行わせたところ次のようになった。

実験1 CACACA…の塩基配列をもつ人工合成RNAでは，ヒスチジンとトレオニンを1：1の比で含むタンパク質が得られた。

実験2 CAACAA…の塩基配列をもつ人工合成RNAでは，トレオニンだけからなるタンパク質，グルタミンだけからなるタンパク質，アスパラギンだけからなるタンパク質が1：1：1の比で得られた。

問 トレオニンを指定するコドンは何だと考えられるか。

解説 実験1からCAC，ACAは一方がヒスチジンを，もう片方がトレオニンを指定するコドン，実験2からCAA，AAC，ACAはそれぞれトレオニン，グルタミン，アスパラギンのいずれかを指定するコドンであることがわかる。この2つの実験結果の重なる部分から，トレオニンを指定するコドンはACAであることがわかる。　**答 ACA**

③ 遺伝暗号表

■ **コドン表** ニーレンバーグらの実験により，下表のような**遺伝暗号表（コドン表）**が作成された。

❷ 2. 合成開始と終了の暗号
AUGはメチオニンを指定すると共に，タンパク質合成の開始点を指定する**開始コドン**となっている。UAA，UAG，UGAは**終止コドン**で，アミノ酸を指定しない。

表3．遺伝暗号表（コドン表）

		第2番目の塩基				
		ウラシル(U)	シトシン(C)	アデニン(A)	グアニン(G)	
第1番目の塩基	U	UUU UUC ｝フェニルアラニン UUA UUG ｝ロイシン	UCU UCC UCA UCG ｝セリン	UAU UAC ｝チロシン UAA （終止） UAG （終止）	UGU UGC ｝システイン UGA （終止） UGG トリプトファン	U C A G	第3番目の塩基
	C	CUU CUC CUA CUG ｝ロイシン	CCU CCC CCA CCG ｝プロリン	CAU CAC ｝ヒスチジン CAA CAG ｝グルタミン	CGU CGC CGA CGG ｝アルギニン	U C A G	
	A	AUU AUC AUA ｝イソロイシン AUG メチオニン(開始)	ACU ACC ACA ACG ｝トレオニン	AAU AAC ｝アスパラギン AAA AAG ｝リシン	AGU AGC ｝セリン AGA AGG ｝アルギニン	U C A G	
	G	GUU GUC GUA GUG ｝バリン	GCU GCC GCA GCG ｝アラニン	GAU GAC ｝アスパラギン酸 GAA GAG ｝グルタミン酸	GGU GGC GGA GGG ｝グリシン	U C A G	

3章　遺伝情報と形質発現

5 遺伝子とタンパク質

■ DNAの塩基配列が変化すれば合成されるタンパク質は異なり，形質も異なることがある。遺伝子→タンパク質→形質発現の関係を考えよう。

1 赤血球がかま状になる

■ 構造タンパク質をつくる遺伝子の場合，その塩基配列の異常の例として**かま状赤血球貧血症**が知られている。

■ **かま状赤血球貧血症とは** **ヘモグロビンのアミノ酸組成が一部変化**したことによって，赤血球がかま状（三日月状）に変形して溶血しやすくなったり，毛細血管につまるなどして，酸素の運搬能力が著しく低下して重い貧血症状をもたらす**遺伝病**である。

■ **塩基配列の変化** かま状赤血球貧血症は，ヘモグロビンをつくるペプチド鎖の6番目のアミノ酸が，正常なヒトではグルタミン酸であるのに対して，かま状赤血球貧血症のヒトではバリンに置きかわっていることで起こる。

これは，グルタミン酸を指定するmRNAの**コドン**が，GAGからGUGに，わずか1塩基変化した**遺伝子突然変異**（⇒p.67）によるもので，**分子病**の1つである。

★1. かま状赤血球貧血症の異常ヘモグロビン
これらの異常は，ヘモグロビン分子どうしが結合して結晶化してしまうことによって起こる。

★2. 塩基の置換と形質
このようにDNAの塩基配列は1個が変わっただけで形質が大きく変化することがあるが，塩基が1個変わっても同じアミノ酸を指定する場合や，アミノ酸が変わってもタンパク質の性質が大きく変わらない場合もある。

> かま状赤血球貧血症にはこのほかにも，変化する塩基の異なるいくつかの種類が知られているよ。

ポイント〔かま状赤血球貧血症が発現するしくみ〕

	DNA	→ mRNA →	アミノ酸（6番目）
正 常	CTC	GAG	グルタミン酸
かま状	CAC	GUG	バリン

図14．かま状赤血球貧血症

2 遺伝形質をつくるのが酵素のとき

■ **酵素と遺伝形質** p.60で学習したように，DNAの遺伝情報による形質発現には構造タンパク質を合成する場合と酵素を合成して代謝を制御する場合がある。このとき，1つの遺伝子が1つの形質を決めるのではなく，**1つの遺伝子は一連の反応にかかわる中の1種類の酵素に対応している**。このような関係を唱えたのが**一遺伝子一酵素説**で，次のような研究によって示された。

3 アカパンカビの代謝異常

■ **野生株** アカパンカビの野生株は，グルコースと塩類，ビタミンB(ビオチン)しか含まない培地(**最少培地**)で生育できる。これは，グルコースを使ってグルタミン酸(アミノ酸)を合成し，必要な他のアミノ酸を合成できるからである。

■ **アルギニン要求株** **ビードル**と**テイタム**は，アカパンカビの野生株に放射線を照射して，最少培地にアルギニンを加えないと育たない3種類の突然変異株を見つけた。これは生育にアルギニンを必要とするのでアルギニン要求株といわれる。

■ **3種類の突然変異株** これらの突然変異株について，最少培地にそれぞれ各アミノ酸を加えた培地で生育状況を調べた。すると，アルギニンを加えないと生育しない株と，他のアミノ酸を加えれば生育する株の合わせて3種類あることがわかった(表4)。

✿ **3. 最少培地**
最少培地は，糖や無機塩類など成長に必要な最少の栄養を含む培地。

✿ **4. 欠く酵素や欠く遺伝子とは**，少なくとも欠いていると判定できる酵素や遺伝子を示している。突然変異でできた劣性遺伝子は小文字で示す。

✿ **5. アカパンカビの遺伝子型**
アカパンカビは一生のほとんどが単相世代(n)であるため，遺伝子型がそのまま表現型として現れる。

図15. アルギニン要求株の作成と分離

表4. アカパンカビのアルギニン要求株(+は生育，−は生育しない)

最少培地に加えた アミノ酸		なし	オルニチン	シトルリン	アルギニン	欠く酵素	欠く遺伝子	遺伝子型
野生株		+	+	+	+	なし	なし	ABC
アルギニン 要求株	Ⅰ型	−	+	+	+	酵素A	遺伝子A	aBC
	Ⅱ型	−	−	+	+	酵素B	遺伝子B	AbC
	Ⅲ型	−	−	−	+	酵素C	遺伝子C	ABc

3章 遺伝情報と形質発現

6. アミノ酸と突然変異株の生育状況

問題で扱われた場合は，表のアミノ酸や突然変異株の順番を並べえて出題されることが多いが，アミノ酸は−の多いものほど前駆物質に近く，突然変異株は＋が多いものほど初期の反応にかかわる酵素の遺伝子を欠くと考えればよい。

7. 1遺伝子の支配範囲

複数のポリペプチドからなる酵素はそれぞれ別の遺伝子に支配されるので，実際には「一遺伝子一ポリペプチド説」と言ったほうが正しいことになる。

8. アルカプトン尿症

尿中に含まれる尿を放置しておくと酸化して黒変する。このほか組織への色素の沈着や関節炎などの症状がある。

9. 遺伝子Mに異常が生じるとメラニン色素を欠いたアルビノとなる。

■ **遺伝子と酵素の関係**　ここからアルギニンの合成は，オルニチン→シトルリン→アルギニンの順に進行すること，各突然変異株はその過程で働く酵素を**遺伝子突然変異**により1つずつ欠くことが推察された。反応を触媒する酵素を酵素A，B，C，その酵素を合成する遺伝子を遺伝子A，B，Cとすると表4右および次のような関係になる。

前駆物質 → オルニチン → シトルリン → アルギニン
　　　　　　　↑　　　　　　　↑　　　　　　　↑
　　　　　　酵素A　　　　　酵素B　　　　　酵素C
　　　　　　　↑　　　　　　　↑　　　　　　　↑
　　　　　　遺伝子A　　　　遺伝子B　　　　遺伝子C
　　　　　（Ⅰ型は×）　　（Ⅱ型は×）　　（Ⅲ型は×）

このように，1つの遺伝子は**1つの酵素の合成を支配する**と考えると各突然変異株の生育状況に説明がつく。この考えを**一遺伝子一酵素説**という。

ポイント
〔一遺伝子一酵素説〕
1つの遺伝子は1つの酵素の合成を支配する。

4 ヒトの代謝異常

■ **一遺伝子一酵素説の例**　ヒトでも，酵素合成を支配する遺伝子に突然変異が起こったため生じる代謝異常の例として，フェニルケトン尿症とアルカプトン尿症が知られている。**フェニルケトン尿症**は，下図の遺伝子Pに異常が生じたためにフェニルアラニンが体内に蓄積し，脳などに障害が生じる病気で，尿中にフェニルケトンが排出される。**アルカプトン尿症**は，遺伝子Hに異常が生じたためアルカプトンが体内に蓄積して尿中に排出される。

図16．フェニルアラニンの代謝経路

5 一塩基多型はゲノムの多様性をもたらす

- **ゲノム** ある生物の生存に必要な1組の塩基配列(遺伝情報)を**ゲノム**という。
- **一塩基多型** 同種の個体間で見られる塩基配列1個単位の違いを**一塩基多型(SNP)**といい、ゲノム中に多く見られる。かま状赤血球貧血症のように、1つの塩基の変化により指定するアミノ酸が変化して形質が変化することもあるが、多くの場合は、1つの塩基が異なっても指定するアミノ酸は変化せず、タンパク質の立体構造や機能に影響が出ない。
- **ゲノムの多様性** 一塩基多型はヌクレオチドの置換によって生じ、ヒトの場合、約10^3塩基対に1つの割合で存在する。**一塩基多型は生物のゲノムに多様性を与えている**と考えられる。

図17. 一塩基多型

> **ポイント**
> **一塩基多型**…個体間での塩基配列1個単位の違い。
> ⇒ゲノムに多様性をもたらす。

○10. DNAは、紫外線や放射線、化学物質などの影響で構造が変化することがあり、そのような場合もDNA修復が必要となる。

6 DNA複製のミスや損傷は修復される

- **DNAの複製の誤り** DNAを複製するとき、DNAポリメラーゼは**一定の確率(10^{-5}程度)で誤りを起こす**。
- **DNA修復** DNAの塩基配列に異常が起こった場合、異常を起こした部分やその周辺の一部を除去した後、正常な塩基配列に修復するしくみが細胞には複数備わっている。これを**DNA修復**という。
- **細胞のがん化** DNA修復がうまくできずに塩基配列の変化が蓄積すると、細胞ががん化したり、細胞死が起きたりすることがある。
- **突然変異** また、このようなDNAの複製の誤りが生殖細胞の形成のときに起こり、修復されないと**突然変異**(遺伝子突然変異)につながることがある(⇒p.228)。

> **ポイント**
> DNAの複製ミス ⇒ **DNA修復**
> ⇒細胞のがん化や突然変異を防ぐ。

図18. DNAの修復

3章 遺伝情報と形質発現 67

6 形質発現の調節

■ 細胞内では必要なときに必要な遺伝子だけが働くように，遺伝子レベル，染色体レベルで調節されている。

1 原核生物はオペロン単位で調節

■ **オペロン説** ジャコブとモノーは，大腸菌の遺伝子発現の研究から，一連の反応に関係する酵素群の情報をもつ酵素遺伝子群と**オペレーター**，そして**プロモーター**がセットになってオペロンという単位をつくり，このオペロンで遺伝子の働きが調節されるという**オペロン説**を提唱した。

■ **大腸菌のラクトース分解酵素合成** 大腸菌はラクトース(乳糖)を利用するため，ラクトース分解酵素(βガラクトシダーゼなど)を図19のようなしくみで合成する。このような，**リプレッサー**(抑制因子)による転写調節を**負の調節**という。

✿1. プロモーター
転写開始に関係する遺伝子の領域を**プロモーター**という。プロモーターに**転写因子**が結合すると，転写が始まる。

図19．ラクトースオペロンによる負の調節

ラクトースがないとき	グルコースがなく，ラクトースがあるとき
調節遺伝子・プロモーター・オペレーター・酵素遺伝子群／転写→mRNA→翻訳→リプレッサー(調節タンパク質)→結合→転写が抑制される	調節遺伝子・プロモーター(RNAポリメラーゼ)・オペレーター・酵素遺伝子群／転写→mRNA→リプレッサー×結合できない／転写→翻訳→β-ガラクトシダーゼなど→ガラクトース・グルコース／ラクトース

✿2. 大腸菌は，グルコースを得られるときにはこれを栄養分として優先的に利用し，ラクトースやアラビノースを利用しない。グルコースがある場合には，図19や図20とは別のしくみでラクトースやアラビノースの分解酵素の転写が抑制されている。

ポイント 〔オペロン説（負の調節）〕
酵素遺伝子群…タンパク質合成に直接関係する。
プロモーター…RNAポリメラーゼが結合する。
リプレッサー…調節遺伝子がつくったタンパク質で，DNAのオペレーター部分に結合してDNAの転写を抑制する。
ラクトース…このリプレッサーの働きを解除する。

1編　生命現象と物質

■ **大腸菌のアラビノース分解酵素合成** 大腸菌はアラビノース（糖の一種）を利用するためにアラビノース分解酵素を図20のようなしくみで合成する[2]。このような**活性化因子**[3]による転写調節を**正の調節**という。

アラビノースがないとき	グルコースがなく，アラビノースがあるとき
調節遺伝子／調節領域／プロモーター／オペレーター／酵素遺伝子群 転写→mRNA→翻訳→活性化因子 転写を活性化しない	調節遺伝子／調節領域／転写を活性化／プロモーター／オペレーター／酵素遺伝子群 転写→mRNA→翻訳→活性化因子 活性化因子に結合←アラビノース／アラビノース RNAポリメラーゼ→転写→翻訳→分解

図20．アラビノースオペロンによる正の調節

ポイント
〔オペロン説（正の調節）〕
活性化因子…転写を促進する。
アラビノース…活性化因子に結合し，活性化因子をプロモーター隣接部に結合させる。

2 遺伝子の働きを調節する

■ **遺伝子発現** 原核生物の遺伝子発現の調節の研究から，遺伝子発現の調節のしくみが明らかになってきた。

■ **遺伝子発現の調節** 遺伝子情報の発現の調節はおもに**遺伝子の転写開始の段階を調節することで行われている**。遺伝情報の転写は次の2つのタイプに大別できる。
①常に転写される（構成的な発現） 生存に必要な代謝に関係する酵素を合成する遺伝子などは常に転写される。
②転写が調節される（調節的な発現） 発生段階などに応じて発現する遺伝子などは，転写がon，offされる。

ポイント
〔遺伝子発現の調節は転写の調節〕
常に転写（構成的発現）…生存に不可欠な遺伝子。
転写を調節（調節的発現）…発生に関する遺伝子など。

3. 活性化因子による活性化
アラビノースと結合していない活性化因子は，調節領域のプロモーターから離れた位置に結合し，転写を活性化しない。活性化因子にアラビノースが結合すると，調節領域のプロモーター隣接部に結合できるようになり，転写を活性化する。

■真核生物の遺伝子発現の調節
真核生物では次の4つの段階で遺伝子発現の調節が行われる。
①染色体の構造の変化による調節
→クロマチン繊維の折りたたみ。
②調節タンパク質による調節
③選択的スプライシングによる調節
④mRNAの核外への輸送段階での調節

3章 遺伝情報と形質発現

3 真核生物は複雑な遺伝子発現の調節をする

■ **基本転写因子** 真核生物では，RNAポリメラーゼは**基本転写因子**（調節タンパク質）と共に転写複合体をつくってプロモーターと結合し，転写を開始する。それらと離れたところに転写調節領域があり，ここに結合した**転写調節因子**（活性化因子やリプレッサー）が転写複合体に作用して転写を調節する。**1つの遺伝子の発現に関して，複数の転写調節因子が調節をしている**場合もある。そのため，環境に応じた調節が行われる。

図21．真核生物の転写調節

（ラベル：転写調節領域（転写調節因子が結合する）／プロモーター／転写調節因子／転写／基本転写因子／RNAポリメラーゼ）

> **ポイント**　〔真核生物の転写調節〕
> 複数の**転写調節因子**で環境に応じた転写調節

4 染色体の構造を変えて遺伝子発現を調節

■ **DNAの折りたたみ** 真核生物のDNAはヒストンに巻きついて**クロマチン繊維**をつくっている。これが密に折りたたまれている部分では転写されにくく，ゆるんでいる部分では転写されやすい。そこでクロマチン繊維の折りたたみを調節することで転写調節を行っている。

■ **転写の開始** 調節タンパク質がDNAの折りたたみ部分に結合すると，転写が始まる。

図22．クロマチン繊維の折りたたみ

（ラベル：分裂中期の染色体／転写されやすい状態／転写されにくい状態／アセチル基／DNA／ヒストン／クロマチン繊維／メチル基）

> **ポイント**　〔染色体構造での転写調節〕
> クロマチン繊維の折りたたみがきつい ⇒ 転写off
> クロマチン繊維の折りたたみがゆるい ⇒ 転写on

5 細胞を分化させる遺伝子

- **調節遺伝子の連鎖** 多細胞生物では、ある**調節遺伝子**によってつくられた**調節タンパク質**が、次の調節遺伝子を調節する。これをくり返すことで細胞は分化し、特定の器官がつくられる。
- **調節遺伝子の変異** この調節遺伝子に突然変異が起こって生じるのが**ホメオティック突然変異**(⇨p.115)である。

> **ポイント**
> 調節遺伝子がつくった**調節タンパク質**が次の調節遺伝子を調節。
> ⇨ そのくり返しで細胞が**分化**。

図23. 調節遺伝子と分化の調節

6 ホルモンも遺伝子発現を調節する

- **だ腺染色体**❹ ハエやカなどの双翅目の昆虫のだ腺細胞に見られる巨大な染色体❺で、分裂していない間期でも見られる。
- **パフ** **だ腺染色体**には多数の横縞が見られ、ところどころで膨れている。だ腺染色体の膨れた部分を**パフ**といい、ここでは**遺伝子の転写(mRNAの合成)**が行われている。
- **パフの位置の変化** ハエやカなどのだ腺染色体に見られるパフの位置は発生が進むにしたがって変化する。これは**必要な時期だけ必要な遺伝子が働くように調節**されていることを示している。
- **エクジステロイド** 昆虫の前胸腺から分泌される変態を促進するホルモンである**エクジステロイド**を注射すると、パフの位置が**幼虫型からさなぎ型に変化**して幼虫の蛹化(さなぎへの変態)が始まる。これはエクジステロイドが細胞内の受容体と結合して複合体を形成し、調節タンパク質と同様に、DNAの調節領域に結合して転写を調節しているためである。

図24. パフの位置の変化と分化

> **ポイント**
> **パフ**…だ腺染色体の膨れた部分。←転写
> **エクジステロイド**…蛹化にかかわる遺伝子を発現させる昆虫のホルモン。

❹ 4. 双翅目はハエ目とも呼ばれる、2枚の翅をもつ昆虫のグループ(目⇨p.239)の1つ。卵→幼虫→蛹→成虫という過程で成長する。

❹ 5. 巨大染色体
ショウジョウバエの幼虫やユスリカの幼虫(アカムシ)のだ腺染色体は、普通の染色体(長さ3μm程度)の約200倍もの大きさがある。

3章 遺伝情報と形質発現 71

7 バイオテクノロジー

✿1. インスリン
インスリンは，グルコースからグリコーゲンへの合成を促進したり組織でのグルコースの消費を促進して血糖量を低下させるホルモン。分泌量が少ないと，糖尿病になる。

✿2. 制限酵素
制限酵素は特定の塩基配列の部分で切断する働きをするため，切断された断片の末端の塩基配列はどれも同じとなる。

✿3. プラスミド
細菌類は染色体以外にプラスミドという独自に増殖する小さな環状のDNAをもつ。

■ 20世紀後半から，遺伝子組換えやPCR法など，遺伝子を扱ったバイオテクノロジーが急速に発展している。

1 遺伝子組換え

■ **遺伝子組換えとは** ある生物に，その個体が本来もっていない遺伝子を組み込むことを**遺伝子組換え**という。

■ **手順** 遺伝子組換えによって大腸菌にヒトのインスリンを合成させる場合を例に，次に手順を示す。

① ヒトDNAのインスリンをつくる遺伝子を含んだ部分を，「はさみ」の働きをする**制限酵素**で切り出す。

② 同じ酵素で大腸菌の**プラスミド**を切断する。こうすると，使った「はさみ」が①と同じなので，同じ切り口となる（末端の塩基配列が一致する）。

図25．遺伝子組換え大腸菌によるヒトインスリンの生産

③ ①②の2つを「のり」の働きをする酵素である**DNAリガーゼ**で処理して切断面をつなぎ合わせると，**ヒトインスリンの遺伝子を組み込んだプラスミド**が得られる。

④ このプラスミドを**ベクター**として大腸菌に取り込ませると，プラスミドは大腸菌の体内で増えて**ヒトのインスリンを合成するようになる**。

この大腸菌からインスリンを抽出することで，糖尿病の治療に使えるヒトのインスリンを多量に得ることができる。

✿4. DNAリガーゼ
DNA断片の末端どうしを特定の塩基配列の部分でつなぎ合わせる酵素をDNAリガーゼという。

✿5. ベクター
大腸菌のプラスミドのように外来性の遺伝子を運ぶ運び屋のこと。ウイルスの一種もベクターとして使われる。

ポイント
〔遺伝子組換え〕
制限酵素…DNAを切断する「はさみ」
DNAリガーゼ…DNAをつなぎ合わせる「のり」
ベクター…DNAを細胞に入れる「運び屋」

1編 生命現象と物質

2 トランスジェニック生物

■ **トランスジェニック生物** 遺伝子操作によって得られた組換え遺伝子を小さな針や遺伝子銃などで直接，卵や胚に導入して，形質転換させた**トランスジェニック生物**(トランスジェニック動物やトランスジェニック植物)をつくることができる。

例 除草剤耐性の性質をもった遺伝子組換えダイズ

■ **遺伝子治療** 酵素の合成に関係する遺伝子を欠くために必要な代謝ができない遺伝病の治療のため，遺伝子組換えによって正常な遺伝子を組み込んだウイルスをベクターとして，患者から取り出した体細胞に取り込ませる。この体細胞を患者の体内にもどすという**遺伝子治療**が試みられている。

✿6. トランスジェニック
トランスは「転換」などを表す接頭語で，ジェニックは遺伝子gene（ジーン）に由来し「遺伝子の」という意味をもつ。

3 DNAの増幅——PCR法

■ **PCR法とは** 遺伝子操作では，同じ塩基配列のDNAを多量に必要とする場合が多い。ポリメラーゼ連鎖反応法(**PCR法**)は，**DNAを短時間で多量に増幅させる方法**である。

■ **手順** PCR法は次のような手順で行われる（⇒図26）。

① DNAを90℃に加熱して，DNAの2本鎖をつくる塩基対の結合(水素結合)を切って1本鎖のDNAとする。

② 次に温度を下げて，**プライマー**とDNA**ポリメラーゼ**(DNA合成酵素)を加えて，**プライマーが結合した部分を始点に，各1本鎖を鋳型としてもとのDNAと同じ塩基配列をもつ2本鎖のDNAを複製する**。

③ 以上のサイクルをくり返すことで急速にDNAを増幅することができる。

図26. PCR法

〔PCR法〕
DNAを短時間で多量に増幅させる方法。
　高温による1本鎖への分離とDNAポリメラーゼによる2本鎖DNAの合成をくり返す。
プライマー…合成の起点となる短いDNA断片

✿7. プライマー
増幅させたいDNAが合成される際に"上流"となる部分に相補的な塩基配列をもつ短い核酸の断片。DNAポリメラーゼがDNAを複製するときの起点となる(⇒p.58)。

3章　遺伝情報と形質発現　73

図27. 電気泳動

4 DNAの塩基配列を調べる

■ 電気泳動法

① DNA分子など，正(＋)や負(−)の電荷をもつ分子を電流の流れる溶液中で分離する方法を**電気泳動法**という（➡p.77）。

② **原理** DNA分子が負(−)に帯電するような緩衝液を含むアガロース(寒天)ゲル中で電気泳動を行うと，**DNAは陽極に向かって移動する。このとき，短いDNA断片は移動が速く，長いDNA断片はゲルの網目に引っかかって移動が遅い**。この性質を使って，DNA断片のおよその長さを示す塩基対数(bp)を測定できる。

図28. 塩基配列の解析

■ DNA解析の手順

① 解析したい**DNA断片，プライマー，DNAポリメラーゼ，ヌクレオチド**，4種類の蛍光色素をそれぞれつけた特殊なヌクレオチド(複製過程でヌクレオチド鎖の伸長を停止する)を少量入れた混合液をつくる。

② 加熱してDNAを1本鎖にする。片方の鎖にだけプライマーを結合させて複製を行う。

③ 特殊なヌクレオチドが取り込まれると，ヌクレオチド鎖の伸長は停止する。**4種類の蛍光色素のいずれかを端につけたさまざまな長さのヌクレオチド鎖ができる**。

④ 合成されたヌクレオチド鎖を電気泳動で分離して長さ順に並べ，各ヌクレオチド鎖の末端にある蛍光色素の色を識別して塩基配列を読み取る。

■ **DNAシーケンサー** 現在では，DNAを**制限酵素で切断**して800 bp以下のDNA断片をつくり，**シーケンサー**で，電気泳動の結果できるバンドのパターンをコンピュータで自動解析して塩基配列を決定する。

ポイント
DNA断片 ➡ シーケンサーで塩基配列決定
（**電気泳動**でDNA断片の長さと塩基配列を決定）

⊛8. コンニャクやゼリーのような，固体状になっているコロイドを**ゲル**という。ゲルは液体のような性質ももつ。

⊛9. 塩基配列の解析方法としては，次の2つがある。
方法1　制限酵素でDNA断片をつくって制限酵素断片地図を作成し，断片の塩基配列を調べる。
方法2　断片の塩基配列を解析し，その情報をもとにして断片がつながっていた順を解析する。

5 ゲノムを読み取るプロジェクト

■ **ヒトゲノムプロジェクト** 2003年，ヒトの核DNAの約30億ある全塩基の配列を解析する**ヒトゲノムプロジェクト**が完了し，ヒトのDNAの全塩基配列が明らかにされ，**2万個あまりの遺伝子**があることがわかった。また，一塩基多型(SNP スニップ ⇒p.67)も多くあることがわかった。

■ **ゲノムプロジェクト** 現在では，ヒト以外のいろいろな生物のゲノム解析が行われている。

10. ヒトがもつ遺伝子の数は，当初は10万個程度と予想されていたが，実際には**2万個あまり**であることがわかった。

6 医療技術等への応用

■ **テーラーメイド医療** SNP(一塩基多型)の研究から，患者の個人差を考慮したそれぞれの個人にあった薬をつくり，投与する**テーラーメイド医療**が可能となる。

■ **遺伝子治療** 正常なタンパク質を合成できない患者から取り出した細胞に正常な遺伝子を遺伝子組換えによって組み込み，これを体内にもどして病気を治療する**遺伝子治療**が試みられ始めている。

■ **遺伝子鑑定** 家族間の遺伝子の関係を調べて行う**遺伝子鑑定**が，犯罪捜査などに行われるようになってきた。

■ **DNAマイクロアレイ** 多数のスポットのそれぞれに，既知の塩基配列をもつ1本鎖のDNAを入れたチップを**DNAマイクロアレイ**といい，ここに特定の組織や細胞から抽出したmRNAを入れて，そのスポットの発光パターンから，病気の遺伝子の存在を調べることができる。

●の発現または●の欠損がAに生じる問題の原因と考えられる
図29．DNAマイクロアレイ

7 バイオテクノロジーの課題

■ **食品や飼料の安全** 遺伝子組換え農作物は，毒性，発がん性，アレルギーなどの**安全性を確認**する必要がある。

■ **遺伝子汚染** 遺伝子組換え技術によって自然界に存在しない生物が自然界に広がると，既存の生物の食物やすむ場所を奪ったり交雑したりして**環境を乱す**可能性がある。

■ **個人情報の保護** 特定の病気にかかりやすいなどの**遺伝情報は重要な個人情報**であり，他人に知られたり悪用されたりすることがないように**保護される必要**がある。

■ **生命倫理の問題** 遺伝子操作のヒトへの応用は，ヒトの生命を人為的に操作したり，道具のように扱ったりすることになり，**生命倫理上の問題が伴う**。

3章　遺伝情報と形質発現

重要実験 大腸菌を用いた遺伝子組換え

> 遺伝子組換えをするとき、制限酵素は「はさみ」、DNAリガーゼは「のり」として働くよ。

方法

〔1. 遺伝子組換え〕

1 オワンクラゲのGFP（緑色蛍光タンパク質）遺伝子、アラビノースオペロン遺伝子、アンピシリン耐性遺伝子を含むDNAと大腸菌のプラスミドDNAを同じ**制限酵素**で切断する。

[参考] アラビノース（ara）は糖類の一種で転写開始のスイッチを入れる働きをする。また、**アンピシリン**（amp）は大腸菌の生育を阻害する抗生物質だが、**アンピシリン耐性遺伝子**を発現した個体はアンピシリンがあっても生育できる。

2 ここに**DNAリガーゼ**を働かせて、GFP遺伝子、アラビノースオペロン、アンピシリン耐性遺伝子を大腸菌のプラスミドDNAに組み込む。これをpGLOプラスミドといい、遺伝子の**運び屋（ベクター）**として利用する。

pGLOプラスミド（5371bp）: 調節遺伝子、プロモーター、GFP遺伝子、アンピシリン耐性遺伝子

〔2. 遺伝子導入〕

1 大腸菌用の寒天培地（LB）に大腸菌を塗布して大腸菌を生育させ、スタータープレートをつくる。

2 pGLOプラスミドをマイクロチューブに入れ、形質転換溶液に加える。**1**の大腸菌のコロニー1個を白金耳でとってよく溶かした後、タッピング（撹拌）する。

3 **2**を氷で冷やした後、42℃のウォーターバスに50秒つけてヒートショックを与え、直ちに氷冷する。この操作で、pGLOプラスミドが大腸菌に導入される。

4 **対照実験区**として、pGLOを加えていない大腸菌も準備する。

5 **3**と**4**を、それぞれLB、LB＋amp（アンピシリン）、LB＋amp＋ara（アラビノース）の3種類の培地に塗布して、37℃で培養する。

6 コロニーが出現したら紫外線ランプを当てて、緑色蛍光を発するコロニーを調べる。

結果

大腸菌	LB	LB＋amp	LB＋amp＋ara
－pGLO	＋	－	－
＋pGLO	＋	＋	⊞

（＋は生育，－は生育せず　⊞は蛍光）

考察

1 ampが入った培地では、－pGLOはなぜ生育できないか。 → 抗生物質耐性の遺伝子をもたないから。

2 pGLOの中にamp耐性遺伝子を組み込んだのはなぜか。 → 遺伝子組換えができている大腸菌だけを選び出すため（**スクリーニング**）。

3 ara遺伝子をpGLOに組み込んだのはなぜか。 → アラビノースオペロンを転写のスイッチとして、GFP遺伝子を転写させるため。

4 ara入りの培地だけが発光したのはなぜか。 → 転写のスイッチが入り、GFPタンパク質が合成されたから。

76　1編　生命現象と物質

重要実験 DNAの電気泳動

> 電気泳動は、DNAの塩基配列の解析などを行うときに、とても重要な実験方法だよ。

方法

〔1. アガロースゲルの作成〕

1. 三角フラスコに電気泳動用緩衝液（泳動緩衝液）を入れ、アガロース（寒天）を加えて加熱・溶解する。
2. アガロースが50℃程度まで冷えたら、電気泳動槽付属のゲルメーカーに流し込む。上からウェル（DNAサンプルを入れる穴）をつくるためのコーム（くし状の型）を差し込む。
3. アガロースが固まるまで静置する（アガロースゲルの完成）。

〔2. 電気泳動にかける〕

1. DNAサンプルを入れたマイクロチューブ、**DNAマーカー**（塩基対数（bp数）のわかっている基準となるDNA断片）を入れたマイクロチューブに、DNAの拡散防止用の緩衝液をそれぞれ加える。
2. 液面の高さに注意しながら、電気泳動槽内に泳動緩衝液を加える。
3. ウェル（穴）が電気泳動槽内の−極側にくるようにアガロースゲルをセットする。
4. ウェルを破らないように注意しながら、DNAサンプル、DNAマーカーをマイクロチューブから取ってウェルに入れる。
5. 電気泳動槽の電源を入れて、電気泳動を開始する。
6. 電気泳動が終了したら、アガロースゲルを取り出してDNA染色液で染色する。

［参考］ DNAのヌクレオチドの**リン酸と塩基は電荷をもっている**が、二重らせん構造をつくる塩基は電荷を打ち消し合っている。この電気泳動ではDNAの**リン酸がもつ負の電荷で正極の方へとDNAは移動**する。

結果

● DNAマーカーの電気泳動像は①のようになり、サンプルの電気泳動像は②のように4つのバンドを示していた。

考察

1. 電気泳動をかけるとDNA断片は何極側に移動したか。理由とともに答えよ。 → DNAは**リン酸基の部分が負の電荷**をもっているので、**＋極に移動**する。
2. bp数の大きいDNA断片は移動距離が短いのはなぜか。 → 大きなDNA断片ほど、**アガロースゲルの網目**に引っかかりやすいため。
3. 電気泳動の原理から考えて、断片化していないDNA鎖を電気泳動できるか。 → アガロースゲルの網目に引っかかって**ほとんど動かない**ので、電気泳動できない。

テスト直前チェック　定期テストにかならず役立つ！

1. □ ワトソンとクリックが解明した，DNAの立体構造を何という？
2. □ DNAの構成単位を何という？
3. □ 2を構成する化合物を3つあげよ。
4. □ DNAの複製方法を何という？
5. □ 4を実験によって明らかにしたのは誰と誰？
6. □ DNAの複製で連続的に新しく合成される鎖を何という？
7. □ DNAの複製に必要で複製開始部に相補的な短いヌクレオチド鎖を何という？
8. □ DNAの塩基配列をRNAの塩基配列に置き換えることを何という？
9. □ RNAとDNAを構成するヌクレオチドで異なる塩基は何？
10. □ mRNAの塩基配列をアミノ酸配列に置き換えることを何という？
11. □ 10を行う細胞内構造を何という？
12. □ 8で合成されたRNAから一部分を除去してmRNAにすることを何という？
13. □ アミノ酸を11に運んでくるRNAを何という？
14. □ 1つの遺伝子は1つの酵素合成を決めるとする説を何という？
15. □ 生物個体間で見られる1塩基単位の塩基配列の違いを何という？
16. □ 遺伝子の発現を促進あるいは抑制する遺伝子を何という？
17. □ 16の遺伝子がつくるタンパク質を何という？
18. □ 真核生物の遺伝子発現でRNAポリメラーゼと転写複合体をつくるタンパク質を何という？
19. □ だ腺染色体に見られる膨らんだ部分を何という？
20. □ 昆虫で，幼虫からさなぎへの変態を促進するホルモンを何という？
21. □ DNAを一定の塩基配列の部分で切断する酵素を何という？
22. □ DNA鎖どうしを結合させるのりのような働きをする酵素を何という？
23. □ DNAを人工的に増幅させる，非常に効率よく，広く用いられている方法を何という？

解答

1. 二重らせん構造
2. ヌクレオチド
3. 糖（デオキシリボース），塩基，リン酸
4. 半保存的複製
5. メセルソンとスタール
6. リーディング鎖
7. プライマー
8. 転写
9. チミンとウラシル
10. 翻訳
11. リボソーム
12. スプライシング
13. tRNA（転移RNA）
14. 一遺伝子一酵素説
15. 一塩基多型（SNP）
16. 調節遺伝子
17. 調節タンパク質
18. 基本転写因子
19. パフ
20. エクジステロイド
21. 制限酵素
22. DNAリガーゼ
23. PCR法

定期テスト予想問題　解答→p.265~267

1 DNAの構造

DNAに関して、各問いに答えよ。
(1) DNAを構成するヌクレオチドは、塩基を含む3つの構成要素からなる。他の2つの構成要素は何か。
(2) DNAの構成要素である塩基は4種類ある。それぞれの名称を答えよ。
(3) ワトソンとクリックによって明らかにされた、DNAの立体構造を何というか。
(4) (3)をつくるとき、相補的な塩基どうしは、何という結合によって対になるか。

2 DNAの複製のしくみ

DNAの複製のしくみを明らかにするために行われた次の実験について、各問いに答えよ。

実験1 ふつうの窒素(^{14}N)よりも重い^{15}Nからなる^{15}NH$_4$Clだけを窒素源として含む培地で大腸菌を培養した。その後、塩化セシウム溶液を用いた密度勾配遠心法で大腸菌のDNAを調べると、すべてのDNAの質量が同じであることがわかった。

実験2 実験1の大腸菌を、ふつうの窒素(^{14}N)からなる^{14}NH$_4$Clを窒素源として含むふつうの培地に移し、細胞分裂をそろえる薬品を加えて1回分裂させた。この大腸菌のDNAを実験1と同様にして調べた。

実験3 実験2で大腸菌を2回分裂させてから、大腸菌のDNAを同様にして調べた。

(1) 下線部では、大腸菌のDNAはどうなっているか。次のア～エから選べ。
　ア　DNAのすべての窒素が^{14}Nである。
　イ　DNAの一方のヌクレオチド鎖の窒素が^{14}N、残りの一方の窒素が^{15}Nである。
　ウ　DNAのすべてのヌクレオチド鎖について、それぞれの窒素の半分が^{14}N、残り半分が^{15}Nである。
　エ　DNAのすべての窒素が^{15}Nである。

(2) 実験2の結果を、次のア～エから選べ。ただし、アは実験1の結果を示している。

(3) 実験3の結果を、(2)のア～エから選べ。
(4) これらの実験から明らかになったDNAの複製のしくみは、何と呼ばれるか。

3 DNAの複製の方向性

下の図は、DNAの二重らせんがほどけ、新しいヌクレオチド鎖A、Bが複製されるようすを示したものである。a～cは酵素を示しており、ヌクレオチド鎖Bは、dのような短いヌクレオチド鎖の断片が酵素cによって連結してできることが知られている。各問いに答えよ。

(1) 図中のA、Bのヌクレオチド鎖を、それぞれ何というか。
(2) 図中のa～cの酵素の名称を答えよ。
(3) 図中のdの断片を何というか。
(4) 図中の①、②の末端は、それぞれ5′末端、3′末端のどちらか。
(5) 図中のAのヌクレオチド鎖の伸長方向は、図では右と左のどちらか。
(6) 図中のdのヌクレオチド鎖断片の複製方向は、図では右と左のどちらか。

3章　遺伝情報と形質発現　79

4 RNA

RNAについて，各問いに答えよ。
(1) 次の①〜④について，RNAの特徴であるものに○，そうでないものに×をつけよ。
① 構成単位であるヌクレオチドの糖がデオキシリボースである。
② 構成単位であるヌクレオチドの塩基がDNAとまったく同じである。
③ 分子構造が1本鎖である。
④ ほとんどすべてが核内に存在する。
(2) 次の①〜③のような働きをするRNAの名称を，それぞれ答えよ。
① タンパク質と結合してリボソームを構成する。
② DNAの遺伝情報をリボソームに伝える。
③ アミノ酸をリボソームまで運んでくる。

5 真核生物の遺伝情報の発現

下の図は，真核生物の遺伝情報の発現のしくみを示したものである。各問いに答えよ。

(1) 図中のA，B，Cの各過程をそれぞれ何というか。
(2) 図中のa〜eの名称を答えよ。
(3) 図中のXで示される酵素の名称を答えよ。
(4) DNAには遺伝情報をもたない部分があり，それに対応するbの前駆体の塩基配列は，Bの過程で取り除かれる。このような部分を何というか。
(5) 同じDNAの塩基配列をもとにしたbでも，Bの過程で取り除かれる部分が異なることがあり，その場合には異なる塩基配列のcができる。このことを何というか。

6 原核生物の遺伝情報の発現

下の図は，大腸菌の遺伝情報発現のしくみを示したものである。各問いに答えよ。

(1) 図中のa〜dの名称を答えよ。
(2) cはP，Qどちらの方向に進むか。
(3) dはX，Yどちらの方向に進むか。
(4) 大腸菌の遺伝情報発現のしくみとして最も適したものを，次のア〜エから選べ。
ア DNAにイントロンとエキソンがある。
イ スプライシングの過程がない。
ウ 転写が終わってから翻訳が始まる。
エ 転写と翻訳が同時に進行する。
(5) aの遺伝子となる部分の塩基配列が，TACTGAGTTCCAの場合，bの塩基配列を答えよ。
(6) (5)の塩基配列をもつbは，何個のコドンをもつか。
(7) (5)の塩基に対応したtRNAのアンチコドンを答えよ。

7 遺伝暗号の解読

コラーナらは，大腸菌をすりつぶした汁に人工合成したmRNAを入れてどのようなタンパク質ができるかを調べて遺伝暗号を解読した。
実験1 UGUGUG…のmRNAを加えるとシステインとバリンが交互に結合したタンパク質ができた。
実験2 UUGUUG…のmRNAを加えるとロイシン，システイン，バリンのいずれかだけからできたタンパク質ができた。
実験3 GGUGGU…のmRNAを加えると，グリシン，バリン，トリプトファンのいずれかだけからなるタンパク質ができた。
(1) 1個のアミノ酸を指定するmRNAの塩基配列を何というか。
(2) 実験1～3から，塩基配列とアミノ酸の関係について，それぞれどのようなことがいえるか。
(3) 実験1～3から決定される塩基配列とアミノ酸の関係を答えよ。

8 ヒトの代謝異常

下の図はヒトのアミノ酸代謝の過程の一部を示したものである。

タンパク質 → フェニルアラニン →(a) フェニルケトン
　　　　　　↓(b)
　　　　　チロシン →(c) メラニン(色素)
　　　　　　↓(d)
　　　　　アルカプトン →(e) CO_2, H_2O

(1) 特定の酵素を欠くため体内にフェニルアラニンが蓄積され脳などの発達に障害が生じる病気を何というか。
(2) (1)の病気で異常のある酵素は，a～eのうちどの反応に関与しているものか。
(3) 尿中にアルカプトンが放出される遺伝病はa～eのうちどの酵素を欠いているか。
(4) cの酵素を欠く突然変異(あるいはその個体)を何というか。

9 オペロン説

大腸菌は，ラクトースがない環境ではラクトースを分解するβガラクトシダーゼなどの酵素をつくらない。しかし，グルコースがなく，ラクトースがある環境ではβガラクトシダーゼなどを合成してラクトースを栄養源とする。下の図は，これに関するオペロンを示したものである。各問いに答えよ。

(1) 図中のa～cの遺伝子の名称をそれぞれ答えよ。
(2) 図中のdの酵素の名称を答えよ。
(3) 図中のeのような因子を何というか。
(4) このオペロンでは負の調節，正の調節のどちらが働いているか。

10 バイオテクノロジー

次の各問いに答えよ。
(1) 制限酵素やDNAリガーゼなどを使って，ある生物に他の生物の遺伝子などを組み込むことを何というか。
(2) DNAを高温にして1本鎖に分離させ，DNAポリメラーゼによる2本鎖DNAの合成をくり返して，同じ塩基配列のDNAを短時間に多量に増幅させる方法を何というか。
(3) DNA断片を電気泳動で分離すると，DNA断片が長いほど，移動距離はどうなるか。

ホッとタイム

◯遺伝暗号を解読してみよう

◉図1のDNAが転写されてできるRNAの塩基配列を図2にかいてみよう。また，スプライシングの過程がないものとして，図2のRNAが翻訳されてできるアミノ酸の配列を図3にかいてみよう。 答はp.280

図1．DNAの塩基配列

T A C G G A G T C T C A A C A G A A T G A C C A C T T A T A A T T

図2．転写されてできたRNAの塩基配列

図3．翻訳されてできたアミノ酸の配列

メチオニン

DNAとRNAの塩基の相補的な対応は，
A → U
T → A
G → C
C → G
だったね。

図4．コドン表

		第2番目の塩基				
		ウラシル(U)	シトシン(C)	アデニン(A)	グアニン(G)	
第1番目の塩基	U	UUU UUC フェニルアラニン UUA UUG ロイシン	UCU UCC UCA UCG セリン	UAU UAC チロシン UAA （終止） UAG （終止）	UGU UGC システイン UGA （終止） UGG トリプトファン	U C A G	第3番目の塩基
	C	CUU CUC CUA CUG ロイシン	CCU CCC CCA CCG プロリン	CAU CAC ヒスチジン CAA CAG グルタミン	CGU CGC CGA CGG アルギニン	U C A G	
	A	AUU AUC AUA イソロイシン AUG メチオニン(開始)	ACU ACC ACA ACG トレオニン	AAU AAC アスパラギン AAA AAG リシン	AGU AGC セリン AGA AGG アルギニン	U C A G	
	G	GUU GUC GUA GUG バリン	GCU GCC GCA GCG アラニン	GAU GAC アスパラギン酸 GAA GAG グルタミン酸	GGU GGC GGA GGG グリシン	U C A G	

1編　生命現象と物質

2編 生殖と発生

1章 有性生殖

1 無性生殖と有性生殖

■ 生物が親と似たような新個体をつくることを**生殖**といい，これには性の区別のない無性生殖と，性の区別のある有性生殖がある。

1 性に関係なくふえる無性生殖

■ **無性生殖** からだの一部が分かれて新個体ができたり，性の区別のない生殖細胞（胞子など）をつくって，それが新個体となるような生殖方法を**無性生殖**という。無性生殖には図1のように**分裂，出芽，栄養生殖**がある。

❂**1. 無性生殖の欠点と遺伝子**
無性生殖では，繁殖の速度は速いが新個体は**親と遺伝子構成が同じ**（クローン）なので，環境変化に対する適応力は低い。

（親）　　（新個体）
AA ⇒ AA
遺伝子
aa ⇒ aa

〔ポイント〕〔無性生殖とその例〕
①**分裂** ⇒ アメーバ・ゾウリムシ・イソギンチャク
②**出芽** ⇒ 酵母菌・ヒドラ・サンゴ
③**栄養生殖** ⇒ ジャガイモ・オランダイチゴ

図1．無性生殖の種類

分裂	親⇒○○⇒子子　●からだが2つ以上に分かれてふえる。	アメーバ	ミドリムシ	イソギンチャク
出芽	芽　子　親⇒親⇒親　●からだの一部に突起（芽）が出て，大小に分かれる。	酵母菌　芽	ヒドラ　出芽体	サンゴ（群体）　母体
栄養生殖	子　親⇒親○⇒親　●根・茎・葉などの栄養器官の一部から新しい個体ができる。	ジャガイモ　塊茎	オランダイチゴ　走出枝	オニユリ　むかご

84　2編　生殖と発生

2 配偶子が合体する有性生殖

■ **配偶子** 生殖のための細胞を**生殖細胞**といい，そのなかでも，精子や卵のように合体することによって新個体をつくる細胞を**配偶子**という。

■ **有性生殖** 配偶子が合体して新個体をつくる生殖方法を**有性生殖**という。

■ **接合と受精** 配偶子どうしが合体することを**接合**といい，できた細胞を**接合子**という。また，運動性のある小形の配偶子と運動性のない大形の配偶子の合体を**受精**といい，その接合子を**受精卵**という。

■ **無性生殖と有性生殖を行う生物** 扁形動物のプラナリアは，環境条件がよいとからだがくびれて**分裂**し，急速に増殖する（無性生殖）。ところが，何度もくり返して分裂したり，環境条件が悪化したりすると，卵と精子をつくって有性生殖で子孫をつくる。これは，**有性生殖によって多様性を高めることで，環境の変化に適応するためだ**と考えられている。

〔有性生殖とその例〕
① **接合**…運動性のある配偶子の合体。
  ⇒ { 同形配偶子の接合…クラミドモナス
       異形配偶子の接合…アオサ・ミル }
② **受精**…運動性のある小形の配偶子（**精子**）と，養分を蓄積した大形の配偶子（**卵**）との合体。
  ⇒ カエル・ヒトなど，ほとんどの動物

2. 有性生殖の利点と遺伝子
有性生殖では，**親と新個体（子）で遺伝子構成が変わるので，形質が変化する可能性があり**，環境変化に対する適応力が高い。

（親）（配偶子）（新個体）
遺伝子 $AA \rightarrow A$ 合体 Aa
    $aa \rightarrow a$

図2．プラナリアのふえ方

良い環境条件下　無性生殖
くびれる（分裂）

悪い環境条件下　有性生殖
精子　卵
受精
受精卵

図3．有性生殖の種類

		クラミドモナス（同形配偶子）	アオサ（異形配偶子）
接合	配偶子→接合子→子　同形配偶子または異形配偶子の合体	成体　配偶子　接合　接合子	大形配偶子　小形配偶子　接合　接合子
受精	卵・精子→受精卵→子　大きさや形・運動能力が極端にちがう異形配偶子（卵と精子）の合体	サケ：卵　受精　受精卵　精子	カエル：卵　受精　受精卵　精子

1章　有性生殖

2 遺伝子と染色体

■ 遺伝子は染色体上の特定の遺伝子座に存在する。有性生殖を行う生物は遺伝子を両親から受けついだ相同染色体上にある対立遺伝子の組み合わせとしてもつ。ヒトなどの性は性染色体の組み合わせで決まり，性決定にはXY型，ZW型などがある。

1 遺伝子は染色体上にある

■ **クロマチン繊維**　真核細胞では，遺伝子の本体であるDNAはヒストン(タンパク質)に巻きついて**ヌクレオソーム**を形成している。ヌクレオソームが数珠状につながった繊維状の構造を**クロマチン繊維**という(⇒p.6, 55)。

■ **染色体の構造**　細胞分裂のときには，クロマチン繊維が何重にも折りたたまれて太く短い染色体の構造をつくる。**DNAは分裂前に複製されるため，分裂期の前期には2本の染色体が動原体で接着したトンボの羽のような構造の染色体となる。**

✿1. 核内の染色体の組の数で示した細胞のようすを**核相**という。体細胞のように2組($2n$)の染色体をもつ細胞の核相を**複相**といい，生殖細胞(卵や精子)のように1組(n)の染色体をもつ細胞の核相を**単相**という。

2 相同染色体と遺伝子座

■ **相同染色体**　有性生殖をする生物では，父方の染色体は精子(精細胞)，母方の染色体は卵(卵細胞)によってもたらされるので，子の体細胞($2n$)は同形同大の1対の染色体をもっている。これを**相同染色体**という。

■ **遺伝子座**　染色体上の遺伝子の位置を**遺伝子座**といい，各遺伝子の遺伝子座がどの染色体のどの位置にあるかは生物種によって決まっている。

■ **対立遺伝子**　1つの遺伝形質に対して複数の異なる遺伝子が**相同染色体の同じ遺伝子座に存在**するとき，それらをたがいに**対立遺伝子**であるという。

■ **ホモとヘテロ**　AAやaaのように同じ対立遺伝子が対になっている状態を**ホモ接合**，Aaのように異なる対立遺伝子が対になっている状態を**ヘテロ接合**という。また，ある対立遺伝子に着目したとき，ホモ接合である個体を**ホモ接合体**，ヘテロ接合である個体を**ヘテロ接合体**という。

図4．相同染色体と遺伝子座
　　　($2n = 2$の生物の場合)

86　2編　生殖と発生

> **ポイント** Aとaのような対立関係にある**対立遺伝子**は，相同染色体上の同じ遺伝子座にある。

３ 性を決める性染色体

図5．性染色体の遺伝子

X染色体
- DNAポリメラーゼ遺伝子
- 赤色識別遺伝子
- 緑色識別遺伝子
- 血液凝固遺伝子

Y染色体
- 成長制御遺伝子
- 性決定遺伝子（*SRY*遺伝子）
- 精子産生遺伝子

■ **ヒトの性染色体** ヒトの体細胞は46本の染色体をもつ。そのうちの44本は男女共通で，これを**常染色体**という。残る2本は男女で異なるので**性染色体**という。性染色体のなかで男女に共通して存在する染色体を**X染色体**，男性のみがもつ小形の染色体を**Y染色体**という。**女性の性染色体はホモ型(XX)であるが，男性はヘテロ型(XY)である。**

■ **ヒトの性決定** ヒトの22本の常染色体をAで示すと，ヒトの体細胞は2セットもっているので，2Aで示される。したがって，**ヒトの女性は2A+XX，男性は2A+XYで示される。** このような性決定様式を**XY型性決定**という。

常染色体22対（44本） 性染色体1対（2本）；男女で異なる
XY（男性） XX（女性）

図6．ヒトの染色体構成（$2n=46$）

> **ポイント** 〔ヒトの性決定様式…**XY型性決定**〕
> 男性：2A+XY ⇒ 精子はA+X，A+Y（Aは常染色体）
> 女性：2A+XX ⇒ 卵はA+Xのみ

■ **性決定の様式** 性決定様式には，次のようなものがある。

図7．性決定の4つのタイプ

	雄ヘテロ型		雌ヘテロ型	
	XY型	XO型	ZW型	ZO型
P	♀2A+XX ♂2A+XY	♀2A+XX ♂2A+X	♀2A+ZW ♂2A+ZZ	♀2A+Z ♂2A+ZZ
配偶子（卵・精子）	A+X（卵） A+X A+Y（精子）	A+X A+X A	A+Z A+W A+Z	A+Z A A+Z
F₁	♀2A+XX ♂2A+XY	♀2A+XX ♂2A+X	♀2A+ZW ♂2A+ZZ	♀2A+Z ♂2A+ZZ
生物例	ヒト，ハツカネズミ，ショウジョウバエ	イナゴ，トノサマバッタ	カイコガ，ニワトリ，アフリカツメガエル	ミノガ，トビケラの一種

3 減数分裂

有性生殖では，配偶子をつくるときに染色体数を半分にする減数分裂を行う。このとき染色体の乗換え→遺伝子の組換えが起こり，配偶子の遺伝子組成の多様化を引き起こす。

1 染色体数が半分になる減数分裂

減数分裂 2つの生殖細胞の合体によって新個体をつくる有性生殖では，新個体の染色体数を親と同じにするために，生殖細胞の染色体数をあらかじめ半数にしておく必要がある。このための分裂を減数分裂という。

〔減数分裂の特徴〕
① 連続した2回の分裂から成る。
② 1個の母細胞から，染色体数が半減（$2n→n$）した4個の娘細胞ができる。
③ 動物の精子や卵，植物の花粉や胚のう細胞，無性生殖のための胞子などをつくる分裂。

■ 染色体半減のわけ
① 第一分裂で，相同染色体（同形・同大の染色体）が接着（対合）して二価染色体と呼ばれる太い染色体となって，これが分離する。$2n→n$。
② 第一分裂と第二分裂の間に間期がない。（第二分裂は体細胞分裂と同じで，分裂前後で染色体数は同じ）
③ 第一分裂前期に二価染色体ができたとき，相同染色体の間で染色体の乗換えが起こり，遺伝子の組換えが生じることがある。

図8. 減数分裂のしくみ（動物細胞の場合）

間期
- 中心体，核小体，核膜
- DNAが複製され，糸状の染色体の複製が行われる。

前期 第一
- 糸状の染色体がひも状の染色体となる。核膜，核小体が次第に消失する。
- 相同染色体
- 各染色体は複製されているので，トンボの羽状になっている。
- 対合した相同染色体（二価染色体）
- 相同染色体が対合する。

分裂 中期
- 赤道面，星状体，二価染色体，紡錘体，紡錘糸
- 二価染色体が赤道面に並ぶ。

後期
- それぞれの相同染色体は，対合面から分離して両極へ移動する。

終期・前期
- 細胞質がくびれて2分される。

2 減数分裂の進み方

1 間期 母細胞のDNAは複製されて2倍になる。

2 第一分裂（$2n \rightarrow n$）

①**前期** 糸状の染色体は太いひも状になる。この染色体は倍化しているので縦に裂けた状態となっている。同形同大の相同染色体どうしが対合して二価染色体となる。このとき染色体の乗り換えが起こると遺伝子の組換えが生じる。

②**中期** 相同染色体が赤道面に並び，紡錘体が完成する。観察される染色体の数は，相同染色体どうしが対合しているので，体細胞分裂の中期の染色体数の半数に見える。

③**後期** 二価染色体は対合面から分かれ，紡錘糸に引かれてそれぞれ両極に移動する。

④**終期** 細胞質分裂が起こって2個の細胞となる。

3 第二分裂（$n \rightarrow n$）

①**前期** 第一分裂と第二分裂の間に間期はなく，染色体の複製は行われずに，第二分裂前期に移行する。

②**中期** 半数となった染色体が新しい赤道面に並び，紡錘体が完成する。

③**後期** 染色体はそれぞれの縦裂面から分離して，紡錘糸に引かれて両極に移動する。

④**終期** 染色体は糸状の染色体となり，核膜・核小体が現れ細胞質分裂が起こって，染色体数が体細胞の半数となった4個の娘細胞ができる。

> **ポイント**
> ①第一分裂で，対合した相同染色体どうしが分離し，$2n \rightarrow n$となる。
> ②第二分裂は体細胞分裂と同じ形式で進み，$n \rightarrow n$となる。

図9. 減数分裂での核相の変化

図10. 二価染色体と染色体の乗換え

染色体の動きと数の変化に注目して図を見ること。

第 二 分 裂			生 殖 細 胞
中 期	後 期	終 期	
染色体が新しい赤道面に並ぶ。	染色体は縦裂面から分離して両極へそれぞれ移動する。	細胞質が分裂して，染色体数が半減した4個の娘細胞ができる。	4個の生殖細胞ができる。

1章 有性生殖

4 遺伝子と染色体の行動（1）

図11. エンドウの交雑の方法
- めしべ
- 開花前におしべを取りのぞく。
- おしべ
- 対立形質をもつ個体の花粉を受粉させる。
- 他の花粉がつかないように袋をかぶせておく。

エンドウは，ふつう，自分の花の花粉が自分のめしべについて受精する（自家受精）ので，受精前におしべを取りのぞいておき，他の花のおしべの花粉をつける。

■ メンデルは，遺伝因子の存在を仮定して遺伝のしくみを説明した。現在では，その遺伝因子（遺伝子）は染色体上にあることがわかっている。遺伝子はどのような規則性をもって子孫に伝えられ，遺伝形質として発現するのか。

1 遺伝の研究はメンデルに始まる

■ **形質と遺伝**　生物を特徴づける個々の形や性質を**形質**といい，いろいろな形質が親から子に伝えられる現象を**遺伝**という。

■ **メンデルの実験**　**メンデル**（1822〜1884年）は，エンドウを実験材料として交配実験を重ね，その結果をまとめて，1865年に遺伝の法則（**優性の法則，分離の法則，独立の法則**）として発表した。

■ **エンドウの対立形質**　エンドウの種子の丸形としわ形，子葉の黄色と緑色，花をつける位置が葉のつけ根であるか茎の先端部であるか，などのように，対になる形質を**対立形質**という。メンデルは，図12に示すエンドウの7組の対立形質に注目して，実験を行った。

遺伝の用語　これをしっかりと理解しておかないと，遺伝の問題は解けない！！

- **遺伝形質**　生物のもつ形質のうち，子に遺伝する形質　例　エンドウの種子の形
- **対立形質**　互いに対をなしている形質。例　エンドウの丸形としわ形
- **遺伝子と対立遺伝子**　形質を伝えるものを**遺伝子**といい，対立形質を伝えるそれぞれの遺伝子を**対立遺伝子**という。
- **遺伝子型と表現型**　AA，Aa，aaのように，形質を決定する遺伝子の組み合わせを**遺伝子型**という（ふつう，**優性遺伝子を大文字，劣性遺伝子を小文字**で表す）。これに対して，外観に現れる形質（丸形やしわ形）を**表現型**といい，遺伝子記号を用いて〔A〕，〔a〕で示すことがある。
- **交配と交雑**　2個体間の受精または受粉を**交配**といい，このうち，遺伝子型の異なる2個体間の交配を**交雑**という。
- **自家受精**　植物の場合は，**自家受粉**により同じ個体内で受精すること。動物の場合は，雌雄同体の動物で同一個体に生じた配偶子どうしで受精すること。
- **純系と雑種**　着目する対立遺伝子すべてについて**ホモ接合体**（AA，aa，$AABB$，$aabb$，$AAbb$，$aaBB$など）である個体を**純系**といい，**ヘテロ接合体**（Aa，$AaBb$など）の個体を**雑種**という。
- **P，F_1，F_2**　交雑する両親がP，その子の**雑種第一代**がF_1，**雑種第二代**がF_2。

2編　生殖と発生

形　質	種子の形	子葉の色	種皮の色	熟したさやの形	未熟なさやの色	花の位置	草丈
優性形質	丸形	黄色	有色	ふくれ	緑色	葉のつけ根	高い
劣性形質	しわ形	緑色	無色	くびれ	黄色	茎の頂	低い

図12. メンデルが選んだエンドウの7対の対立形質

■ **遺伝子と染色体**
対立遺伝子Aとaは，相同染色体の同じ遺伝子座にAA，Aa，aaのように存在する（右図）。

（ホモ）　（ヘテロ）　（ホモ）
図13. 染色体上の対立遺伝子

○**1. 優性形質と優性遺伝子**
優性遺伝子を1つでももつと優性形質が現れるので，AA，Aaはどちらも優性形質になる（⇒図14）。

2　一遺伝子雑種の遺伝

■ **一遺伝子雑種**　1組の対立形質にのみ着目して交雑したとき得られる雑種を**一遺伝子雑種**という。

■ **一遺伝子雑種の例（エンドウの種子の丸形×しわ形）**

メンデルは，**自家受精**によって代々丸形の種子のみをつくるエンドウとしわ形の種子をつくるエンドウを両親（P）として交雑すると，子の**雑種第一代（F_1）はすべて丸形**になり，このF_1をまいて自家受精して得た孫の**雑種第二代（F_2）は丸形：しわ形＝3：1**になることを見つけた。

■ **優性の法則**　この場合のように，対立形質（丸形としわ形）のうち，F_1に現れる形質（この場合，丸形）を**優性形質**といい，現れない形質（しわ形）を**劣性形質**という。

図14. 一遺伝子雑種の遺伝のしくみ

遺伝子は染色体に存在する。

両親（P）は，自分と同じ遺伝子を1つずつもつ配偶子をつくる。

F_1はすべて丸形

丸形が優性形質で，丸形を現すAが優性遺伝子。

減数分裂

優性遺伝子Aをもつと丸形になる。

F_2の表現型…丸：しわ＝3：1

> **ポイント**
> **優性の法則**…異なる対立形質をもつ純系の個体を交配すると，F_1には**優性形質だけ**が現れる。

1章　有性生殖

ゴバン目法の考え方

F₁の雄性配偶子の遺伝子型

F₁の雌性配偶子の遺伝子型	A（①）	a（②）
A（③）	AA ①と③	Aa ③と②
a（④）	Aa ①と④	aa ②と④

図15．ゴバン（碁盤）目法による交雑の考え方

③ 遺伝のようすを考えてみよう

■ **遺伝のようす** 次の順で考えるとわかりやすい。
① 優性の法則を使って，F₁の表現型が何かを見極め，優性遺伝子を決める。
② 対立遺伝子の片方が親から子へと受け継がれていき，子（F₁）は両親（P）から遺伝子を1つずつもらう。
③ ヘテロ接合体のF₁（遺伝子型Aa）が配偶子をつくるとき，対立遺伝子Aとaはそれぞれ別々の配偶子に入り，A：a＝1：1の比で配偶子がつくられる（分離の法則）。
④ ゴバン目法で，F₂の遺伝子の組み合わせを考える。
⑤ 優性遺伝子を1つでももつと（AA，Aa）優性形質となり，劣性遺伝子しかもたないと（aa）劣性形質になる。

■ **ゴバン目法の考え方** 左の図15のように，縦と横のます目にそれぞれ雌雄の配偶子の遺伝子型を書く。そして，縦と横を合わせると，その個体の遺伝子型となる。

> **ポイント　分離の法則**…配偶子をつくるとき，対立遺伝子は分かれて別々の配偶子に入る。

（P）草丈高い × 草丈低い
（F₁）すべて高い　優性の法則
（F₂）高い　低い
　　　3　：　1

図16．エンドウの草丈の遺伝

④ 遺伝子型をあてはめてみよう

■ 代々草丈が高くなるエンドウの個体と草丈が低くなるエンドウの個体を交配すると，左の図16の結果になった。これをもとに，上の①〜⑤の順に考えて，左下の図17に遺伝子型をあてはめてみよう。ただし，対立遺伝子は，次のようにする。

　　草丈を高くする遺伝子…T
　　草丈を低くする遺伝子…t

図17の説明：
F₁をゴバン目法で求めてみよう。

	高（③）
低	（④）（⑤）

♀＼♂	（⑥）	（⑦）
（⑥）	（⑩）	（⑪）
（⑦）	（⑪）	（⑫）

F₂もゴバン目法で求めてみよう。

P　高い　×　低い
（①　）　（②　）……Pの遺伝子型
（③　）　（④　）……Pの配偶子の遺伝子型

F₁　すべて高い
　　（⑤　）…………F₁の遺伝子型
（⑥　）：（⑦　）
＝（⑧　）：（⑨　）……F₁の配偶子の遺伝子型とその分離比

F₂　高い　　　低い
1（⑩　）2（⑪　）1（⑫　）……F₂の遺伝子型とその分離比

図17．図16での各個体や配偶子の遺伝子型と分離比

〔空欄の答え〕
① TT ② tt ③ T
④ t ⑤ Tt
⑥ T ⑦ t ⑧⑨ 1，1
⑩ TT ⑪ Tt ⑫ tt

5 例題をやってみよう！

例題 ─ 遺伝子雑種の遺伝

エンドウの丸形の種子としわ形の種子を両親(P)として交配したところ，F_1 はすべて丸形になった。F_1 を自家受精して F_2 を得ると，F_2 は，丸形：しわ形＝ 3：1 となった。丸形をつくる遺伝子を R，しわ形をつくる遺伝子を r として，問いに答えよ。

(1) 両親と F_1 の遺伝子型を答えよ。
(2) F_1 がつくる配偶子の遺伝子型の分離比を答えよ。
(3) F_2 の遺伝子型の分離比を答えよ。
(4) F_2 のなかで純系の個体は何％か。
(5) ①F_1 と P の丸形を交配した次代，②F_1 と P のしわ形を交配した次代の表現型の分離比を答えよ。
(6) F_2 を自家受精して雑種第三代(F_3)をつくると，F_3 の表現型の分離比はどのようになるか。

F_1 がすべて丸形になったことから，丸形が優性形質で，丸形を現す遺伝子 R が優性遺伝子だとわかる。

解説 (1)～(3) 右のように図にして考える。F_1 がすべて丸形になることから，丸形が優性形質であることがわかる。また，P の丸形は純系と考えられる。
　F_1 どうしの交配は，ゴバン目法で考える。

(P) 　丸形 × しわ形
　　　RR　　　rr
　　　　↓　　　　↓
　　　　R　　　r
(F$_1$) 　すべて丸形
　　　　　Rr
(F$_2$) 　RR　Rr　Rr　rr
　　　　丸形　　　　しわ形

	R	r
R	RR	Rr
r	Rr	rr

(4) 純系は RR と rr。

(5) ①$F_1(Rr)$ × 丸形 P(RR)
　　　⟶ $2RR$，$2Rr$
　②$F_1(Rr)$ × しわ形 P(rr) ⟶ $2Rr$，$2rr$

RR の自家受精

	R	R
R	RR	RR
R	RR	RR

↪ $4RR$

(6) F_2 を自家受精すると，右のようになる。

$RR \times RR \longrightarrow 4RR$
$2(Rr \times Rr) \longrightarrow 2RR, 4Rr, 2rr$
$rr \times rr \longrightarrow 4rr$
　　　　　　　　　$6RR, 4Rr, 6rr$

F_2 で Rr は RR，rr の 2 倍だから 2 をかける。

答 (1) 丸形の親…RR，しわ形の親…rr，F_1…Rr
(2) $R:r = 1:1$　(3) $RR:Rr:rr = 1:2:1$
(4) 50%
(5) ①すべて丸形，②丸形：しわ形＝1：1
(6) 丸形：しわ形＝(10：6＝)5：3

rr の自家受精

	r	r
r	rr	rr
r	rr	rr

↪ $4rr$

1章　有性生殖

5 遺伝子と染色体の行動(2)

■ 2組の対立遺伝子がそれぞれ**別の相同染色体上にある場合，遺伝子は互いに影響することなく独立して配偶子に伝えられる**。これを**独立の法則**という。

1 二遺伝子雑種の遺伝をさぐる

■ **二遺伝子雑種** エンドウの種子の形(丸形としわ形)と子葉の色(黄色と緑色)など，2組の対立形質に着目して交雑を行ったとき得られる雑種を**二遺伝子雑種**という。

■ **二遺伝子雑種の例(エンドウの種子の形と子葉の色)**
　エンドウの種子が丸形で子葉の色が黄色(丸・黄)の純系の個体と，種子がしわ形で子葉の色が緑色(しわ・緑)の純系の個体を交雑すると，F_1はすべて丸・黄となった。このF_1をまいて自家受精すると，F_2の表現型の分離比は次のようになった。

丸・黄：丸・緑：しわ・黄：しわ・緑＝9：3：3：1 …①

〔F_2の表現型の分離比〕
　　一遺伝子雑種 ➡ 3：1
　　二遺伝子雑種 ➡ 9：3：3：1

■ **独立の法則の発見** 上の①のF_2の表現型の分離比をそれぞれの対立形質にだけ着目して整理してみると，次のようになっていることがわかる。

$\begin{cases} 種子の形　丸：しわ＝(9＋3)：(3＋1)＝3：1 &…② \\ 子葉の色　黄：緑　＝(9＋3)：(3＋1)＝3：1 &…③ \end{cases}$

②，③より，2組の対立形質は互いに影響することなく独立して遺伝していることがわかる。つまり，異なる相同染色体の組にある2組の対立遺伝子は，互いに影響されることなく独立して行動し，配偶子に入る(**独立の法則**)[1]。
　したがって，$F_1(AaBb)$がつくる配偶子の遺伝子型の分離比は，$AB：Ab：aB：ab＝1：1：1：1$である。

■ **二遺伝子雑種の遺伝のようす** 基本的には一遺伝子雑種と同じように考える。遺伝子は次のように決めておく。

$\begin{cases} 丸を現す遺伝子……A \\ しわを現す遺伝子…a \end{cases}$ $\begin{cases} 黄色を現す遺伝子…B \\ 緑色を現す遺伝子…b \end{cases}$

図18. エンドウの種子の形と子葉の色の遺伝

(P) 純系　丸・黄　×　しわ・緑　交雑
(F_1) すべて丸・黄
(F_2) 丸・黄　丸・緑　しわ・黄　しわ・緑
　　　 9　：　3　：　3　：　1

✦1. 独立の法則
2組の対立遺伝子が別々の相同染色体にあるときには，互いに影響されることなく，独立して配偶子に入る。メンデルが発見したこの法則を**独立の法則**という。

① 優性の法則により，F₁の表現型がすべて丸・黄であったことから，種子の形については丸形が優性形質で，子葉の色については黄色が優性形質であることがわかる。
　⇒丸形を現すA，黄色を現すBがそれぞれ優性遺伝子。
② 純系の丸・黄の親($AABB$)としわ・緑の親($aabb$)から，**各対立遺伝子の片方ずつ(AB，ab)が子へと受け継がれていく。** ⇒F₁の遺伝子型は$AaBb$。
③ F₁($AaBb$)が配偶子をつくるとき，分離の法則と独立の法則により，$AB:Ab:aB:ab=1:1:1:1$の比でつくられる。
④ ゴバン目法で，F₂の遺伝子型の組み合わせを考える。
⑤ 形質ごとに，優性遺伝子をもっているかもっていないかで，優性形質になるか劣性形質になるかを判断する。

F₂のうち，純系の個体は$AABB$，$AAbb$，$aaBB$，$aabb$の4つ。

図19. 二遺伝子雑種の遺伝のしくみ

1章　有性生殖　95

2 遺伝子型を知る方法

■ **検定交雑** 優性形質の個体には，遺伝子型がホモ接合体の個体(AA)とヘテロ接合体の個体(Aa)とがある。この遺伝子型を外見から見分けることはできない。しかし，劣性ホモ接合体の個体と交雑すると，その遺伝子型を知ることができる。このような交雑を**検定交雑**という。

■ **検定交雑と遺伝子型の判定法** 検定交雑では，劣性ホモ接合体と交配する。劣性ホモ個体がつくる配偶子の遺伝子は劣性遺伝子なので，次代の表現型に影響を与えることはなく，得られた子の表現型の分離比が検定個体の配偶子の遺伝子型の分離比と一致する。

☆2. 検定交雑による子の表現型と検定個体の配偶子の遺伝子型
検定交雑で得られた子の表現型を，遺伝子記号を使って〔AB〕のように表すと，〔 〕をはずしたABが検定個体がつくった配偶子の遺伝子型と一致する。

遺伝子型がわからないときは検定交雑だ。

図20. 検定交雑のしくみ

> **ポイント**
> **検定交雑**の結果得られた**子の表現型の分離比**は，検定個体がつくる**配偶子の遺伝子型の分離比**と一致する。

図21. F_1の分離比と親の遺伝子型の組み合わせ

$AA \times AA$ → すべて〔A〕

$AA \times Aa$ → すべて〔A〕

$Aa \times Aa$ → 〔A〕〔a〕 3：1

$Aa \times aa$ → 〔A〕〔a〕 1：1

$aa \times aa$ → すべて〔a〕

これは表現型（劣性形質）からわかる。

■ **検定交雑をせずに遺伝子型を知る方法** 一遺伝子雑種では，左の図21のように，子の表現型の分離比が〔A〕：〔a〕＝3：1のときは，親の遺伝子型は$Aa \times Aa$で，子の表現型が〔A〕：〔a〕＝1：1のときは，親の遺伝子型は$Aa \times aa$である。このことを利用すると，検定交雑をしなくても遺伝子型がわかることがある。

たとえば，右図の○○○○の個体の遺伝子型を求める場合，まず，それぞれの対立形質に分けて考える。

$\begin{cases} [A]:[a] = (3+3):(1+1) = 3:1 & \cdots\cdots① \\ [B]:[b] = (3+1):(3+1) = 1:1 & \cdots\cdots② \end{cases}$

①の結果より，親は$Aa×Aa$で，遺伝子型不明の親はAaとわかる。②の結果より，親は$Bb×bb$で，遺伝子型不明の親はBbとわかる。

以上より，○○○○は$AaBb$と推定できる。

○○○○ × $Aabb$
[AB] : [Ab] : [aB] : [ab]
 3 : 3 : 1 : 1

例題 二遺伝子雑種の遺伝

ある植物の赤花・丸葉と桃花・長葉とを両親として交雑したところ，F_1はすべて赤花・丸葉となった。花色の遺伝子をA, a，葉の形の遺伝子をB, bとして，次の各問いに答えよ。

(1) F_1の遺伝子型を答えよ。
(2) F_1を自家受精して得たF_2は全部で16000個あった。F_2に出現する形質と予想される個数（株数）を答えよ。
(3) F_2のうち，純系のものは何％か。

まず，何が優性形質なのかを見つけよう。

解説 F_1はすべて赤花・丸葉となっているので，優性の法則より，花色は赤花が優性形質で，葉の形は丸葉が優性形質であることがわかる。また，F_1には赤花・丸葉しか現れなかったので，両親は純系と考えられる。

この交配を遺伝子型で表すと，右の図のようになる。

(1) F_1は両親からAB, abを受け継ぐので$AaBb$。
(2) F_2は，赤花・丸葉：赤花・長葉：桃花・丸葉：桃花・長葉＝9：3：3：1に分離するので，赤花・丸葉は，
$16000 × \dfrac{9}{16} = 9000$ 〔株〕
となる。他も同様にして求める。
(3) F_2のうち，純系のものは，2組の対立遺伝子をホモにもつもので，$AABB$, $AAbb$, $aaBB$, $aabb$の4つ。したがって，$4÷16×100 = 25$〔％〕。

答 (1) **$AaBb$**
(2) 赤花・丸葉…**9000株**，赤花・長葉…**3000株**
   桃花・丸葉…**3000株**，桃花・長葉…**1000株**
(3) **25％**

(P) 赤花・丸葉 × 桃花・長葉
   $AABB$ │ $aabb$
Pの配偶子…AB ab
   赤花・丸葉
(F_1) $AaBb$
F_1の配偶子…AB : Ab : aB : ab
      = 1 : 1 : 1 : 1

〔F_2をゴバン目法で求めると〕

	AB	Ab	aB	ab
AB	$AABB$	$AABb$	$AaBB$	$AaBb$
Ab	$AABb$	$AAbb$	$AaBb$	$Aabb$
aB	$AaBB$	$AaBb$	$aaBB$	$aaBb$
ab	$AaBb$	$Aabb$	$aaBb$	$aabb$

⇩

[AB]   [Ab]   [aB]   [ab]
$\begin{cases}1AABB \\ 2AABb \\ 2AaBB \\ 4AaBb\end{cases}$ $\begin{cases}1AAbb \\ 2Aabb\end{cases}$ $\begin{cases}1aaBB \\ 2aaBb\end{cases}$ $1aabb$

1章 有性生殖

6 連鎖と組換え

■ ヒトの遺伝子数は約2万個余りあるが,染色体数は23対46本である。これは1本の染色体上に複数の遺伝子が連鎖していることを示す。連鎖している遺伝子間では染色体の乗換えが起こり遺伝子の組換えが起こることがある。

1 連鎖って何?

■ **連鎖** 1本の染色体上に複数の遺伝子が連なっていることを連鎖しているという。連鎖している遺伝子は,その染色体とともに行動するので,独立の法則は成り立たない。

■ **連鎖が完全なとき** 遺伝子$A(a)$と$B(b)$が連鎖していて,その遺伝子間の距離がごく近い場合は,その遺伝子間で染色体の乗換えは起こりにくく,遺伝子の組換えも起こりにくい。このような連鎖は完全連鎖とも呼ばれる。遺伝子型$AABB$と$aabb$を両親とするF_1はすべて$AaBb$となり,このF_1がつくる配偶子の遺伝子型は,$AB:ab = 1:1$となる。

F_2を求めてみると左図のようになる。その遺伝子型の分離比は,$AABB:AaBb:aabb = 1:2:1$ その表現型の分離比は,$[AB]:[ab] = 3:1$

> **ポイント**
> 連鎖…同一染色体上に複数の遺伝子が存在すること。独立の法則は成り立たない。
> 完全連鎖では,F_2の表現型の分離比は3:1

図22. 完全連鎖の場合の遺伝

図23. 染色体の乗換え

2 組換えって何?

■ **乗換え** 減数分裂第一分裂前期に,相同染色体が対合して二価染色体となったとき,左図のように2つの染色体が交さして乗換えが起こることがある。すると,2つの遺伝子の間の組換えが起こる。なお,染色体が交さしたX字形の部分をキアズマという。

■ **二重乗換え** まれに,染色体間の交さが二重に起こり(二重乗換え),離れた遺伝子座の遺伝子の関係が,乗換えのない場合と同じになることもある。

98 2編 生殖と発生

図24. 組換えによる配偶子のでき方と遺伝

■ **組換えの実際**　連鎖している2つの遺伝子$A(a)$と$B(b)$において，両親(P)が$AABB$と$aabb$のとき，AB間，ab間で染色体の乗換えが起こっても，Pがつくる配偶子は，それぞれABとabとなる。したがって，このF_1は$AaBb$となる。

このF_1が配偶子をつくるときは，**染色体の乗換えが起こり，遺伝子の組換えが起こると**，AB，abの他に，新たにAbとaBの遺伝子の組み合わせをもつ配偶子もできる。仮に，この2つの遺伝子間で8：1の割合で染色体の乗換えが起こるとすると，F_1がつくる配偶子の割合は，

$AB：Ab：aB：ab = 8：1：1：8$

この場合のF_2をゴバン目法で求めると，その表現型の比は，

$[AB]：[Ab]：[aB]：[ab] = 226：17：17：64$

> **ポイント**
> 〔連鎖している遺伝子間で組換えがあるとき〕
> P：$AABB × aabb$　⇒　F_1：$AaBb$
> ⇒ 配偶子はAB，abのほか，**新しいAb，aB**

F_1の配偶子の分離比は検定交雑によって求める。

組換えの起こった配偶子数を測定することはできないので，実際には，この式を使って計算する。

3 組換え価

■ **組換え価**　組換えを起こした配偶子の割合を**組換え価**といい，次の式で求められる（ただし，組換え価＜50%）。

$$組換え価[\%] = \frac{組換えを起こした配偶子の数}{全配偶子の数} \times 100$$

1章　有性生殖

■ **組換え価と遺伝子間の距離** 同一染色体上の2つの遺伝子間で組換えが起こる確率は，2つの遺伝子が遠いほど大きく，2つの遺伝子が近いほど小さい。すなわち，組換え価は遺伝子間の距離に比例する。

■ **三点交雑法** 連鎖している3つの遺伝子A，B，Cについて，A-B，B-C，C-A間の遺伝子間の組換え価をそれぞれ，4%，5%，9%とすると，その遺伝子の位置関係は左図のようになる。このようにして，3つの遺伝子の染色体上の位置関係を求める方法を三点交雑法という。

■ **染色体地図** 三点交雑法を利用して，染色体上の遺伝子の位置関係を示したものを染色体地図という。

図25. 染色体地図
3つの遺伝子のうち，組換え価が最大である2遺伝子間の距離が最大であり，残り1つの遺伝子がその間に位置する。

> **ポイント**
> 組換え価は，遺伝子間の距離に比例する。
> ⇒ 三点交雑法により，染色体地図がつくれる。

○1. **染色体地図**
三点交雑法によって遺伝子の染色体上の位置関係を求めて作成した地図を遺伝学的地図(連鎖地図)，染色体の横しまとの対応から遺伝子の位置を示した地図を細胞学的地図という。

4 組換えと配偶子の多様性

■ **配偶子の多様性** 連鎖している遺伝子間で遺伝子の組換えが起こることによって，配偶子のもつ遺伝子型の多様性が増し，生物多様性を増す1つの原因となる。

■ **多様な子孫** 有性生殖をする生物では，配偶子の多様性に加えて，受精のときの配偶子の組み合わせによっても多様性が増す。このことが環境変化に対する適応性を増している。

5 だ腺染色体

■ **だ腺染色体** キイロショウジョウバエやユスリカなどの幼虫のだ腺細胞(だ液を分泌する細胞)のだ腺染色体は，相同染色体が対合した二価染色体であり，大きさがふつうの染色体の100倍〜150倍もある巨大染色体である。

　だ腺染色体には横しまが多数あり，それぞれが遺伝子座とよく対応している。ところどころに見られるパフ(ふくらみ)では，その部分の遺伝子を転写しており，その遺伝子が発現しているといえる。

図26. キイロショウジョウバエの幼虫のだ腺染色体と染色体地図

100　2編　生殖と発生

> **例題** 遺伝子の連鎖と組換え
>
> ある植物の紫花・長花粉（$BBLL$）と赤花・丸花粉（$bbll$）を親（P）として交雑すると，F_1はすべて紫花・長花粉となった。このF_1を<u>赤花・丸花粉と交雑する</u>と，次の代は，紫花・長花粉：紫花・丸花粉：赤花・長花粉：赤花・丸花粉＝8：1：1：8となった。
> (1) 文中の下線部のような交雑を何というか。
> (2) 花色と花粉の形の遺伝子は，独立した染色体に存在するか，あるいは連鎖関係にあるか。もし，連鎖関係にある場合は，組換え価を求めよ。
> (3) この植物の紫花・丸花粉（$BBll$）と赤花・長花粉（$bbLL$）をPとして交雑してF_1，F_2をつくると，F_2の表現型の分離比はどうなるか。

> 検定交雑の結果は，2遺伝子が独立している場合は1：1：1：1となり，2遺伝子が完全に連鎖している場合は1：1となる。

解説 (1) F_1はすべて紫花・長花粉となったので，花色については紫色が，花粉の形については長形が優性形質である。下線部の交雑は，劣性ホモ接合体との交雑。

(2) 検定交雑の結果が

〔BL〕：〔Bl〕：〔bL〕：〔bl〕＝8：1：1：8

であることから，BとL，bとlはそれぞれ連鎖関係にあることがわかる。組換え価は，

$$\frac{組換えによってできた個体数（比）}{検定交雑によってできた全個体数（比）} \times 100$$

$$= \frac{1+1}{8+1+1+8} \times 100$$

$$\fallingdotseq 11.1〔\%〕$$

(3) 紫花・丸花粉（$BBll$）と赤花・長花粉（$bbLL$）をPとして交雑して得たF_1は$BbLl$で，Bとl，bとLが連鎖関係にある。<u>同じ植物の同じ遺伝子間の組換え価は一定であるから</u>，このF_1がつくる配偶子の遺伝子型の分離比は，BL：Bl：bL：bl＝1：8：8：1となる。これがわかれば，あとはゴバン目法でF_2を求めればよい。

> 数の多いのが連鎖，数の少ないのが組換え。

> 検定交雑で得られた子の表現型の分離比は，検定個体がつくる配偶子の遺伝子型の分離比と一致する。
> 表現型〔BL〕の〔 〕をはずすと配偶子の遺伝子型 BL になる。

	BL	$8Bl$	$8bL$	bl
BL	$1BBLL$	$8BBLl$	$8BbLL$	$1BbLl$
$8Bl$	$8BBLl$	$64BBll$	$64BbLl$	$8Bbll$
$8bL$	$8BbLL$	$64BbLl$	$64bbLL$	$8bbLl$
bl	$1BbLl$	$8Bbll$	$8bbLl$	$1bbll$

答 (1) 検定交雑

(2) 連鎖している。組換え価は，11.1％

(3) 紫花・長花粉：紫花・丸花粉：赤花・長花粉：赤花・丸花粉＝163：80：80：1

7　動物の配偶子形成と受精

精子や卵は，減数分裂の過程で遺伝子組成が多様化し，受精によって，遺伝子組成はさらに多様化する。

1　精子と卵のできる数に注目！

精子の形成　雄の精巣で，始原生殖細胞から**精原細胞**ができ，精原細胞は体細胞分裂をくり返してふえる。精原細胞のあるものは，成熟して**一次精母細胞**となり，**減数分裂を行って**4個の**精細胞**をつくる。精細胞は変形して**精子**となる（下図）。

卵の形成　雌の卵巣で，始原生殖細胞から**卵原細胞**ができ，卵原細胞は体細胞分裂をくり返してふえる。生殖期になると卵原細胞のあるものは成熟して一次卵母細胞となって**減数分裂を行い**，1個の大きな**卵**と，細胞質をほとんどもたない3個の小さな**極体**をつくる（下図）。

> **ポイント**
> 1個の**精原細胞** ⟶ 4個の精子
> 1個の**卵原細胞** ⟶ 1個の卵と3個の極体

図27．ヒトの精子形成のようす
　核相に注意せよ。

図28．動物の配偶子形成のしくみ

② 動物の受精のしかた（ウニ）

■ **精子の反応** 精子が卵の**ゼリー層**に接触すると，**先体**からタンパク質分解酵素などが放出され，精子の頭部の細胞質から**アクチンフィラメントの束**が出て，精子の頭部の細胞膜とともに**先体突起をつくる**（**先体反応**）。

■ **卵の反応**

① 精子がゼリー層と卵膜を通過して卵の細胞膜に接触すると，卵の細胞膜のすぐ下の**表層粒がその内容物を卵膜と細胞膜の間に放出する**（**表層反応**）。

② 表層粒の内容物により，卵膜と細胞膜の接着構造が分解され，**卵膜の内側に海水が流入して卵膜は高く上がり，卵膜は固い受精膜**に変化する。また，表層粒から出た物質は卵の細胞膜の外側に**透明層**を形成する。

③ 進入した精子の頭部からは，**精核**(n)が中心体をともなって放出され，中心体からは微小管が伸びて**精子星状体**が形成される。**精核は卵核**(n)**のもとに移動し，精核と卵核が融合して受精卵**となり，受精が完了する。

> **ポイント**
> **先体反応**…精子が卵のゼリー層に接触 ⇒ 先体突起
> **表層反応**…精子が卵の細胞膜に接触 ⇒ 表層粒の中身の放出（⇒ 卵膜が受精膜に変化）
> **受精**…精核(n)と卵核(n)が融合 ⇒ 受精卵($2n$)

✿1. ウニの卵では，卵の細胞膜の外側に**卵膜**（卵黄膜）があり，さらにその外側を**ゼリー層**がとりまいている。

✿2. 受精膜は，他の精子の進入を阻む。この現象を**多精拒否**といい，複数の精子が卵へ進入すること（多精受精）を防いでいる。ウニやカエルなどで，多精拒否により，1個の卵に1個の精子が進入することを**単精受精**という。

✿3. 受精が完了すると，タンパク質の合成やDNAの複製が開始され，**卵割**（⇒p.108）が始まって発生が開始する。

図29．ウニの受精のしくみ

1章　有性生殖

重要実験　減数分裂の観察
〔材料…ヌマムラサキツユクサ〕

> 同じつぼみや葯の中では，どれも減数分裂の時期は同じ。

方法

1. ヌマムラサキツユクサの小さなつぼみ（2～3mm程度のもの）を選んで，柄つき針で開き，中の粒状の葯を取り出す。
   - （注）葯の色と分裂の時期との一般的傾向
     - 葯が黄色で不透明 ⇒ 花粉母細胞の分裂開始時期
     - 中が透明なかたまり ⇒ 第一分裂前期
     - 中が半透明なかたまり ⇒ 花粉四分子の時期
2. 葯をスライドガラスにのせ，柄つき針で葯を破る。
3. 酢酸オルセイン液を滴下し，カバーガラスをかけ，ろ紙をかぶせて軽く押しつぶす。
4. はじめに低倍率で観察し，次に高倍率で観察して，分裂の時期を推定する。

結果

第一分裂				第二分裂		
前期	中期	後期	終期・前期	中期	後期	終期

考察

1. ヌマムラサキツユクサの染色体数は何本か。また，それはどの時期に数えるのが適当か。
   → 染色体数は $2n = 12$ 本。観察時期は，**第一分裂前期**で相同染色体の対合が起こる前（観察した実数が染色体数），または**第一分裂中期**（観察本数×2が染色体数）が適当である。

2. 第一分裂と第二分裂の細胞を見分けるには，どうすればよいか。
   → 第二分裂の細胞は，**第一分裂の細胞の大きさの約半分**である。この点に注目すればよい。

3. 第一分裂中期と第二分裂中期の染色体数は，見かけ上それぞれ何本か。
   → どちらも6本である。**第一分裂中期では相同染色体が対合しているため**，見かけ上，染色体数は半数の6本に見える。

2編　生殖と発生

テスト直前チェック　定期テストにかならず役立つ！

1. 分裂や出芽などによる生殖法を何という？
2. 配偶子の合体による生殖法を何という？
3. 環境変化に適応しやすい生殖方法は 1 と 2 どちらの生殖法か？
4. DNA がヒストンに巻きついた染色体の基本構造を何という？
5. 4 が連なった繊維状の構造を何という？
6. ふつう 1 個の体細胞に 2 本ずつ存在する同形同大の染色体を何という？
7. 6 の対の数を n で表したとき，ヒトの体細胞の染色体数を n を使って表すと？
8. 雌雄で構成の異なる染色体を何という？
9. 1 つの遺伝子が染色体上に占める位置を何という？
10. 生殖細胞をつくるための細胞分裂を何という？
11. $2n=4$ の母細胞が減数分裂したときにできる配偶子の染色体数はいくつか？
12. 1 個の母細胞が減数分裂したとき，できる娘細胞は何個か？
13. 相同染色体が対合してできる染色体を何という？
14. 動物の体内で卵細胞が形成される器官を何という？
15. 二次精母細胞は，複相と単相のどちらか？
16. 第一極体ができるのは，減数分裂の第一分裂，第二分裂のどちらか？
17. 1 個の一次卵母細胞からできる卵は何個か？
18. 二価染色体の一部が交換されることを何という？
19. 複数の遺伝子が同一の染色体上に存在していることを何という？
20. すべての配偶子のうち，組換えによって生じた配偶子の割合を何という？
21. 精子が卵に達したとき，先体突起を形成する反応を何という？
22. 卵で表層反応が起こったとき，卵膜が変化してできる膜を何という？
23. 22 によって，複数の精子が卵に進入しないようにするしくみを何という？

解答

1. 無性生殖
2. 有性生殖
3. 有性生殖
4. ヌクレオソーム
5. クロマチン繊維
6. 相同染色体
7. $2n=46$
8. 性染色体
9. 遺伝子座
10. 減数分裂
11. 2
12. 4 個
13. 二価染色体
14. 卵巣
15. 単相
16. 第一分裂
17. 1 個
18. 乗換え
19. 連鎖
20. 組換え価
21. 先体反応
22. 受精膜
23. 多精拒否

1 章　有性生殖

定期テスト予想問題　解答→ p.267~268

1 生殖方法

次の文は，いろいろな生殖方法について述べたものである。適当な生殖法を語群Aから，生物例を語群Bからそれぞれ1つずつ選べ。

(1) 親のからだの一部に小さな突起ができ，これが分離して新個体となる。
(2) 親のからだが，ほぼ同じ大きさに2分されて，それぞれが新個体となる。
(3) 大形の運動性のない生殖細胞と小形の運動性のある生殖細胞が合体して新個体となる。
(4) 根・茎・葉などの一部から新個体ができる。
(5) ほぼ同形・同大の2種類の細胞が合体して新個体となる。

(語群A) ア 分裂　イ 出芽
　　　　ウ 栄養生殖　エ 接合　オ 受精
(語群B) a アメーバ　　b サンゴ
　　　　c イヌ　　　　d オランダイチゴ
　　　　e クラミドモナス

2 減数分裂

次の図は，ある動物の減数分裂の各時期のようすを模式的に示したものである。各問いに答えよ。

(1) a~hを正しい順序に並べかえよ。
(2) b, e, f の各時期の名称をそれぞれ答えよ。
(3) ①~③の各部の名称をそれぞれ答えよ。
(4) この動物の体細胞の染色体数はどのように示されるか。次から適当なものを選べ。
　ア $2n=2$　イ $2n=4$　ウ $2n=8$
(5) 図のような分裂のようすを観察するのに適した実験材料を次から選べ。
　ア バッタの精巣　イ バッタの腸の上皮
　ウ バッタの表皮

3 染色体像と分裂

次の図は，ある植物の分裂過程における染色体像の模式図である。各問いに答えよ。

(1) 図中のa, b, cの各部の名称をそれぞれ答えよ。
(2) この細胞の核相と染色体数を答えよ。
(3) この図の分裂期の時期を答えよ。
(4) この分裂像は，体細胞分裂，減数分裂のいずれを示す図か。理由とともに答えよ。
(5) この図の直後の時期のようすを図示せよ。
(6) 次の①~④の文のうち，正しいものには○，誤っているものには×をつけ，誤っている部分を答えよ。
　① この細胞は，成熟しても生殖細胞になることはない。
　② この図で示された時期には，相同染色体が対合している。
　③ この図で示された時期には，DNAの複製と染色体の複製は終わっている。
　④ この細胞は分化して表皮細胞となる。

4 染色体の構造

右の図は，細胞分裂中期に見られる染色体の構造を示したものである。各問いに答えよ。

(1) 図中のAとBは，一方が母親，他方が父親からもたらされたものである。このような，同形同大の1対の染色体を何というか。
(2) 減数分裂のときに，(1)が対合してできる太い染色体を何というか。
(3) (1)の一方のある遺伝子座に優性の遺伝子，他方に劣性の遺伝子をもつ個体を何というか。
(4) ヒトの場合，性染色体が図のように同形同大であるのは，女性と男性のどちらか。

5 遺伝子の連鎖

遺伝子型$AABB$と$aabb$の個体を両親(P)として交雑を行った。ただし，2つの遺伝子は連鎖しており，組換え価は20%である。各問いに答えよ。
(1) F_1(雑種第一代)の遺伝子型を答えよ。
(2) F_1がつくる配偶子の遺伝子型とその割合を答えよ。
(3) F_2の表現型とその割合を答えよ。

6 動物の配偶子形成と受精

次の図は，動物の配偶子形成の過程を模式的に示したものである。各問いに答えよ。

(1) 精子形成の過程を示したものは，A，Bのどちらか。
(2) Bの過程は，動物のどの器官で進行するか。
(3) 図中のa〜kの細胞の名称を次から選べ。
　ア　始原生殖細胞　　イ　卵原細胞
　ウ　精原細胞　　　　エ　一次卵母細胞
　オ　一次精母細胞　　カ　二次卵母細胞
　キ　二次精母細胞　　ク　第一極体
　ケ　第二極体　　　　コ　精細胞
　サ　卵　　　　　　　シ　精子
(4) 図中のX，Y，Zは，それぞれどんな細胞分裂の過程を示しているか。
(5) 2億個の精子ができるためには，何個の一次精母細胞が必要か。

7 ウニの受精

下の図は，ウニの受精のときに見られる精子や卵の細胞膜周辺での変化を示したものである。各問いに答えよ。

(1) 図中の，精子のa〜cの部分の名称をそれぞれ答えよ。
(2) 精子がdに進入すると，cの内部の酵素などが放出されるとともに，Xが形成される。このような一連の反応を何というか。また，Xの名称を答えよ。
(3) 図中の，卵のd〜gの膜や層の名称をそれぞれ答えよ。ただし，gはeが変化してできた膜である。
(4) gには何を防ぐ働きがあるか。

1章　有性生殖　**107**

2章 動物と植物の発生

1 卵割の様式とウニの発生

図1. 卵の種類と卵割の様式

卵の種類（受精卵）	等黄卵 例 ウニ・哺乳類 卵黄少なく，均等に分布。	端黄卵 例 両生類 卵黄多く，植物極側に偏る。
卵割様式	等割	不等割 動物極側は小割球／植物極側は大割球
卵割の過程（2細胞期）（4細胞期）（8細胞期）（桑実胚）	同じ大きさの割球	

■ 卵黄の量によって卵割様式が決まる。ウニは等黄卵で，胞胚→原腸胚→プルテウス幼生→成体へと発生する。

1 卵黄の量で決まる卵の種類

■ **卵割** 受精卵は，**卵割**（らんかつ）と呼ばれる体細胞分裂を行う。卵割では，分裂してできた**割球**（かっきゅう）（娘細胞）は成長せずに次々と分裂するため，**割球の大きさはしだいに小さくなる**。

■ **卵割の様式** 動物の卵は，卵黄の量と分布により，次のポイントのように分類される。このような様式の違いが生じるのは，卵黄が卵割を妨げる性質をもつためである。

ポイント

種類	卵の大きさ	卵黄の量	卵割様式
等黄卵	小さい	少ない	等割
端黄卵	大きい	多い	不等割

図2. ウニの発生のようす

受精卵 — 受精膜／透明層
受精により，受精膜ができる。

2細胞期 — 動物極／植物極　［第一卵割］
第一卵割は，動物極と植物極を結ぶ面で起こる。

4細胞期 ［第二卵割］
第二卵割も，動物極と植物極を結ぶ面で起こる。

8細胞期 ［第三卵割］
第三卵割は，赤道面で起こる。

成体（ウニ） — 生殖腺／肛門／体腔／とげ／口／管足
二次間充織から生殖腺や体腔ができ，小さなウニになる。

変態中の幼生 — 管足／幼生の腕／とげ
幼生の体内にウニ原基が生じ，器官が形成される。

プルテウス幼生 — 口／消化管／肛門／骨片
一次間充織からできた骨片が発達し，4本の腕が伸びる。

2 ウニの発生は，こう進む

■ **卵割のようす** ウニの卵は，**卵黄量が少なく均等に分布**する**等黄卵**なので，**等割**をして細胞数をふやしていく。

■ **胞胚の形成** 卵割が進むと，内部に**卵割腔**と呼ばれる空所をもつ**桑実胚**となる。さらに卵割が進むと，卵割腔は発達して**胞胚腔**と呼ばれる大きな空所となる。この時期の胚を**胞胚**という。胞胚になると，やがて，受精膜を破って**ふ化**し，浮遊生活を始める。

■ **原腸胚の形成** 胞胚期を過ぎると，植物極側の細胞層が内部に**陥入**を開始して**原腸**と呼ばれる空所が新たにできる。原腸の入り口を**原口**といい，この時期の胚を**原腸胚**と呼ぶ。原腸胚は**外胚葉**と**内胚葉**の2層の細胞層でできており，原腸の先端付近の細胞が遊離して，将来，**中胚葉**になる細胞（二次間充織）ができる。

■ **プルテウス幼生から成体へ** 原腸胚期を過ぎると，原腸の先端部が外胚葉とふれる所に口が開き，原口は**肛門**となって，口から肛門まで続く消化管が完成し，腕をもつ**プルテウス幼生**となる。やがて，幼生は変態してトゲや管足をもつウニとなって，底生生活を始める。

発生の順序をおさえておこう。

■ ウニの3胚葉（原腸胚）
- **外胚葉**…胚の外側をつくる細胞層
- **中胚葉**…一次間充織・二次間充織
- **内胚葉**…胚の内側をつくる細胞層

✿1. このように，口が肛門のあとからできる動物を新口動物という。

ポイント 〔ウニの発生の過程〕
受精卵 → 桑実胚 → 胞胚 → 原腸胚 → プルテウス幼生 → 成体

16細胞期
- 中割球（8個）
- 大割球（4個）
- 小割球（4個）

動物極側では縦方向に，植物極側では横方向に分裂する。

桑実胚
- 卵割腔

胚内部に**卵割腔**ができる。

胞胚（断面図）
- 胞胚腔

ふ化
- 一次間充織（中胚葉）

植物極付近の割球の一部が**胞胚腔内に遊離**し，やがて**中胚葉**になる。

プリズム胚
- 外胚葉
- 中胚葉
- 内胚葉
- 口になる所
- 骨片

原腸の先端が外胚葉と通じて口ができる。

二次間充織（中胚葉）
- 外胚葉
- 原腸
- 原口
- 内胚葉

植物極側で**陥入**が起こり，**原腸**ができる。そして，原腸の先端から細胞が遊離して**二次間充織**となる。

原腸胚（断面図）
- 陥入

外胚葉・中胚葉・内胚葉を区別できるようにしておくこと！

2章 動物と植物の発生　109

2 カエルの発生

脊椎動物のカエルでは，原腸胚期に続く神経胚期で神経管の形成が始まり，神経管を支える脊索の形成，次いで脊椎骨の形成が起こる。

1 受精卵から原腸胚へ

■ **表層回転** カエルの卵は**端黄卵**で，動物極側は黒色色素粒が多く，植物極側には少ない。精子が動物半球から進入すると，卵の表層全体が細胞質に対して30°**表層回転**する。

■ **灰色三日月環** 卵の植物極に局在していた**母性因子**（タンパク質）が，精子進入点の反対側にできる**灰色三日月環**の部分に移動する。この部分は将来の胚の背側となる（⇒ p.114）。

■ **第一卵割** 動物極と精子進入点と植物極を結ぶ面で起こる。

■ **胞 胚** 卵割が進むと**卵割腔**は**胞胚腔**，胚は**胞胚**となる。

■ **原腸胚** 赤道面よりやや植物極よりの所で，表面の細胞層が胞胚腔内に巻き込まれるように**陥入**して，**原腸胚**となる。陥入が起こった場所には**原口**ができ，しだいに円形になって**卵黄栓**を形成する。この時期に，**外胚葉・中胚葉・内胚葉**の3胚葉が分化し，胚の体軸方向が明確になる。

図3．表層回転

図4．カエルの発生のようす

受精卵 — 精子，灰色三日月環
[第一卵割]
2細胞期 — 第一卵割と第二卵割は，**動物極と植物極を結ぶ面で起こる。**
[第二卵割]
4細胞期
[第三卵割]
8細胞期 — 動物極側の割球が小さくなる。

幼生（おたまじゃくし） — ふ化して，自分でえさをとり，独立生活をするようになる。
[ふ化]
尾芽胚 — 前後に伸長する。
神経胚 — 脊索，体節，神経管，腎節，側板，表皮の下に神経管ができる。
神経溝 — 脊索，神経しゅう，神経板の両側が盛り上がり，神経溝ができる。

2 神経胚からおたまじゃくしまで

■ **神経胚（神経管の形成）** 原腸胚の背中側の外胚葉に，原口から動物極に向かって**神経板**が生じ，しだいに神経板の両側が盛り上がって**神経溝**となる。そして，神経溝の左右のひだの山の部分が合わさって内部に折れ込んで**神経管**を形成する。この時期の胚を**神経胚**と呼ぶ。

神経管の下側の中胚葉は**脊索**となり，その両側に**体節**と**腎節**，腎節の下側に**側板**が形成される。内胚葉からは**腸管**が形成される。

■ **カエルの幼生（おたまじゃくし）** 神経胚は，やがてダルマ形になり，後端に尾芽ができ始め，前後に伸長して**尾芽胚**となる。やがて，尾芽胚はふ化して独立生活をする幼生（おたまじゃくし）となる。

■ カエルの3胚葉（原腸胚）
- **外胚葉**…胚全体を包む細胞層。
- **中胚葉**…原腸の背中側（上側）を形成する細胞層。
- **内胚葉**…卵黄を多く含む植物極側の細胞層。

神経板→神経溝→神経管の順

図5．神経管のでき方

ポイント 〔カエルの発生の過程〕

受精卵 ─→ 胞胚 ─→ 原腸胚 ─→ 神経胚 ─→ 尾芽胚 ─→ 幼生

- 受精卵：端黄卵
- （卵割；不等割）
- 胞胚：胞胚腔は動物極側に偏る
- （原腸の陥入）
- 原腸胚：外胚葉・中胚葉・内胚葉に分化
- （神経管の形成）
- 神経胚：神経板→神経溝→神経管
- （器官の分化）
- （ふ化）
- 幼生：おたまじゃくし

16細胞期

桑実胚　卵割腔

胞胚　胞胚腔

卵割腔は動物極よりにできる

胞胚の壁は**数層の細胞層**より成る。

神経胚　神経板　神経しゅう　脊索　腸管

背側の外胚葉に**神経板**ができる。

外胚葉（背側）　中胚葉（頭側）　体軸方向　内胚葉（腹側）

原腸胚　胞胚腔　原腸　卵黄栓（尾側）　胞胚腔　原口

赤道面より植物極よりの所から陥入し，胞胚腔はせばめられ，原腸ができる。

3 胚葉と器官形成

■ 神経管ができると，各種の組織や器官の形成が始まる。

1 この胚葉からこんな器官が

■ カエルの原腸胚の細胞は，外胚葉・中胚葉・内胚葉に分化し，各胚葉から次のような器官が形成される。

■ **外胚葉からできる器官** おもに**表皮**と**神経**ができる。

①表皮から，皮膚の表皮，つめ，目の水晶体（レンズ），角膜などができる。

②神経胚の背中側にできた神経管の前端はふくれて脳になる。神経管の後方は脊髄になり，脳の一部から突出した眼杯は目の網膜になる。また，神経冠細胞（神経堤細胞）から感覚神経や交感神経などができる。

■ **中胚葉からできる器官** 中胚葉は，**脊索・体節・腎節・側板**に分化する。

①**脊索**は，脊椎骨ができると，やがて**退化する**。

②体節から，脊椎骨などの骨格や骨格筋および皮膚の真皮がつくられる。

③腎節から，腎臓がつくられる。

④側板から，内臓筋や血管および心臓などがつくられる。

■ **内胚葉からできる器官** **消化管**や**呼吸器官**ができる。

①消化管は，やがて食道・胃・腸などに分化し，胃と腸の間のふくらみから肝臓やすい臓ができてくる。

図6. 3胚葉の分化（カエル）

図7. カエルの尾芽胚の各胚葉から分化する器官

横断面の見え方は，切る場所によって違う。

②食道の一部は，ふくれてえらになる。幼生から成体に変態すると，えらは肺になる。

ポイント

外胚葉	表皮…皮膚の表皮，目の水晶体・角膜 神経管…脳・脊髄，目の網膜 神経冠細胞…末梢神経，色素細胞
中胚葉	脊索…（退化） 体節…骨格，骨格筋，皮膚の真皮 腎節…腎臓 側板…心臓，血管，血球，内臓筋
内胚葉	呼吸器官（えら，肺） 消化器官（食道・胃・腸・肝臓・すい臓）

消化管の成り立ち
- 腹膜（中胚葉由来）
- 内臓筋（中胚葉由来）
- 粘膜上皮（内胚葉由来）

皮膚の成り立ち
- 毛（外胚葉由来）
- 表皮（外胚葉由来）
- 真皮（中胚葉由来）

図8．器官と胚葉の由来

2 胚葉が組み合わさって器官を形成

■ ふつう，器官は，いくつかの胚葉に由来する組織が合わさって形成されている。たとえば，腸では，内側の粘膜や吸収上皮は内胚葉起源の上皮組織，内臓筋や腹膜は側板起源の中胚葉が合わさってできている（→図8）。

腎臓，肝臓，すい臓がまちがえやすい。

外胚葉 — 目，脳，脊髄，表皮，神経
- 表　皮→皮膚の表皮（口や肛門の内壁，分泌腺）
  　　　目の水晶体・角膜
- 神経冠細胞→感覚神経，交感神経
- 神経管→神経系（脳・脊髄・運動神経・副交感神経など），目の網膜

中胚葉 — 心臓，骨格，生殖器官，腎臓，筋肉
- 脊　索→×（退化）
- 体　節→骨格，骨格筋，皮膚の真皮
- 腎　節→腎臓
- 側　板→心臓，血管，血球，内臓筋，体腔壁（腹膜・腸間膜）

内胚葉 — 肺，胃，肝臓，すい臓，腸
- 呼吸器官（えら，肺）
- 消化器官（食道，胃，腸，肝臓，すい臓），甲状腺，ぼうこう

神経冠細胞（神経堤細胞）
表皮／神経管
脊索／体節／腎節／側板
消化管

2章　動物と植物の発生　113

4 体軸の決定

図9. 表層回転と体軸の決定

■ **体軸**はいつどのように決定されるのか。

1 カエルの体軸は精子の進入で決まる！

■ **表層回転** アフリカツメガエルでは，精子は，黒色色素粒の多い**動物半球から進入**する。精子が進入すると卵の表層が精子の進入した側に約30°回転する（表層回転⇒p.110）。

■ **灰色三日月環** 表層回転によって精子進入点の反対側の赤道部に**黒色色素の薄い部分ができる**。この部分を**灰色三日月環**という。将来，これを含む部分は**原口背唇部**（⇒p.117）となり背側となり，精子が進入した側は腹側となる。すなわち，**精子が進入したことがきっかけとなって背側と腹側の体軸が決まる**ことになる。

2 タンパク質で決まる背腹軸

■ **灰色三日月環とタンパク質** 植物極の表層には母性因子である**ディシェベルドタンパク質**が入った表層顆粒が存在する。この顆粒は表層回転により**灰色三日月環の部分に移動**する。

■ **ディシェベルドタンパク質の働き** 胞胚期には**βカテニン**というタンパク質が胚全体に広がって分布しているが，βカテニンはしだいに分解され始める。しかし，**ディシェベルドタンパク質を含む灰色三日月環の周辺では，βカテニンの分解が抑制され，βカテニンの濃度勾配ができる**。βカテニンは，**ノーダル遺伝子**の働きを調節しており，βカテニンの濃度が高いほどノーダル遺伝子は強く働いて**ノーダルタンパク質**を多くつくる。その結果，βカテニンの濃度勾配にそってノーダルタンパク質の濃度勾配ができる。**ノーダルタンパク質の少ない内胚葉域と接する部位は腹側の中胚葉に，多い部分は背側の中胚葉に分化**する。このようにして**背腹軸**が決定され，**部位に応じて異なる中胚葉組織が誘導**される。

図10. ディシェベルドタンパク質の分布と背腹軸

> **ポイント**
> βカテニン⇒ノーダル遺伝子の転写・翻訳
> ⇒ノーダルタンパク質⇒背中側の中胚葉に分化

③ ショウジョウバエのからだの前後はこう決まる！

■ **母性効果遺伝子** ショウジョウバエのからだの前後の位置情報は**母性効果遺伝子**によってつくられたmRNAが細胞内に偏在することにより決められる。

雌が卵巣内で卵母細胞をつくるとき，**ビコイド遺伝子**や**ナノス遺伝子**により，ビコイドmRNAが卵母細胞の前方に，ナノスmRNAが後方に局在して合成される。その後，卵母細胞は減数分裂をして卵となる。

■ **受精とタンパク質** 卵が受精すると，ビコイドmRNA，ナノスmRNAの翻訳が開始され，卵の前方にはビコイドタンパク質，後方にはナノスタンパク質がつくられる。受精卵が核分裂をくり返している間に，これらの**タンパク質は拡散して濃度勾配をつくり，これが胚の前後軸を決める位置情報となる。**

> 〔ショウジョウバエのからだの前後軸の決定〕
> ビコイド遺伝子（母性効果遺伝子）⇒ ビコイドmRNA
> ⇒ **ビコイドタンパク質** ⇒ からだの**前方**
> ナノス遺伝子（母性効果遺伝子）⇒ ナノスmRNA
> ⇒ **ナノスタンパク質** ⇒ からだの**後方**

図11．ショウジョウバエの卵

図12．胚軸を決める因子の分布

④ ショウジョウバエの分節構造の決定

■ **分節遺伝子** ショウジョウバエの幼虫は14の体節からできている。この体節の構造を**分節遺伝子**が決める。

■ **調節遺伝子** 分節遺伝子には，**ギャップ遺伝子，ペア・ルール遺伝子，セグメント・ポラリティ遺伝子**の3つのグループの遺伝子がある。これらの遺伝子が**調節遺伝子**として働き，幼虫の14の体節が形成される。

⑤ 体節の形態を特徴づける遺伝子の働き

■ **ホメオティック遺伝子** 体節ごとに決まった構造をつくるときに働く遺伝子が**ホメオティック遺伝子**である。体節ごとに発現するホメオティック遺伝子の組み合わせが異なることで，幼虫の頭部・胸部・腹部などの構造が決まる。この遺伝子の働きの異常によってできる突然変異を**ホメオティック突然変異**という。

図13．分節遺伝子による体節の形成

2章　動物と植物の発生　115

5 胚の予定運命

からだの前後軸や背腹軸の決定のしくみを前節で学んだが、器官や組織はいつどのように決定されるのだろうか？

1 胚の予定運命を調べる

■ **局所生体染色法** **フォークト**は、イモリの胞胚の各部を**局所生体染色法**で染め分け、胚の各部が将来、どのような器官に分化するかを追跡して、図15のような**原基分布図（予定運命図）**を作成した。

図14. 局所生体染色法

図15. イモリの胚の原基分布図（胞胚～初期原腸胚）

2 運命はいつ決まる？

■ **交換移植実験** **シュペーマン**は、色の異なる2種類のイモリの初期原腸胚と神経胚を使って、予定表皮域と予定神経域の交換移植実験を行い、それぞれ移植した組織が何に分化するかを調べた。

その結果、イモリの予定表皮域と予定神経域の発生運命は、**原腸胚初期から神経胚初期の間に少しずつ決まる**ことを明らかにした。

図16. シュペーマンの交換移植実験

116　2編　生殖と発生

> **ポイント**
> - フォークト…局所生体染色法 ⇨ イモリの胞胚～初期原腸胚で原基分布図を作成。
> - シュペーマン…交換移植実験 ⇨ 胚の各部の運命は原腸胚初期～神経胚初期の間に決定。

1. 同様の交換移植実験を原腸胚後期に行うと、移植片が移植先の予定運命に従って分化するもの（ただし、時間がかかる）や、移植片自身の予定運命に従って分化するものが見られる。

③ からだを形づくる形成体

■ **原口背唇部** 精子の進入による表層回転でできた灰色三日月環の部分は、原腸胚初期の原口背唇部（原口の上縁の部分⇨図17）の位置と一致する。灰色三日月環の細胞質を含む細胞が原口背唇部の部分をつくる細胞となる。

■ **原口背唇部の移植実験** シュペーマンは、イモリの初期原腸胚の原口背唇部を、同時期の別のイモリの胞胚腔（腹側の予定表皮域）に移植する実験を行った。すると、移植片は内部に陥入して、接する外胚葉に働きかけて神経管に分化させ、本来の胚（一次胚）の腹部に二次胚を形成して、自らは脊索を中心とした中胚葉性器官に分化することを発見した（図18）。

図17. 原口と原口背唇部

図18. 原口背唇部の移植実験

原口背唇部の働きで二次胚がつくられる。

■ **形成体と誘導** 原口背唇部のように、周囲の未分化な組織に働きかけ、ある組織などに分化させる働きを誘導、誘導作用をもつ胚域を形成体（オーガナイザー）という。

> **ポイント** 原口背唇部は、自らは脊索に分化し、形成体として、接する外胚葉を神経管へと誘導する。

図19. 原口背唇部の働き

2章 動物と植物の発生　117

6 形成体と誘導

■ 内胚葉は中胚葉を誘導する。原口背唇部は形成体となって神経管を誘導する。このような誘導のしくみを調べよう。

1 内胚葉は中胚葉を誘導する

■ **単独培養** イモリの胞胚期の胚をA，B，Cの3つの領域に分けて単独で培養(左図)すると，
- A：動物極側の部分(**アニマルキャップ**)⇒ 外胚葉に分化
- C：植物極側の部分 ⇒ 未分化な内胚葉のまま
- B：AとCの間 ⇒ 外・中・内胚葉に分化

■ **混合培養** CをC_1，C_2，C_3に分け，Aと接着して培養(左図)⇒外胚葉組織と内胚葉組織に加え，単独培養では生じなかった**中胚葉組織**が分化。

- 領域AとC_1を接触させて培養⇒側板などが分化
- 領域AとC_2を接触させて培養⇒体節などが分化
- 領域AとC_3を接触させて培養⇒脊索などが分化

■ **中胚葉誘導** 予定内胚葉域が予定外胚葉域を中胚葉に分化させる働きを**中胚葉誘導**という。内胚葉域はその動物極側に接する部分を，胚の背側から腹側に向かって順に，脊索⇒体節⇒(腎節)⇒側板の各中胚葉へと誘導する。

> **ポイント**
> 内胚葉域は，**外胚葉から中胚葉**を誘導する。
> (腹側の内胚葉)←――――→(背側の内胚葉)
> 　　側板　腎節　体節　脊索　などを誘導

図20. 中胚葉誘導

○1．AとCの間にタンパク質を通す程度の穴をもったフィルターをはさんで培養しても結果は同じになることから，予定内胚葉域から分泌される物質が中胚葉誘導を引き起こしていると考えられる。

2 タンパク質が中胚葉を誘導する！

■ **中胚葉誘導に働くタンパク質** アフリカツメガエルでは，**ノーダルタンパク質**(⇒p.114)が植物極側の予定内胚葉域でつくられ，これが動物極側に働きかけて中胚葉を誘導すると考えられる。

■ **ノーダルタンパク質の合成を支配する要因** 予定内胚葉域の細胞には**ノーダル遺伝子**が存在する。ノーダル遺伝子は，**βカテニン**，VegT，Vg-1 などの物質によって**転写が促進**され，ノーダルタンパク質を合成する。

■ **βカテニンの合成を支配する要因** 背腹軸の形成に関係していた**ディシェベルドタンパク質**（⇒p.114）は βカテニンの分解を抑制する。背側では βカテニンの濃度が高くなる。**βカテニン濃度が高い部分では，脊索などの背側の中胚葉が誘導される。**

> ポイント 〔中胚葉誘導に関係する物質〕
>
> ディシェベルド ⇒ βカテニン   動物極側外胚葉
> タンパク質   分解   ↓誘導
> （原口背唇部）   抑制   **中胚葉**
>
> 　　　　　　　　　側板　腎節　体節　脊索
> **灰色三日月環由来**   低＜βカテニン濃度＜高

図21. 中胚葉誘導のしくみ

③ 神経も誘導でできる！

■ **神経誘導** 原腸胚初期に，原口背唇部を形成する部分は陥入して中胚葉となり，予定外胚葉域を裏打ちする。**裏打ちされた予定外胚葉は神経管に誘導される。**これを**神経誘導**という。

原口背唇部自身は脊索などの中胚葉組織に分化する。

> ポイント 〔神経誘導をする形成体〕
>
> 　　　　　　　外胚葉域
> **原口背唇部** ➡ ↓誘導
> （形成体）   **神経管**

図22. 神経誘導

④ 神経誘導するのもタンパク質！

■ **骨形成因子（BMP）** 動物半球の細胞（アニマルキャップの部分の細胞）は **BMP** というタンパク質を分泌して，表皮への分化を引き起こす遺伝子を働かせ，**アニマルキャップの部分の細胞を表皮細胞に分化**させている。

2章　動物と植物の発生　119

図23. 神経誘導とBMP

■ **BMP阻害と神経へ分化** 原口背唇部（形成体）や中胚葉域からは，<u>コーディン</u>や<u>ノギン</u>などの<u>誘導物質</u>となるタンパク質が分泌される。コーディンやノギンなどはBMPに結合して，アニマルキャップの細胞が表皮になるのを阻害する。<u>阻害が起こった部分では，神経に分化する遺伝子が働いて，神経が誘導される。</u>

ポイント

アニマルキャップ ──→ 表皮
　　　　↓　　　　　　↑ 誘導
　　　　　　　　　× BMP（骨形成因子）
　　阻害　　ノギンやコーディン
　　神経

5 目は誘導の連鎖でつくられる

■ **イモリの目のでき方**（図24） 神経管の前端が脳に分化すると，脳の左右両側に<u>眼胞</u>ができる。やがて，眼胞はくぼんで眼杯になる。<u>眼杯</u>も形成体として働き，<u>表皮から水晶体を誘導</u>して自らは網膜に分化する。水晶体も形成体として働き，<u>表皮から角膜を誘導</u>して，目が完成する。

図24. イモリの目の形成のしくみ

眼胞ができる → 眼杯になる → 水晶体を誘導 → 角膜を誘導

■ **誘導の連鎖** 目の形成のしくみのように，誘導によってできた組織が新たな形成体となって別の組織を誘導することを，<u>誘導の連鎖</u>という。複雑なからだのしくみは，誘導の連鎖によって形成されていくと考えられている。

ポイント

動物極側の部分 → 原口背唇部（中胚葉） → （分化） → 脊索
　　　　↑誘導　　　　　　↓
　予定内胚葉域　　　外胚葉 → 神経管 → 眼胞 → 眼杯 → 網膜
　　　　　　　　　　　　誘導　　　　　誘導　　　　　⎫
　　　　　　　　　　　　　　　　表皮 → 水晶体　　　⎬ 目
　　　　　　　　　　　　　　　　　誘導　　　　　　　⎭
　　　　　　　　　　　　　　　　表皮 → 角膜

2編 生殖と発生

6 ニワトリの皮膚の発生

■ **反応能** 器官形成は，誘導を受ける部位の細胞が誘導物質を受容するが，誘導物質に反応する能力（**反応能**）がないと，器官形成は進まない。

■ **ニワトリの羽毛とうろこ** ニワトリの羽毛は，進化上，うろこを起源としている。背中の部分の皮膚は**羽毛**，肢の部分の皮膚は**うろこ**を形成する。羽毛になるか，うろこになるかは接する中胚葉と発生時期に関係する。

■ **皮膚** ニワトリの皮膚は外胚葉性の**表皮**と中胚葉性の**真皮**からなる。

■ **真皮と表皮の組み合わせ実験** 次のような組み合わせで培養する実験を行った。
　①背の真皮＋背の表皮 ➡ 羽毛ができる。
　②背の真皮＋肢の表皮 ➡ 羽毛ができる。
　③肢の真皮＋肢の表皮 ➡ うろこができる。
　④肢の真皮＋背の表皮 ➡ うろこができる。

図25. 羽毛とうろこの形成

■ **真皮からの誘導作用** 上の実験の結果から，羽毛になるか，うろこになるかを決定するのは**中胚葉性の真皮からの誘導作用**であることがわかる。

■ **発生日数と誘導作用** 表1は，同様の実験を真皮と表皮の条件を変えて行った結果である。これより，肢の真皮からの誘導作用に対する背側の表皮がもつ反応能は，5日目にはあるが，8日目にはないことがわかる。このように**反応能は発生時期の特定の時期だけ現れる**ことが多い。

> **ポイント**
> 〔ニワトリの表皮の反応能（特定の時期）〕
> 　背の真皮 ➡ 表皮は羽毛に分化
> 　肢の真皮 ➡ 表皮はうろこに分化

	背の表皮の日数	
	5日目	8日目
肢の真皮の日数 　13日目	うろこ	羽毛
15日目	うろこ	羽毛

表1. 背の表皮の日数と反応能

7 幹細胞と細胞の死

◯1. embryoは胚，stemは植物の幹や茎，cellは細胞の意味。

■ さまざまな細胞に分化する能力（分化の多能性）をもつ**幹細胞**を利用した再生医療への道が始まっている。

1 何にでもなれる幹細胞！

■ ES細胞（Embryonic Stem cell）◯1

哺乳類の受精卵は胞胚期を過ぎると，内部に空洞ができた**胚盤胞**となって子宮に着床する。胚盤胞の内部細胞塊は，**分化の多能性**◯2 をもつ。

この内部細胞塊を特別な培地で培養すると，いつまでも分裂・増殖ができる細胞株となる。これを**ES細胞（胚性幹細胞）**という。

ES細胞を使ったヒトの組織や臓器の作成，再生医療への応用などが試みられているが，ES細胞は他人の細胞であるために移植時に**拒絶反応**が起こる点や，**受精卵**という本来ならヒトになるはずの細胞を犠牲にしているという倫理的な問題がある。

図26. ES細胞

◯2. ES細胞は胎盤には分化することができない。

> **ポイント** ES細胞（胚性幹細胞）…発生初期の胚からつくった分化の多能性をもつ幹細胞

■ iPS細胞（induced Pluripotent Stem cell）

2007年，京都大学の山中伸弥教授は，ヒトの皮膚などの体細胞に，約2万個あるヒトの遺伝子のなかから4種類の遺伝子を選んで導入し，細胞を初期化させ，ES細胞のように**分化の多能性**をもった**iPS細胞（人工多能性幹細胞）**をつくることに成功した。この研究によって，山中伸弥教授は2012年にノーベル賞を受賞した。

iPS細胞は，治療しようとする**本人の皮膚細胞からつくれるため拒絶反応は起こらず，また，倫理的な問題も生じにくいため**，**再生医療**をはじめ，治療困難な病気のしくみの解明，薬の効果や副作用の研究など，医療へのさまざまな応用が期待されている。2013年にはiPS細胞からつくった網膜を黄斑変性の患者に移植する試みが承認され，

図27. iPS細胞

実用化へ向けて研究が進んでいる。

> **ポイント** iPS細胞（人工多能性幹細胞）…体細胞に遺伝子を導入してつくった分化の多能性をもつ幹細胞

2 プログラムされた細胞の死！

■ **プログラム細胞死** 発生段階から，一定の時期になるとあらかじめ死ぬようにプログラムされている細胞死を**プログラム細胞死**という。

■ **アポトーシス** プログラム細胞死の1つである**アポトーシス**では，ミトコンドリアなどの細胞小器官の変化は見られないが，**核が破壊されてDNAが断片化することで起こる細胞死**である。いわゆる細胞の自殺に相当する。

図28. アポトーシス

おたまじゃくしが成体に変態するとき，尾が消失するのもアポトーシスによる。また，ヒトでも発生の初期には，手の指の間にアヒルの水かきのようなものができるが，この部分でアポトーシスが起きてヒトの手の指が形成される。アポトーシスは，動物の正常な発生や生物の形態維持にとって重要なしくみの1つである。

図29. ヒトの手の指の形成

■ **壊死** 細胞膜が破れ，細胞が細胞内の物質を放出して死ぬような場合を**壊死**といい，アポトーシスとは異なる。

けがなどの物理的な破壊，強酸や強アルカリなどの化学物質による化学的な損傷，凍傷などによる血流の減少などにより，壊死が起こることがある。壊死した組織の周辺では**炎症**などが引き起こされることもある。壊死した組織は，ふつう，**免疫系の働きにより除去される**。

図30. 壊死

> **ポイント** 〔2種類の細胞死〕
> **アポトーシス**…プログラムされた細胞死
>   DNAが断片化 ⇨ 細胞が断片化
> **壊死**…物理的・化学的な破壊などによる細胞死
>   細胞膜が破れ細胞内物質が流出

2章 動物と植物の発生 **123**

8 植物の受精と発生

図31. サクラの花のつくり

図32. 花粉管を伸ばした花粉

図33. 被子植物の配偶子形成

■ 被子植物は重複受精によって胚乳をつくり, 胚の発生や発芽・生育に有利なように, 親があらかじめ準備をしている。

1 被子植物は2か所で受精する

■ 被子植物では, めしべの**胚珠**の中で**卵細胞**が, おしべの**葯**の中にできる花粉の中で**精細胞**がつくられる。

■ **卵細胞のでき方** めしべの子房壁に包まれた胚珠の中で, **胚のう母細胞($2n$)** が減数分裂して**胚のう細胞(n)** となる。胚のう細胞はさらに**3回核分裂**を続けて8個の核をもつ細胞となり, やがて, 細胞質の分裂が起こって, 1個の卵細胞(n), 2個の助細胞, 3個の反足細胞, 2個の極核($n+n$)を含む中央細胞からなる**胚のう**をつくる。

■ **精細胞のでき方** おしべの先端の葯の中の**花粉母細胞($2n$)** は減数分裂して4個の細胞からなる**花粉四分子(n)** となり, 成熟して花粉となる。花粉がめしべの柱頭につくと発芽して花粉管を伸ばし, 体細胞分裂をして, 雄原核を含む**雄原細胞(n)** と, 花粉管核を含む花粉管細胞になる。雄原細胞は花粉管細胞中に入っていて, 花粉管の中で体細胞分裂をし, 2個の**精細胞(n)** になる。

■ **重複受精** 被子植物の受精は，次のようにして行われる。
① 精細胞(n)の1つは胚のう中の卵細胞(n)と受精して受精卵($2n$)となり，体細胞分裂をくり返して胚になる。
② もう1つの精細胞(n)は，2個の極核($n+n$)をもつ中央細胞と受精する。この受精によってできた$3n$の細胞は，増殖して養分を蓄え，胚乳($3n$)になる。

このように，被子植物では，1つの胚のうの中で2組の受精が行われる。これを重複受精という。

ポイント 重複受精	精細胞(n)＋卵細胞(n) ⟶ 受精卵
	精細胞(n)＋中央細胞($n+n$) ⟶ 胚乳

2 被子植物の種子のでき方

■ **胚のでき方** 受精卵は体細胞分裂をくり返して胚球と胚柄になり，胚球はさらに分裂して増殖し，子葉・幼芽・胚軸・幼根からなる胚になる（下図）。一方，$3n$の胚乳は，胚に養分を供給する。

■ **種子のでき方** 胚($2n$)や胚乳($3n$)の形成にともない，胚珠を包む珠皮が種皮となって種子が完成する。また，子房壁は発達して果皮となり，種子を包む果実が完成する。種子は，胚乳の発達の度合いで次の2つに分けられる。

- 有胚乳種子…養分を胚乳に蓄える。例 カキ・イネ
- 無胚乳種子…胚乳が発達せず，発芽時に必要な養分を子葉に蓄える種子。例 ダイズ・アブラナ・クリなど

✿1. 種 子
完成した種子はいったん休眠し，発芽の条件（水・温度・空気）が整うと，細胞分裂を再開して発芽する。

図34. 有胚乳種子（上）と無胚乳種子（下）のつくり

有胚乳種子（カキ）
- 種皮($2n$)
- 胚乳($3n$)
- 子葉
- 胚軸 ｝胚($2n$)
- 幼根

無胚乳種子（ダイズ）
- 幼芽（本葉）($2n$)
- 胚軸($2n$)
- 幼根($2n$)
- 子葉($2n$)

〔受精しためしべ〕

子房（壁） → 果皮
珠皮 → 種皮
中央細胞＋精細胞（$n+n$）（n） → 胚乳（$3n$）
卵細胞＋精細胞（n）（n） → 胚（$2n$）

受精卵 → 胚球／胚柄 → 子葉・幼芽・胚軸・幼根・胚柄

果実

2章 動物と植物の発生

9 被子植物の器官形成

■ 植物の器官分化と調節遺伝子との関係を花の構造の形成について調べてみよう。

1 茎頂分裂組織

■ **茎頂分裂組織** 茎頂分裂組織は，図35のように3つの部分から構成される。
　A：茎頂中央部 ➡ **茎頂分裂組織**がある。
　B：茎頂内部 ➡ **茎の中央**をつくる。
　C：周辺部 ➡ **葉原基**や茎の表面をつくる。

■ **茎頂分裂組織** 茎頂分裂組織の細胞は，分裂組織の状態を維持するため増殖している間は，遺伝子（WUS 遺伝子，CLV 遺伝子）によって細胞の肥大化が起こらないように調節されている。

■ **フロリゲン** 茎頂分裂組織に**フロリゲン**が働くと，**花芽**（花の原基）が分化し，この花芽から花の構造ができあがる。このときに動物と同様に，調節遺伝子の1つである**ホメオティック遺伝子**が働いている。

図35. 茎頂分裂組織

> **ポイント**
> 〔花芽（花の原基）の分化〕
> 　　　　　　　　フロリゲン
> 茎頂分裂組織 ─→ 花芽 ──→ 花の構造
> （ホメオティック遺伝子が働いて花芽に分化）

図36. 花の構造（シロイヌナズナ）

2 花の構造

■ **花の構造** 被子植物の花は，**花柄，がく，花弁，おしべ，めしべ**からなる。花柄の先端部を**花托**という。

■ **花式図** 花を上面から見て，花弁などの配置を示した図を**花式図**という。

■ **調節遺伝子** 花のどの構造をつくるかは，**調節遺伝子の1つであるホメオティック遺伝子がつくる調節タンパク質によって決定**される。この調節遺伝子として，シロイヌナズナでは A, B, C の3つのホメオティック遺伝子（➡ p.127）が知られている。

図37. 花式図（シロイヌナズナ）

126　2編　生殖と発生

3 花の分化のしくみ（ABCモデル）

■ **花芽** シロイヌナズナでは，茎頂にある葉原基にフロリゲンが働くと，葉原基が花芽（花の原基）に分化する。

■ **花の構造** 花の原基では，外側から順に，がく・花弁・おしべ・めしべが分化して花の構造が形成される。

■ **ABCモデル** 花弁・おしべ・めしべなどの分化には，3つの調節遺伝子A，B，Cが働いている。この調節遺伝子はからだの構造を決めるホメオティック遺伝子であり，A，B，Cはそれぞれ異なる調節タンパク質を合成して花の構造をつくっている。

- 調節遺伝子A ⇒ がくと花弁の領域で発現
- 調節遺伝子B ⇒ 花弁とおしべの領域で発現
- 調節遺伝子C ⇒ おしべとめしべの領域で発現

調節遺伝子と形成される花の構造との関係は，

- 領域1：**遺伝子Aのみ発現** ⇒ がく を形成
- 領域2：**遺伝子AとBが発現** ⇒ 花弁 を形成
- 領域3：**遺伝子BとCが発現** ⇒ おしべ を形成
- 領域4：**遺伝子Cのみが発現** ⇒ めしべ を形成

図38．ABCモデル

> **ポイント**
> 花の構造は，調節遺伝子A，B，Cの組み合わせで決定される（ABCモデル）。
> A⇒がく，A＋B⇒花弁，B＋C⇒おしべ，C⇒めしべ

✿1．遺伝子Aと遺伝子Cは互いに抑制し合う。遺伝子Aを欠くと遺伝子Cが働き，遺伝子Cを欠くと遺伝子Aが働く。

4 花のホメオティック変異体

■ **ホメオティック変異体** シロイヌナズナの花の構造を決定するホメオティック遺伝子A，B，Cに変異が生じると，**ホメオティック変異体**ができる。

① 遺伝子Aの変異体 ⇒ がくと花弁ができない。
② 遺伝子Bの変異体 ⇒ 花弁とおしべができない。
③ 遺伝子Cの変異体 ⇒ おしべとめしべができない。

■ **遺伝子A，B，Cの変異体** 遺伝子A，B，Cともに変異を起こすと，花の構造がつくられる部分に密になった葉が形成される。

図39．花のホメオティック変異体

> **ポイント**
> 遺伝子Aを欠く ⇒ がくと花弁が欠如
> 遺伝子Bを欠く ⇒ 花弁とおしべが欠如
> 遺伝子Cを欠く ⇒ おしべとめしべが欠如

2章　動物と植物の発生　127

10 組織培養と細胞融合

1. 植物ホルモンと分化
培地中のオーキシン濃度が高いと根が分化し，サイトカイニン濃度が高い場合は茎や葉が分化する。

2. ランの繁殖
ランは種子が非常に小さく，生殖で増やすのが困難な植物。

3. カーネーション
カーネーションはウイルス病に侵されやすいので，ウイルスのない**成長点**から茎頂分裂組織を取り出し，組織培養してつくられる。

4. 葯培養
葯を無菌的に培養する技術を**葯培養**といい，1倍体植物（n）ができる。これを**コルヒチン処理**すると，倍数化して純系の2倍体植物が容易に得られる。

■ バイオテクノロジーには，DNAレベル以外にも，組織培養や細胞融合などの細胞レベルのテクノロジーもある。

1 組織レベルの培養

■ **植物の組織培養**　1958年，アメリカの**スチュワード**が，ニンジンの根の分化した組織を取り出して，**栄養素と植物ホルモンを加えた培地で無菌的に培養**（組織培養）すると，**脱分化**した未分化な細胞集団である**カルス**ができた。さらに，これを適当な濃度の植物ホルモンを含む培地で**再分化**させて，根・茎・葉をもつ完全な植物体（再生植物という）をつくることに成功した。

■ **分化の全能性**　スチュワードの実験から，植物は分化した組織の細胞でも**分化の全能性**をもっていることがわかった。組織培養によってできた個体は，**もとの植物と全く同じ遺伝子組成**をもち，**クローン**と呼ばれる。

■ **組織培養の利用**　組織培養は，ランやカーネーションなどの園芸植物や希少植物の増殖などに利用されている。また葯培養も品種改良に応用されている。

> **ポイント** 〔植物の組織培養〕
> 無菌培養・植物ホルモン調節
> 組織の一部 → **カルス** → 葉／茎／根 ｝完全な植物体
> 脱分化　　　再分化

図40. ニンジンの組織培養

2 異種の細胞を合体させる

■ **植物の細胞融合** 種をこえた雑種は受精による品種改良ではつくりにくい。そこで、異種の細胞を1つに融合する**細胞融合**で種間雑種をつくる方法が研究された。

■ **細胞融合の方法** 植物細胞を**ペクチナーゼ**[5]処理して細胞壁の結合をゆるめ、**セルラーゼ**[5]で処理して細胞壁を溶かすと、細胞壁をもたない裸の植物である**プロトプラスト**が得られる。これを**ポリエチレングリコール**で処理したり、**電気ショック**を与えると、2つの細胞が融合して1つの細胞となる。この細胞はもとの2つの細胞の遺伝情報をもつ**雑種細胞**となる。この細胞を無菌的に培養して再分化させると雑種植物が得られる。

❀5. プロトプラストの作製に使用する酵素
植物の細胞壁はペクチンによって接着されているが、**ペクチナーゼ**はこれを分解し、細胞壁の結合をゆるめることができる。
セルラーゼは細胞壁の成分であるセルロースを溶かす。

〔細胞融合〕
植物組織 → プロトプラスト → 雑種細胞
　　　↑　　↑　　　　　↑
　ペクチナーゼ セルラーゼ　ポリエチレングリコール

図41. 細胞融合

3 動物の組織培養・細胞融合

■ **動物の組織培養と細胞融合** 動物細胞でも皮膚や骨などの一部を組織培養できるようになってきた。動物細胞の細胞融合は、ポリエチレングリコール処理、電気ショックのほか、**センダイウイルス**[6]に感染させる方法がある。

■ **動物の細胞融合の応用** 一例として、特定の免疫グロブリンをつくるリンパ球と増殖力の高い腫瘍細胞を融合させた**ハイブリドーマ**[7]がつくられ、目的の抗体を多量に作らせて、感染症やがんの治療研究に用いられている。

❀6. センダイウイルス
1953年に仙台で発見された肺炎を引き起こすウイルスの一種。異種の細胞を融合させる作用をもつ。

❀7. ハイブリドーマ
ハイブリッド(雑種)とカルシノーマ(腫瘍)を合わせて作られた造語。

2章 動物と植物の発生　129

テスト直前チェック　定期テストにかならず役立つ！

1. □ ウニの卵割様式を何という？
2. □ ウニの原腸の陥入はどこで起こる？
3. □ ウニの骨片は何胚葉からできる？
4. □ カエルの割球の大きさに差が出るのは第何卵割からか？
5. □ カエルの原腸胚の陥入はどこで起こる？
6. □ カエルの神経管は何胚葉からできる？
7. □ 心臓や腎臓は何胚葉からできる？
8. □ 肝臓や甲状腺は何胚葉からできる？
9. □ 精子進入で卵の表層が約30°回転する現象を何という？
10. □ 精子進入点の反対側の赤道付近にできる領域を何という？
11. □ ビコイド遺伝子は受精前に卵でつくられたmRNAが働くことから何遺伝子と呼ばれる？
12. □ 11の遺伝子は，幼虫の前方の決定と後方の決定のどちらに関係するか？
13. □ からだの構造が本来の位置と異なる部位に形成されてしまう突然変異を何という？
14. □ 胚域の予定運命をまとめた図を何という？
15. □ 胚のある領域が隣接する領域に働きかけ，特定の組織などに分化させる働きを何という？
16. □ 神経管を誘導する働きをするのは何胚葉か？
17. □ 内胚葉が外胚葉に対して中胚葉への分化を誘導する働きを何という？
18. □ 外胚葉から神経を生じる誘導の働きを何という？
19. □ 動物発生で連続的な誘導によってからだができることを何という？
20. □ 1個の花粉母細胞からできる花粉は何個か？
21. □ 被子植物の重複受精で精細胞と受精が起こるのは何細胞と何細胞？
22. □ 胚のうの中央細胞に含まれている核は何個か？
23. □ 3つの遺伝子の働きによるシロイヌナズナの花の構造決定のモデルを何という？

解答

1. 等割
2. 植物極側
3. 中胚葉
4. 第三卵割
5. 赤道付近
6. 外胚葉
7. 中胚葉
8. 内胚葉
9. 表層回転
10. 灰色三日月環
11. 母性効果遺伝子
12. 前方
13. ホメオティック突然変異
14. 原基分布図
15. 誘導
16. 中胚葉
17. 中胚葉誘導
18. 神経管誘導
19. 誘導の連鎖
20. 4個
21. 卵細胞と中央細胞
22. 2個
23. ABCモデル

定期テスト予想問題　解答→p.269~271

1 ウニの発生

次の図は，ウニの発生過程の模式図である。

(1) ①~⑥を発生の正しい順に並べかえよ。
(2) a~iの各部の名称をそれぞれ答えよ。
(3) 原口の陥入は，初期原腸胚のどの部分から起こるか。次のア~ウから選べ。
　　ア　動物極　　イ　植物極　　ウ　赤道面付近
(4) 図⑤のうち，外胚葉を青色，中胚葉を赤色，内胚葉を黄色でぬり分けよ。
(5) ウニの胚がふ化するのは何という時期か。

2 カエルの発生

次の図は，カエルの発生過程の模式図である。

(1) ①~⑥を発生の正しい順に並べかえよ。
(2) a~nの各部の名称をそれぞれ答えよ。
(3) 原口の陥入は，初期原腸胚のどの部分から起こるか。次のア~ウから選べ。
　　ア　動物極　　イ　植物極　　ウ　赤道面付近
(4) 図⑥のうち，外胚葉を青色，中胚葉を赤色，内胚葉を黄色でぬり分けよ。
(5) カエルの胚がふ化するのはどの時期か。
(6) カエルの体腔は，何胚葉に包まれているか。

3 器官形成のしくみ

次の図は，ある動物のある発生段階の横断面を示したものである。各問いに答えよ。

（図A）　　　　（図B）

(1) 図Aのb~hの各部の名称を答えよ。また，各部が外胚葉，中胚葉，内胚葉のいずれに属するかも答えよ。外胚葉は外，中胚葉は中，内胚葉は内と示せ。
(2) 図Aと図Bは，どちらが早い発生段階か。
(3) 図Bのア~コの各部は，それぞれ図Aのa~gのどの部分から生じるか。
(4) 次の①~⑤の各器官は，図Aのどの部分から形成されるか。
　①　腸の上皮　　②　皮膚の真皮
　③　肝臓　　④　目の水晶体　　⑤　肺

4 フォークトの実験

フォークトは，イモリの胞胚の①各部を染色して，その部分が将来何になるかを調べて，右図のような各胚域の各部の将来の②発生予定を示す地図をつくることに成功した。各問いに答えよ。

2章　動物と植物の発生　131

(1) 下線部①の染色方法を何と呼ぶか。
(2) 下線部②の地図を何と呼ぶか。
(3) 図中のa～fから将来できる組織や器官として適当なものを，次からそれぞれ選べ。
　ア　脊索　　イ　表皮　　ウ　側板
　エ　体節　　オ　神経板　　カ　内胚葉
(4) 後期原腸胚，後期神経胚で，それぞれ胚の表面を包んでいるのはa～fのどの部分か。

原口背唇部　→分化→　①(　　)
　↓誘導
外胚葉　→②(　　)→分化→脳→分化→③(　　)→④(　　)
　　　　　　　　　　　　↓誘導
　　　　　　　　　表皮　→⑤(　　)
　　　　　　　　　　　　↓誘導
　　　　　　　　　表皮　→⑥(　　)

5 発生過程と発生のしくみ

次の図は，イモリの胚の断面図である。図Aは初期原腸胚，図Bは後期原腸胚，図Cはある処理をした尾芽胚の横断面図である。

（図A）　（図B）　（図C）

(1) 図Aの①の一部を切り取り，同時期の別の胚の②の部分に移植すると，移植片の発生運命はどのようになるか。
(2) (1)のような実験を初めて行ったのは誰か。
(3) 図Aの①，⑥の部分は，それぞれ図Bではa～hのどの位置を占めるようになるか。
(4) 図Cは，図Aの⑥の部分を同時期の胚の胞胚腔に移植した胚が尾芽胚になったときの断面図である。右下の小さな胚を何というか。
(5) (4)で移植した図Aの⑥の部分は，将来図Cのア～オのいずれの部分になるか。
(6) 図Aの⑥の部分を何と呼ぶか。また，このような働きをする部分を何というか。

6 誘導の連鎖

図は，両生類の目の形成のしくみを示したものである。空欄に適当な語句を入れよ。

7 誘導のしくみ

イモリの胞胚を右の図のようにA，B，Cの3つの領域に分け，別々に培養すると，Aからは外胚葉，Cからは内胚葉，Bからは外・中・内胚葉が分化した。各問いに答えよ。
(1) 領域AにCをくっつけて培養すると，Aからは本来形成されるはずの胚葉以外に何胚葉が形成されるか。
(2) (1)のような働きを何というか。
(3) 領域Aに原口背唇部を接触させて培養すると，領域Aからはどのような組織が形成されるか。
(4) (3)のような働きを何というか。
(5) (3)の原口背唇部のように，(4)の働きをする部分を何というか。

8 形態形成をする遺伝子

ショウジョウバエの未受精卵の前方にはビコイドmRNA，後方にはナノスmRNAが局在する。これらは母親のもつビコイド遺伝子，ナノス遺伝子を転写してつくられたmRNAで，卵形成のときに卵に注入される。各問いに答えよ。
(1) ビコイドmRNA，ナノスmRNAが受精後に合成するタンパク質をそれぞれ何というか。

(2) 右の図は，受精卵の(1)のタンパク質の分布を示している。aのタンパク質は何か。

9 幹細胞

動物の発生初期の胚の細胞には，分化の多能性をもつものもある。各問いに答えよ。
(1) 哺乳類の胚盤胞の内部細胞塊は，分化の多能性をもつ。このような細胞を何というか。
(2) この細胞からつくった臓器を移植した場合，どのようなことが起こると考えられるか。
(3) ヒトの体細胞にいくつかの遺伝子を導入して，(1)の細胞と同様，分化の多能性をもつように作成した細胞を何というか。
(4) (3)の作成に初めて成功したのはだれか。

10 細胞死

次の各問いに答えよ。
(1) カエルが幼生から生体に変態する際には，尾の細胞はDNAが断片化して消失する。このようなプログラム細胞死を何というか。
(2) 凍傷などの場合の細胞死を何というか。

11 植物の配偶子形成と受精

次の図は，ある被子植物の配偶子形成と受精の過程を示したものである。各問いに答えよ。

(1) 図中のa，c，d，e，g，k，l，m，n，o，p，q，r，s，tの名称をそれぞれ答えよ。
(2) 図のなかで，受精する細胞の組み合わせを記号で答えよ。
(3) この植物に見られるような受精を何と呼ぶか。
(4) 1個のaから何個のlの細胞ができるか。
(5) a，c，qの核相をそれぞれ答えよ。

12 種子の構造

次の図は，カキの果実と種子の構造を模式的に示したものである。図中のa～hの各部の名称と，核相をそれぞれ答えよ。

13 花の構造の形成

シロイヌナズナの花は，中央部から外側にかけて順に，めしべ，おしべ，花弁，がくが配置された構造である。この構造の形成には，遺伝子A，B，Cが働いている。遺伝子Aが働くとがく，遺伝子Cが働くとめしべ，遺伝子AとBが働くと花弁，遺伝子BとCが働くとおしべが形成される。各問いに答えよ。
(1) 文中の下部のような遺伝子を何というか。
(2) 遺伝子A，B，Cのどれか1つを欠いた場合，それぞれどのような構造の花となるか。つくられる構造を外側から順に，
　　がく→花弁→おしべ→めしべ
のように答えよ。

2章　動物と植物の発生　133

ホッとタイム

ヒト万能細胞とこれからの医療

● iPS細胞　動物の受精卵がもつ**分化の多能性**は、細胞の分化とともに低下する。これは、個々の細胞の遺伝子にロックがかかるからである。このロックをはずすことを**初期化**といい、イギリスのジョン ガードン教授が行った核移植実験により、初期化の可能性は示されていた。これを受け、京都大学の**山中伸弥教授**は、ヒト遺伝子約25000個のうち4個を選んで皮膚の細胞に導入し、初期化された細胞である**iPS細胞（人工多能性幹細胞）**を作成した（⇒p.122）。そして、2012年には、この功績によりノーベル医学・生理学賞を受賞した。

ヒト成人皮膚由来のiPS細胞の細胞塊

山中伸弥教授

● ES細胞とその問題点　1998年、アメリカのジェームス トムソン教授は胚盤胞の内部細胞塊という未分化な細胞を培養して、胎盤以外の組織に分化できる多能性をもった細胞株をつくることに成功した。これが**ES細胞（胚性幹細胞）**である（⇒p.122）。「万能細胞」であるES細胞が誕生したことで、再生医療への利用がおおいに期待されるようになった。

しかし、ヒトのES細胞は「本来なら赤ちゃんになるはず」の初期胚を壊して得た細胞であるという点で**倫理的な問題**を抱えていた。また、病気の治療のための臓器移植に利用しようとしても、患者にとってES細胞からつくった組織や臓器は「他人のもの」なので、**拒絶反応の問題**が避けられない。この2つの大きな問題のため、ES細胞を利用した再生医療の研究は、慎重にならざるを得なかったのである。

● iPS細胞のこれから　iPS細胞は、ES細胞が抱える**倫理的な問題をクリアー**でき、また、患者本人の細胞を使うことで**臓器移植における拒絶反応の心配もない**。難病患者の細胞からiPS細胞をつくることで、治療が困難な病気の発症のしくみの研究や、薬剤の効果・毒性をテストするなど、医療へのさまざまな利用が期待されている。現在では、iPS細胞をつくるためのより安全で効率的な手法の研究や、iPS細胞の応用についての研究が各国で進められている。日本では、黄斑変性症のヒトへのiPS細胞でつくった網膜の移植が実用化目前にせまっている。

iPS細胞を用いた黄斑変性症の治療方法

3編
生物の環境応答

1章 動物の反応と行動

1 刺激の受容と反応

動物は，外界からのいろいろな刺激を受け取って，さまざまな反応を示す。そのしくみを見てみよう。

1 感覚が生じるしくみは？

■ **受容器** 光・音などの外界からの刺激を受けとる目や耳などの器官を**受容器**(感覚器官)という。

■ **適刺激** それぞれの受容器が受け取ることのできる刺激を**適刺激**といい，目では光，耳では音などを受容する。それぞれの受容器には，適刺激に応じて興奮する**感覚細胞**がある。

■ **感覚神経** 感覚細胞で生じた興奮は，**感覚神経**を通して判断の中枢である大脳などに伝えられる。

■ **感覚の成立** 大脳にはいろいろな感覚中枢があり，情報の処理・判断を行って，視覚・聴覚・平衡覚・嗅覚・味覚・触覚などの感覚を生じる。

受容器で刺激を受け取っただけでは，感覚は成立しない。

☆1. 平衡覚はからだの傾きや回転を感じ取る感覚，嗅覚はにおいを感じ取る感覚，触覚は接触や圧力を感じ取る感覚である。

> **ポイント**
> **受容器**…刺激を受け取る器官。
> **適刺激**…受容器が受け取ることのできる刺激。受容器によって異なる。
> **感覚の成立**…**大脳**の感覚中枢で成立する。

図1. 刺激の受容と感覚

適刺激	受容器	感覚の成立
光（アイスクリームを見る）	目	視覚
音（音楽を聞く）	耳	聴覚
気体の化学物質（においをかぐ）	鼻	嗅覚
液体の化学物質（アイスクリームを食べる）	舌	味覚
圧力・温度	皮膚	圧覚・温度感覚

3編 生物の環境応答

受容器（感覚器官）		適 刺 激	感 覚
目（眼）	網 膜	光（波長380〜780 nmの間：可視光）	視 覚
耳	コルチ器	音波（振動数が16〜20000 Hzの間）	聴 覚
	前 庭	からだの傾き（重力の方向の変化）	平衡覚
	半規管	からだの回転（リンパ液の流動）	
鼻	嗅上皮	気体（空気）中の化学成分	嗅 覚
舌	味覚芽	液体中の化学成分	味 覚
皮膚	圧 点	接触や圧力などの機械的刺激	触覚・圧覚
	痛 点	痛みの原因となる刺激	痛 覚
	温 点	高温（約40℃以上）の刺激	温 覚
	冷 点	低温（約15℃以下）の刺激	冷 覚

表1. ヒトのおもな受容器と感覚

2 反応が起こるしくみは？

■ **命令を伝える運動神経**　大脳などの中枢では，感覚の情報を処理して判断し，適切な命令を筋肉などの**効果器（作動体）**にくだす。中枢から効果器への命令は，**運動神経**によって伝えられる。

■ **効果器での反応**　中枢からの命令が運動神経の興奮となって筋肉などの効果器に伝えられると，その命令に従って，効果器に反応が起こる。

■ **効果器の種類**　効果器には，筋肉のほかに，外分泌腺や内分泌腺などの腺，鞭毛，発電器官，発光器官などがある（⇒p.151）。

どの受容器がどの適刺激を受け取るかに注目！

ポイント
受容器 …適刺激の受容
↓（感覚神経）
中枢（大脳など）…情報の処理・判断
↓（運動神経）
効果器（作動体）…反応

図2. 刺激の受容から反応まで

外界からの刺激 → 受容器 →（感覚神経）→ 中枢 情報処理 →（運動神経）→ 効果器 → 反応

赤信号 → 目 → 大脳 → 筋肉 → ブレーキをかける

1章　動物の反応と行動　137

2 ニューロンと興奮の伝わり方

神経系は、ニューロンと呼ばれる細胞を基本単位として構成されている。神経系の構造と働きについて学ぼう。

1 特異な形のニューロン

■ **ニューロン(神経細胞)** 神経系を構成する単位は、**ニューロン(神経細胞)** と呼ばれる細胞である。ニューロンは、**細胞体**と多数の**樹状突起**、細胞体から長く伸びた**軸索**の3つの部分からなる。ヒトの軸索では、約1mに達するものもある。

■ **有髄神経繊維と無髄神経繊維** 細胞体から伸びる軸索の多くは、**神経鞘**という膜状の細胞で包まれている。軸索と神経鞘をあわせて**神経繊維**という。神経繊維には、次の2つがある。

①**有髄神経繊維** 神経鞘の細胞が何重にも巻きついて**髄鞘**を形成しているもの。一定間隔で切れ目(**ランビエ絞輪**)がある。例 脊椎動物の神経(交感神経を除く)

②**無髄神経繊維** 髄鞘がないもの。例 無脊椎動物の神経、脊椎動物の交感神経

ポイント
〔ニューロンの構造〕
ニューロン＝細胞体＋樹状突起＋軸索
〔神経繊維の種類〕
　有髄神経繊維…**髄鞘がある。ランビエ絞輪**がある。
　無髄神経繊維…髄鞘がない。

図3. 無髄神経繊維のつくり

髄鞘があるかないかで見分ける。有髄にはランビエ絞輪があることにも注目！

図4. 有髄神経繊維のつくり

138　3編 生物の環境応答

■ **ニューロンの種類** ニューロンは，その働きによって，次のように，3つに分けられる（⇨図5）。

> 感覚ニューロン…受容器から中枢へ興奮を伝える。☆1
> 運動ニューロン…中枢から効果器に興奮を伝える。☆2
> 介在ニューロン…感覚ニューロンと運動ニューロンを介在する（連絡する）。中枢をつくっている。

☆1. **求心性神経**
感覚ニューロンからなる感覚神経のように，末梢から中枢へと興奮を伝える神経を**求心性神経**という。

☆2. **遠心性神経**
運動ニューロンからなる運動神経のように，中枢から末梢へと興奮を伝える神経を**遠心性神経**という。

図5. ニューロンの種類とそのつながり

2 電位変化と興奮の関係は？

■ **静止電位** 刺激を受けていない静止状態のニューロンでは，細胞膜の内側が負（−）に，外側が正（＋）に帯電している。この細胞内外の電位差を**静止電位**といい，細胞膜の内側が外側に対して−50〜−90 mVになっている。

■ **興奮の成立と活動電位** ニューロンを刺激すると，その部分の細胞膜内外の電位が瞬間的に逆転して，内側が正（＋），外側が負（−）となり，すぐに（約1000分の1秒後）もとにもどる。このような電位の一連の変化を**活動電位**という。また，活動電位が発生することを**興奮**という。

図6. 膜電位の測定法

図7. 静止電位と活動電位

> **ポイント**
> 静止時…細胞膜の**内側が負（−）**，**外側が正（＋）**に帯電。⇨ **静止電位**（−50〜−90 mV）
> 興奮時…瞬間的に，細胞膜の**内側が正（＋）**，**外側が負（−）**に逆転し，すぐにもとにもどる。⇨ **活動電位**

1章 動物の反応と行動　139

図8. 活動電位発生のメカニズム

3 興奮のメカニズム

■ **活動電位の発生**　次のようなしくみで起こる。

① ニューロンの細胞膜には**ナトリウムポンプ**があり，Na⁺を排出しK⁺を取り入れている。そのため**細胞膜の外側はNa⁺が多く，内側はK⁺が多い**。また，細胞膜にあるカリウムチャネルの一部は開いたままで，K⁺は受動輸送で外側へと流出する。そのため**細胞膜の内側は負，外側は正に帯電している**(**静止電位**)。

② 細胞膜には，**電位依存性のナトリウムチャネル**も存在し，刺激を受けると開く。そのため外側からNa⁺が流入する。その結果，**細胞膜の内側が正(+40 mV)となり電位が逆転する**(**活動電位の発生**)。

③ 電位依存性のナトリウムチャネルは直ちに閉じる。また，開閉式のカリウムチャネルが開いてK⁺を細胞外に流出させる。このため**細胞膜内の電位は負へと変化**する。

④ ナトリウムポンプが始動し，Na⁺の排出とK⁺の取り入れを行い①の状態にもどる。この間が**不応期**となる。

> **ポイント** 〔活動電位発生のしくみ〕
> ①K⁺が徐々に流出(**静止電位**)➡ 刺激
> ➡②Na⁺の流入(**活動電位発生**)
> ➡③Na⁺チャネルが閉じる➡④K⁺の流出
> ➡⑤ナトリウムポンプの始動で元の状態へ

4 興奮の伝わり方

■ **活動電流**　刺激によって活動電位が発生すると，細胞膜の外側では両側の静止部から興奮部へ(+➡-)，細胞膜の内側では興奮部から両側の静止部へ(+➡-)向かって電流が流れる。これを**活動電流**という。

■ **興奮の伝導**　活動電流が流れると，これが刺激となって隣接部分が興奮する。これが次々とくり返されて，興奮が軸索内を**両方向に向かって伝わっていく**(**興奮の伝導**)。

■ **ランビエ絞輪**　無髄神経繊維では図9のように興奮が伝わっていくが，有髄神経繊維では軸索の外側を絶縁性の**髄鞘**が取り巻いているので，活動電流は髄鞘のない**ランビエ絞輪**からランビエ絞輪へととびとびに伝わっていく。この伝わり方を**跳躍伝導**といい，**伝導速度が速い**。

図9. 興奮の伝導

図10. 跳躍伝導のしくみ

140　3編　生物の環境応答

- **興奮の伝導速度** 無髄神経繊維…ふつう，数m/s
有髄神経繊維…30 m/s（カエル）〜120 m/s（ヒト）

> **ポイント** 有髄神経繊維では，興奮はランビエ絞輪の間をとびとびに跳躍伝導していく⇒伝導速度が速い。

✿3．神経伝達物質が次のニューロンにある伝達物質依存性チャネル（ナトリウムチャネルの一種）に結合すると，このチャネルが開いてNa^+が流入する。そのためニューロンで活動電位が発生する。

5 シナプスでの興奮の伝達

図11．興奮の伝達

- **シナプス** ニューロンどうし，またはニューロンと効果器の間はわずかな隙間を隔てて接している。この接続部分を**シナプス**という。
- **興奮の伝達** 活動電流が，軸索中をシナプスの部分まで達すると，軸索の末端にある**シナプス小胞**から**神経伝達物質**が放出され，次のニューロンに新たな興奮を引き起こす。これを**興奮の伝達**といい，軸索末端から次のニューロンに向けて一方向にのみ伝えられる。
- **神経伝達物質** 運動神経や副交感神経からは**アセチルコリン**，交感神経からは**ノルアドレナリン**が分泌される。

> **ポイント** 〔興奮の伝達〕
> 軸索末端⇒次のニューロンへの一方向

6 刺激の強さと興奮の関係

図12．全か無かの法則（1本の軸索）

- **全か無かの法則** ニューロンは，ある一定の強さ以上の刺激を与えると興奮が起こる。興奮を起こす最小限の刺激の大きさを**閾値**（限界値）という。さらに刺激の強さを増しても，1つのニューロンに生じる興奮の大きさは一定である。これを**全か無かの法則**という。
- **刺激の大きさと伝え方** 神経は，閾値が少しずつ異なる細い神経繊維の集合体であるため，一定の範囲では刺激が強くなるほど興奮するニューロンの数が増加する。また，個々のニューロンが発生する活動電位（インパルス）の頻度も多くなる。つまり，**刺激の強さ＝興奮するニューロンの数＋インパルスの頻度の増加**として脳に伝えている。

図13．軸索の束の興奮

図14．刺激の強さと興奮の大きさ

> **ポイント** 閾値以上の刺激の大きさは**興奮の頻度**で伝える。

1章 動物の反応と行動　141

3 いろいろな受容器

■ ヒトは，いろいろな外界の刺激を受容するため，目・耳・鼻などさまざまな受容器をもっている。

図15．ヒトの右目のつくり

1 受容器は1つの刺激を受容する

■ **適刺激** 受容器が受け取れる刺激の種類は決まっていて，ふつう1種類である。この刺激を**適刺激**という。

■ **感覚** 受容器で受容した刺激は感覚神経を通じて大脳の感覚中枢に送られ，そこで刺激の種類に応じた次のような感覚を生じる。

適刺激	受容器	生じる感覚
光	目の網膜	視覚
音	耳のコルチ器	聴覚
からだの傾き	耳の前庭	平衡覚
からだの回転	耳の半規管	平衡覚
におい	鼻の嗅上皮	嗅覚
味	舌の味覚芽	味覚

2 光を受容する目

■ **目** ヒトの光受容体は**網膜**である。ヒトではシャープな像を網膜上に結ぶためのしくみをもっている。

■ **ヒトの目のつくり** ヒトの目は球形で，光は次の経路を通って網膜に達し，そこで生じた興奮は**視神経**を通じて大脳に送られ，**大脳の視覚中枢で視覚**を生じる。

角膜 ⇒ 瞳孔(ひとみ) ⇒ 水晶体 ⇒ ガラス体 ⇒ 網膜の視細胞 ⇒ 視神経 ⇒ 大脳の視覚中枢（視覚の成立）

■ **視細胞** 網膜に分布する**視細胞**には，**錐体細胞**と**桿体細胞**の2種類がある。さらに，錐体細胞には**青色錐体細胞・緑色錐体細胞・赤色錐体細胞の3種類**があり，それぞれ，青色(430 nm)，緑色(530 nm)，赤色(560 nm)の波長の付近の光を最もよく吸収する。

図16．錐体細胞の光の吸収量

- ■ **黄斑と盲斑** 網膜には黄斑部と盲斑部がある。
  - **黄斑**…黄斑部はやや凹んでおり，錐体細胞が密に分布する。解像度が高く，物の形や色を明瞭に見分けることができる。霊長類で発達。
  - **盲斑**…視神経の束が眼球から出ている部分で，視細胞が分布しないため光を受容できない。ふつう縦長の楕円形をしている。

図17. 視細胞の分布

- ■ **遠近調節のしくみ** 眼に入ってきた光は，おもに水晶体で屈折される。水晶体は厚さを変えることによって屈折率を変えて遠近調節をしている。水晶体の厚さは毛様体の筋肉（毛様筋）の収縮と弛緩によって調節される。

図18. 遠近調節のしくみ

近くを見るとき
毛様筋…収縮する
チン小帯…ゆるむ
水晶体…厚くなる

遠くを見るとき
毛様筋…弛緩する
チン小帯…緊張する
水晶体…薄くなる

水晶体
チン小帯
毛様体

- ■ **明順応と暗順応** 明暗調節は，虹彩の収縮によって瞳孔の大きさを調節するとともに，視細胞の感度を調節することで行う。
  - **明順応**…暗所から急に明所に出ると，始めはまぶしく感じるが，すぐに視細胞の感度が低下して慣れる現象。
  - **暗順応**…明所から急に暗所に入ると，始めは暗くて見えないが，やがて視細胞の感度が上昇するため慣れて見えるようになる現象。おもに桿体細胞の感度上昇による。

図19. 視細胞の感度変化（暗順応）

錐体細胞の感度が上昇
桿体細胞の感度が上昇

> **ポイント**
> 光受容経路：角膜 ➡ 水晶体 ➡ ガラス体 ➡ 視細胞
> **錐体細胞**…色（光の波長）を識別。カラー視。黄斑付近に密に分布。
> **桿体細胞**…弱光下で明暗を感じて識別。白黒視。黄斑の周辺部に多い。

- ■ **視交さ** 左右の目から伸びている視神経は間脳に入る直前で交さする。これを視交さという。ヒトでは，両眼の内側（鼻側）の網膜で受容した情報は視交さで交さして反対側の視索に，外側（耳側）の網膜の情報は交させずに，それぞれ同じ側の視索に入る。その結果，両眼の右半分の像は右脳の視覚野，左側の像は左脳の視覚野に入る。

図20. 視交さ
（上側から見た断面図）

左側の網膜 → 左半球
右側の網膜 → 右半球
視神経
左眼
右眼
視索
左半球の視覚野
右半球の視覚野

1章　動物の反応と行動　143

3 音を受容する耳(コルチ器)

■ **ヒトの耳** ヒトの音受容器は耳の**コルチ器**である。ヒトの耳は**外耳・中耳・内耳**の3つの部分に分けられる。外耳の耳殻で集められた音波は，**鼓膜**で空気の波から機械振動に変換され，内耳の**うずまき管**でリンパ液の振動となって，前庭階から鼓室階へと伝わり，鼓室階の上壁にある**基底膜**を上下させる。すると，この上にある**コルチ器で神経の興奮に変換され，聴神経**を通じて**大脳の聴覚中枢に伝えられて聴覚が成立**する。

■ **コルチ器** 基底膜の上には**聴細胞**がのっていて，リンパ液の振動によって基底膜が上に持ち上げられると，聴細胞から生えた感覚毛がおおい膜に接触する。これによって聴細胞に興奮が発生する。聴細胞とおおい膜を合わせて**コルチ器**(コルチ器官)という。コルチ器にはいろいろなサイズがあり，**うずまき管の中心部ほど大形のコルチ器が分布していて低音(200 Hz～)を，基部側ほど小形のコルチ器が分布していて高音(～20000 Hz)を受容**する。

図21. ヒトの耳のつくり

> **ポイント**
> 〔聴覚の成立〕
> 音波 ⇒ 耳殻 ⇒ 外耳道 ⇒ **鼓膜** ⇒ 耳小骨
> 　　　音波　　　　　　　機械的振動
> ⇒ **うずまき管** ⇒ 基底膜の上下 ⇒ **コルチ器**
> 　　リンパ液の振動　　　　　　　　　電気信号
> ⇒ 聴神経 ⇒ 大脳の聴覚中枢

4 その他の受容器

■ **平衡受容器** 耳の内耳には，からだの傾き(重力の変化)や回転を受容する**平衡感覚器**があり，受容した興奮が大脳に送られ，大脳で**平衡覚**が生じる。

- **前庭**…平衡石(耳石)の動きを感知する感覚毛が，からだの傾きを受容する。
- **半規管**…互いに直交する，半円形の3本の管。リンパ液が入っていて，この流れによりからだの回転を受容する。

図22. ヒトの平衡受容器

- **化学受容器** におい（空気中をただよう化学物質）や味（液体に溶けた化学物質）を受容する受容器を**化学受容体**という。

①**嗅覚器** 気体中を浮遊する化学物質（におい）は，鼻腔の奥にある**嗅上皮**にある**嗅細胞**で受容する。嗅細胞の表面には多数の繊毛があり，そこに受容体がある。におい物質がこの受容体に結合すると嗅細胞が興奮して**嗅神経**を通じて**大脳の嗅覚中枢に伝えられ，そこで嗅覚が生じる**。

図23. 鼻腔と嗅上皮

②**味覚器** 液体に溶けた化学物質（味）の受容体は，舌の表面に並んでいる**乳頭**の付け根にある**味覚芽**である。味覚芽の中には**味細胞**が並んでいる。味細胞が興奮すると**味神経**によって**大脳に伝えられて味覚が生じる**。ヒトの味覚には，甘い（甘み）・にがい（苦味）・すっぱい（酸味）・からい（辛味）・うまい（旨み）❋1の5つがある。

- **皮膚の感覚点** 皮膚には次の4つの感覚点が分布している。

刺　激	受容器	感　覚
圧力（接触）	圧　点	圧　覚
強い圧力・熱	痛　点	痛　覚
温かさ	温　点	温　覚
冷たさ	冷　点	冷　覚

- **筋紡錘** 筋肉には張力を感じとるための**筋紡錘**がある。筋紡錘によって筋肉の張力を測定して，筋肉の断裂などが起こらないようにしている。

図24. 舌と味覚芽

❋1. 1908年にはじめてうま味物質としてグルタミン酸を発見した池田菊苗が命名。国際的にもumamiと呼ばれる場合が多い。

図25. 皮膚の感覚点

ポイント
〔その他の受容器〕
嗅受容器…鼻の**嗅上皮**の**嗅細胞**⇒嗅覚
味受容器…舌の**味覚芽**の**味細胞**⇒味覚
皮膚感覚点…圧力⇒**圧点**⇒圧覚
　　　　　痛さ⇒**痛点**⇒痛覚
　　　　　熱さ⇒**温点**⇒温覚
　　　　　冷たさ⇒**冷点**⇒冷覚
筋紡錘…筋肉にかかる張力を受容

図26. 筋紡錘

1章　動物の反応と行動　145

4 中枢神経系での情報処理

ヒトの中枢神経系は神経管からなる管状神経系で，その前端部は脳，その後部は脊髄になっている。

1 管からできる中枢神経

■ **中枢神経系** 脊椎動物では，外胚葉の一部から神経誘導によってつくられた神経は，神経管と呼ばれる**管状神経系**をつくっている。神経管の前端は脳，後方は脊髄となる。**脳と脊髄を合わせて中枢神経系**という。

■ **神経回路** 中枢神経系では，感覚ニューロンと運動ニューロンをつなぐ**介在ニューロン**どうしが，**複雑なネットワークをつくって高度な情報処理を行っている**。これを**神経回路**といい，哺乳類などでは，より複雑な情報処理や統合処理を行い，複雑な行動を行う。

■ **末梢神経系** 中枢神経系以外のニューロンを**末梢神経系**といい，体性神経系と自律神経系に分けられる。

図27．神経管の形成

✿1．末梢神経を働きに着目して分けた場合，感覚神経や運動神経などの**体性神経系**と，交感神経や副交感神経などの**自律神経系**に分けられる。
また，どこから出ているかという構造に着目して**脳神経**と**脊髄神経**に分けられることもある（⇨p.149）。

2 脳のつくり

■ **脳** 胚発生の過程で神経管ができると，**前端は脳となり，その後方は脊髄**となる。やがて脳は，前脳・中脳・後脳に分かれる。やがて，前脳は大脳と間脳に，後脳は小脳と延髄に分化し，脳は前端部から順に，**大脳・間脳・中脳・小脳・延髄**の5つの部分に分かれる。哺乳類などでは，大脳が非常に発達して間脳や中脳をおおうようになる。

図28．脊椎動物の脳のつくり

図29．脳の分化

3 大脳のつくりと働き

■ **大脳のつくり**　大脳は左半球と右半球に分かれ，**脳梁**が左右の半球を連絡している。**外側の皮質は細胞体が集まって灰色をした灰白質**となり，**内側の髄質は軸索が集まって白色の白質**になっている(図31)。

■ **大脳の２つの皮質**　哺乳類の大脳皮質は，本能的な行動に関係する**辺縁皮質**と高度な精神活動の中枢である**新皮質**からなる(図31)。ヒトでは，新皮質が発達している。

■ **新皮質**　新皮質には次のような中枢がある。
- **感覚野**…視覚や聴覚などのいろいろな感覚の中枢
- **運動野**…随意運動の中枢
- **連合野**…記憶・判断・思考・言語などの高度な精神活動の中枢

■ **辺縁皮質**　辺縁皮質は原始的な脳の部分で，**食欲や性欲，感情にもとづく行動(恐怖心など)の中枢**である。辺縁系から出た軸索は**脳幹**(間脳・中脳・延髄をまとめたもの)に連絡していて，自律神経や内分泌を調節している。また**海馬**という記憶に関係した部分もある。

図30．大脳皮質上の各中枢の分布

運動の中枢／皮膚感覚の中枢／判断・理解の中枢／思考・意志の中枢／読解中枢／視覚中枢／(前方)／(後方)／言語中枢／聴覚と記憶の中枢

> **ポイント**　〔大脳のつくり〕
> ・左右の半球からなり，**脳梁**が連絡。
> ・**新皮質**(高度な精神活動に関与)と**辺縁皮質**(食欲や感情などにもとづく行動に関与)からなる。

■ **脳の働き**　ヒトの脳の各部の働きは次のとおり。

図31．ヒトの脳の働き

皮質(灰白質)／髄質(白質)／脳梁／辺縁皮質／間脳／新皮質／視床／視床下部／脳下垂体／脊髄／〔大脳の内部〕

大脳	新皮質…随意運動・感覚の中枢。記憶・言語などの高度な精神活動の中枢。辺縁皮質…食欲などにもとづく行動の中枢。
間脳	視床…脊髄→大脳への感覚神経の中継点。視床下部…自律神経系と脳下垂体を支配し，体温・血糖値などの調節の中枢。
中脳	眼球の反射運動・虹彩の収縮調節・姿勢保持の中枢。
小脳	手足などの随意運動の調節。反射的にからだの平衡を保つ中枢。
橋	大脳と脊髄，左右の小脳半球の連絡路
延髄	呼吸・血管収縮・心臓の拍動・だ液の分泌・せき・のみこみ反射などの中枢。

1章　動物の反応と行動　147

図32. 脊椎骨と脊髄

図33. 興奮伝達の経路

4 脊髄のつくりは大脳の逆

■ **脊髄のつくり** 脊髄は脳から続く管状の中枢神経系で，脊椎骨の中に入っている。脊髄の外側(皮質)は軸索の集まる**白質**で，内側(髄質)は細胞体の集まる**灰白質**となっており，**脳とは逆の配置**である。

また，脊髄の背側へは感覚神経の軸索の束がきており**背根**をつくり，脊髄の腹側からは運動神経の軸索の束が出ており**腹根**をつくっている。

■ **脊髄の働き** 脊髄には，次の2つの働きがある。

①**大脳への神経の通路** 受容器からの情報(興奮)は，感覚神経によって背根から脊髄に入り，脊髄を通って大脳の感覚中枢などに伝えられる。一方，大脳からの命令は，脊髄を通って腹根から出る運動神経によって効果器に伝えられる。

②**反射の中枢** 脊髄は，反射の中枢にもなっている(この後くわしく説明)。

> **ポイント**
> 脊髄では，内側に**灰白質**(細胞体の集まり)，外側に**白質**(軸索の集まり)がある。
> ⇒ 大脳とは逆。

❂2. 中脳反射
中脳が中枢となって起こる反射を中脳反射という。目の前に物が飛んできたときまぶたを閉じる反射や瞳孔反射などがその例である。

❂3. 延髄反射
延髄が中枢となって起こる反射を延髄反射という。せき，くしゃみ，のみ下し，おう吐，だ液分泌などがその例である。

> 反射の中枢は大脳ではないことに注意しよう。

5 反射の反応は速い

■ **反射とは何か** 熱い物に手が触れると，とっさに手を引っ込める(屈筋反射)。また，ひざの下を軽くたたくと，足がぴょんとはね上がる(しつがい腱反射)。これらは，大脳の命令を待たずに起こる反応である。このように，**大脳以外の部分(中脳❂2・延髄❂3・脊髄)が判断の中枢**になって起こる反応を**反射**という。反射では，大脳からの命令を待たないぶん反応がすばやく起こり，からだを危険から守ったりするのに役立つ。

■ **脊髄反射** 判断の中枢が脊髄である反射を脊髄反射という。屈筋反射やしつがい腱反射は脊髄反射である。

■ **反射弓** 反射が起こるときの興奮の伝達経路を**反射弓**という。屈筋反射としつがい腱反射では少し異なる。

図34. 屈筋反射としつがい腱反射の興奮伝達経路

① **屈筋反射の反射弓** 経路中に**シナプスが2個**ある(図34)。
〔刺激〕→受容器→感覚神経→脊髄(背根→灰白質→介在神経→腹根)→運動神経→効果器(筋肉)→〔反応〕

② **しつがい腱反射の反射弓** 経路中の**シナプスは1個**。
〔刺激〕→受容器→感覚神経→脊髄(背根→灰白質→腹根)→運動神経→効果器(筋肉)→〔反応〕

> **ポイント**
> (脊髄反射の反射弓)
> 〔刺激〕⇨ 受容器 ➡ **感覚神経** ➡ **脊髄**(**背根**→**腹根**) ➡ **運動神経** ➡ 効果器 ⇨〔反応〕

6 末梢神経系は分け方に注意！

■ **脊椎動物の神経系** 脊椎動物の神経系は，**中枢神経系**とそこから出る**末梢神経系**からなる。

■ **出る場所による分け方** 末梢神経系は，脳から出る12対の脳神経と，脊髄から出る31対の**脊髄神経**に分けられる。

■ **働きによる分け方** 働きの面から分けると，大脳の直接的な支配を受ける感覚神経や運動神経などの**体性神経系**と，大脳の直接的な支配を受けず，意志とは無関係に働く交感神経や副交感神経などの**自律神経系**に大別できる。

> **ポイント**
> ヒトの神経系 ┬ **中枢神経系** ┬ 脳
> │   └ 脊髄
> └ **末梢神経系** ┬ **体性神経系** ┬ 感覚神経
>   │   └ 運動神経
>   └ **自律神経系** ┬ 交感神経
>   └ 副交感神経
> ※働きによる分類

図35. ヒトの神経系

〔構造による末梢神経系の分類〕
末梢神経系 ┬ 脳神経12対(脳から出る)
           └ 脊髄神経31対(脊髄から出る)

1章 動物の反応と行動 149

5 反応と効果器

脳から出た命令は，運動神経を通じて筋肉などの**効果器**に伝えられて反応する。効果器の種類と働きを調べよう。

1. 筋肉の種類

横紋筋
- **骨格筋**…骨格を動かす筋肉，収縮力は強いが，疲れやすい。
- **心筋**…心臓をつくる筋肉，収縮力は強く，疲れにくい。

平滑筋…胃や腸などの内臓壁をつくる筋肉。収縮力は弱いが，疲れにくい。

1 筋肉は伸び縮みする特殊な細胞

■ **横紋筋と平滑筋** 脊椎動物の筋肉には，横紋のある**横紋筋**と，横紋の見られない**平滑筋**がある。横紋筋には，骨格を動かす**骨格筋**と心臓壁をつくる**心筋**がある。平滑筋は，胃腸壁などの内臓を動かす**内臓筋**となっている。

■ **骨格筋のつくり** 骨格筋は，直径0.1mm，長さ数cmの細長い巨大な**筋繊維**（筋細胞）と呼ばれる多核の細胞が束になってできている。筋繊維の細胞質は，太さ1μmの細長い**筋原繊維**の束からなる。さらに，筋原繊維は**サルコメア**（筋節）と呼ばれる単位のくり返しからなり，**明帯**と**暗帯**が縞模様に見えるので横紋筋と呼ばれている。

図36．骨格筋の構造

ポイント
〔骨格筋の構造〕
骨格筋の**筋繊維** ⇐ 筋原繊維の束 ⇐ **筋原繊維**
⇐ **サルコメア**（筋節）⇐ **明帯と暗帯**

図37．2種類のフィラメントの構造

■ **筋原繊維の構造** 筋原繊維は，**アクチンフィラメント**と**ミオシンフィラメント**からなる。アクチンフィラメントには**トロポニン**が付着し，**トロポミオシン**がアクチンフィラメントに巻きついたような構造をしていて，**ミオシンとの結合を妨げている**。また，ミオシンの頭部はATPアーゼ（ATP分解酵素）として働き，ATPのエネルギーで首ふり運動をする。

■ **筋収縮のしくみ**
① 弛緩時には，トロポミオシンがアクチン分子上のミオシン分子との結合部分をおおって，アクチンとミオシンの結合を阻害している。

150　3編　生物の環境応答

② 運動神経末端から**アセチルコリン**が分泌されると，筋繊維にある**筋小胞体からCa^{2+}が放出され，トロポニンに結合**する。するとアクチンとミオシンの結合を阻害していたトロポミオシンの作用がなくなり，アクチンとミオシンの結合が可能となる。

③ また，Ca^{2+}がミオシンの突起部に結合すると，突起部は**ATPアーゼ(ATP分解酵素)**として働いてATPを分解する。ATPから放出されるエネルギーで，ミオシンの頭部はアクチンをたぐり寄せる運動をする。これによって**アクチンフィラメントはミオシンフィラメントの間に引きこまれて**，筋収縮が起こる(**滑り説**)。

④ 運動神経からの刺激がなくなると，**Ca^{2+}は筋小胞体に取り込まれ**，トロポミオシンは再び，アクチンのミオシンとの結合部位をブロックするので，アクチンフィラメントとミオシンフィラメントは離れ，筋肉は弛緩する。

図38. 筋収縮と弛緩のしくみ

2 筋収縮の測定

■ **単収縮** 筋肉を神経とともに取り出して閾値以上の電気刺激を1回与えると，約0.1秒間の単一の収縮，すなわち**単収縮**を示す。

■ **強　縮** 1秒間あたり30回以上の刺激を与えると，大きな強縮を示す。運動時には**完全強縮**が起きている(図39)。

図39. 筋肉の収縮曲線

3 その他の効果器

■ **分泌腺** 汗腺やだ腺(だ液腺)など，分泌物を一定の場所に分泌する腺を**外分泌腺**，ホルモンを血液中に分泌する腺を**内分泌腺**という。

■ **発光器官** ホタルは腹部に**発光器官**をもち，日没近くの夜に雄と雌が光で交信をする。

■ **発電器官** シビレエイなどは，捕食や外敵からの防衛に筋肉の変形した**発電器官**を利用する。

図40. 発光器と発電器

1章 動物の反応と行動　　151

6 生得的行動

　動物の行動様式のなかで，生まれながら遺伝的にプログラムされている定型的な行動を生得的行動という。

1 生まれつき備わっている行動

■ **生得的行動**　動物が生まれながらにもっている定型的な行動を**生得的行動**[1]といい，遺伝的にプログラムされた行動である。また，生得的行動のきっかけとなる刺激を**かぎ刺激**（信号刺激）という。

■ **いろいろな生得的行動**　生得的な行動には固定的動作パターン，定位などがある。[2]

> **ポイント**
> **生得的行動**…生まれながらもつ，遺伝的にプログラムされた定型的な行動。固定的動作パターン，定位などがある。

2 固定的動作パターン

■ **固定的動作パターン**　種に固有であるかのように**種のメンバーで共有する定型的な動作パターン**を**固定的動作パターン**といい，次のようなものがある。
- イトヨの攻撃行動や求愛行動などの生殖行動
- セグロカモメのつつき行動

■ **イトヨの生殖行動**　繁殖期のイトヨに見られる攻撃行動や求愛行動などの**生殖行動**は固定的動作パターンの1つと考えられている。この動作パターンは**ティンバーゲン**らの実験で明らかになった。

■ **イトヨ**　イトヨは湧き水のある淡水に生息する魚で，繁殖期になると，雄は巣をつくって**縄張り**[3]をもつようになる。縄張りに同種の雄が近づくと，**攻撃行動**をとって追いはらう。また，雌に対してはジグザグダンスなどの一連の**求愛行動**をとるようになる。

　イトヨは繁殖期になると，**雄の下腹部は婚姻色で赤色**となり，**雌の下腹部は卵でふくれる**ようになる。[4]ティンバーゲンは，攻撃行動や生殖行動がどのようなしくみで起こるかを調べた（図41）。

★1. 以前は，生得的行動として，本能を扱っていたが，動物行動学の研究が進み，あいまいな表現である本能という用語は使われなくなった。

★2. 生物によっては同種の個体間で情報のやりとりをすることがあり，これを**コミュニケーション**（情報伝達）という（⇒p.155）。**フェロモン**（⇒p.156）によるコミュニケーションなどは遺伝的な影響を強く受けており，生得的行動の一種であるといえる。

★3. 餌場や配偶者を確保するために，積極的に占有した一定の空間を**縄張り**という（⇒p.192）。

★4. 繁殖期に現れる体色や斑紋（まだら模様）を**婚姻色**という。

図41. イトヨの固定的動作パターン

> **ポイント**
> 〔イトヨの生殖行動〕
> 攻撃行動…相手の**下腹部が赤い**ことが**かぎ刺激**となり，同種の雄を攻撃する。
> 求愛行動…相手の**下腹部がふくらんでいる**ことが**かぎ刺激**となり，ジグザグダンスなどを行う。

■ **セグロカモメのつつき行動** セグロカモメの親鳥のくちばしには赤い斑点がある。巣に帰ってきた親鳥を見ると，ひなは，赤い斑点がかぎ刺激となって，親鳥のくちばしの赤い斑点をつついて餌をねだる。くちばしをつつかれた親鳥は，つつかれたことがかぎ刺激となってひなに餌やり行動をする。このような行動も固定的動作パターンの1つと考えられる。

図42. セグロカモメのつつき行動
ひなは，親鳥のくちばしの赤斑をつついて餌をねだる。

3 方向を定めて行動する定位

■ **走性** 単純な定位の1つで，動物が刺激に対して，**一定の方向にからだごと移動する行動**を**走性**という。
① 正(＋)の走性　刺激源に**近づく**ように移動する。
② 負(－)の走性　刺激源から**遠ざかる**ように移動する。

走性は刺激の種類によって違っており，どのような走性をもつかは動物の種類によって異なる。

図43. ガの光走性
正の光走性：ガが電灯の光に集まる。

1章　動物の反応と行動　153

走性の種類	刺　激	正の走性を示すもの	負の走性を示すもの
光走性（走光性）	光	多くの昆虫や魚類	ミミズ，ゴキブリ，プラナリア
化学走性（走化性）	化学物質	ゾウリムシ（弱酸），力（CO_2）	ゾウリムシ（強酸）
流れ走性（走流性）	水　流	メダカなど	サケ・マス（成長期）
重力走性（走地性）	重　力	ミミズ	ゾウリムシ，カタツムリ
電気走性（走電性）	電　気	ミミズ（陽極に進む）	ゾウリムシ（陰極に進む）

表2．刺激の種類と走性の例

図44．メダカの流れ走性

■ **コオロギの音波走性**　コオロギの音受容器（耳に相当する器官）は前あしにある。産卵期になったコオロギの雌は，同種の雄が発するはねの摩擦音を受容すると，これがかぎ刺激となって**正の音波走性**を示して雄に近づく。

　雄のコオロギのはねの一こすりで出た音を**シラブル**といい，シラブルがいくつか集まって**チャープ**をつくる。チャープの並び方やチャープに含まれるシラブルの数などはコオロギの種により異なる。

> **ポイント**
> **走性**…刺激源に対して一定方向に移動する行動
> 　**正**の走性…刺激源に**近づく**。
> 　**負**の走性…刺激源から**遠ざかる**。

■ **定位**　動物が，**太陽・星座・電気・化学物質などの刺激を目印にして，特定の方向を定めること**を**定位**といい，それにもとづいて移動するような行動を**定位行動**という。

[例]
・コウモリのエコーロケーション（反響定位）
・鳥類の渡り（⇨ p.187）…太陽コンパス，星座コンパス，地磁気コンパスを利用する複雑な定位。

> **ポイント**
> **定位**…特定の刺激を目印にして，特定の方向を定めること。
> ⇨ **定位行動**（鳥類の**渡り**など）を行う。

■ **エコーロケーション（反響定位）**　コウモリは，超音波を発して，**障害物などから返ってくる反響音（エコー）を分析して定位**する。これを**エコーロケーション（反響定位）**といい，電波などを利用したレーダーとしくみが似ている。

　コウモリは，飛翔中にガなどの昆虫を捕えるときにもエコーロケーションを使う。このとき発する周波数の間隔は，場面によって次のように異なる。

図45．コウモリの反響定位

①獲物を探索しているとき…クルージング(低速巡回)しながら低い頻度で超音波を発する。
②獲物に近づくとき…獲物を発見すると，超音波を発する頻度を上げ，獲物の動きを分析・予測しながら近づく。
③獲物を捕獲するとき…高頻度で強い超音波を発する。

✿5. 捕食回避行動
ガのなかには，コウモリが発する超音波を受容して，急旋回や急降下などにより捕食を回避する行動をとるものもいる。

> **ポイント** 〔エコーロケーション(反響定位)〕
> コウモリ ⇒ 超音波を発し，その反響音により定位

■ **ホシムクドリの定位**
鳥類のホシムクドリは昼間に渡りをする渡り鳥の一種で，**太陽の位置を基準として方向を知り**，渡りを行っている。これを**太陽コンパス**という。

■ **ボボリンクの定位**
ボボリンクは北アメリカで繁殖し，ブラジル南部で越冬する渡り鳥で，**夜間に移動する**。ボボリンクは星座の位置や地磁気の変化を感知して移動している。星座で方向を決める場合を**星座コンパス**，地磁気で方向を決める場合を**地磁気コンパス**という。

図46. 太陽コンパス

> **ポイント** 渡り鳥は，**太陽コンパス**，**星座コンパス**，**地磁気コンパス**などを利用して定位をし，**渡り**を行う。

④ 昆虫もコミュニケーションする！

■ **コミュニケーション(情報伝達)** ミツバチやアリ，シロアリなど，**コロニー**をつくる**社会性昆虫**(⇒p.193)は，同種の個体どうしで互いに情報をやりとりする**コミュニケーション(情報伝達)**が発達している。コミュニケーション手段には，フェロモンやミツバチのダンスなどが知られている。

■ **フェロモン** 体外に放出された化学物質が，かぎ刺激となって同種の個体に情報を伝達する場合，その化学物質を**フェロモン**という。社会性昆虫で発達し，次のようなフェロモンが知られている。

1章 動物の反応と行動　155

カイコガの雌　性フェロモンを分泌する　誘引腺

ゴキブリ　集合フェロモンを含む　ふん

アリ　刺針　道しるべフェロモン

図47. フェロモン

- **性フェロモン**…雌が雄を誘引する。
  - 例　カイコガのボンビコール(⇒p.161)
- **集合フェロモン**…集団の形成・維持に働く。
  - 例　ゴキブリ
- **道しるべフェロモン**…仲間に餌(えさ)の場所を教える。
  - 例　アリ
- **警報フェロモン**…仲間に危険を知らせる。
  - 例　ミツバチ，アリ

> **ポイント**
> **フェロモン**…同種の個体に情報を伝達する化学物質。同種の他個体のかぎ刺激となる。

円形ダンス　8の字ダンス　尻を振りながら直進

図48. ミツバチのダンスの形

■ **ミツバチのダンス**　ミツバチは，ダンスによって，仲間に餌場(えさば)の方向と距離を知らせている。フリッシュによって，ミツバチのダンスと餌場の方向や距離との関係が明らかにされた。

- 餌場との距離…80 m以内のときは**円形ダンス**をし，80 m以上のときは**8の字ダンス**をする。近いほどダンスの速度は速く，回数は多い。
- 餌場の方向…太陽の方向と餌場の方向のなす角度を，**鉛直上方（重力とは反対の方向）とダンスの直進方向のなす角度**に対応させることで，餌場の方向を示す。

太陽

直進方向が真上⇒餌場は，巣箱から見て太陽と同じ方向にある。

直進方向が真上から60°⇒餌場は，巣箱から見て太陽と60°の方向にある。

巣箱　0°　60°　120°　180°

直進方向が真上から120°⇒餌場は，巣箱から見て太陽と120°の方向にある。

直進方向が真下⇒餌場は，巣箱から見て太陽の反対側にある。

図49. ミツバチのダンスと餌場の方向

> **ポイント**
> 〔ミツバチのダンスで伝える距離と方向〕
> 距離…80 m以内で**円形**，80 m以上で**8の字**のダンス。近いほど速度は速く，回数は多い。
> 方向…太陽の方向と餌場の方向のなす角度
> 　　　＝鉛直上方とダンスの直進方向のなす角度

7 学習による行動

■ 中枢神経系の発達した動物では，生まれてからの経験が記憶として残る。経験にもとづく新しい行動を**習得的行動**といい，学習がその代表である。

1 学んで覚える学習

■ **学習** 中枢神経系の発達した動物ほど，生まれてからの経験によって行動様式が変化する。これを**学習**という。神経系の発達段階によって，いろいろな学習行動が見られる。

■ **いろいろな学習** 学習には，慣れ・刷込み・古典的条件付け・オペラント条件づけ・知能行動などが知られている。

図50. アメフラシ

図51. えら引っ込め反射

2 アメフラシも学習する

■ **慣れ** アメフラシは，脳神経節，内臓神経節，足神経節をもつ軟体動物であり，水管から水を出し入れしてえら呼吸をする。水管を刺激すると，えらを反射的に引っ込める（えら引っ込め反射）。これをくり返すと，しだいに**慣れ**が生じてえらを引っ込めなくなる。これも学習の1つである。

■ **脱慣れ** 慣れの生じた個体の尾などを押さえながら水管を刺激すると，再び水管の刺激でえら引っ込め反射をするようになる。これを**脱慣れ**という。

■ **鋭敏化** 慣れの生じた個体の尾をきつくつかむなどの強い刺激を与えると，ふつうならえら引っ込め反射をしないような弱い刺激を水管に与えても，えらを大きく引っ込めるようになる。これを**鋭敏化**という。

図52. 慣れ，脱慣れ，鋭敏化

> 〔アメフラシの学習〕
> **慣れ**…同じ刺激では反射が起こらなくなる現象。

1章 動物の反応と行動　**157**

図53. アヒルのひなの刷込み

最初に見た動くものを親とみなす　親鳥

3 刷込みで親を覚える

■ **刷込み**　ふ化後間もない時期のカモやガンなどは，最初に目にした目の前を動く物体を親であるかのように記憶してあとを追うように歩く。このように，発育初期の限られた時間に見られる記憶を伴う学習を**刷込み（インプリンティング）**という。ローレンツは，ガンを使って刷込みの現象を明らかにした。刷込みは，一度成立すると変更されにくいという特徴がある。

■ **臨界期**　図54の発育初期の刷込みが成立する時期などのように，ある現象が成立するかしないかが決まる時期を**臨界期**という。

ふ化後約15時間ごろに最もよく起こる。

図54. 刷込みが成立する時期

ポイント　カモやガンなどで発育初期の臨界期に起こる記憶学習を**刷込み（インプリンティング）**という。

4 古典的条件づけ（パブロフの実験）

■**パブロフのイヌの実験**　パブロフはイヌを使って次のような実験を行った。
① イヌに餌をやる（**無条件刺激**）と，イヌはだ液を分泌する（**無条件反射**）。
② 餌をやるとき，だ液分泌とは直接関係のないベルの音を聞かせた（**条件刺激**）。
③ これをくり返すと，イヌはベルの音（条件刺激）を聞いただけで，だ液を分泌するようになる。すなわち，条件刺激が無条件刺激と結びつく。元々，無関係だった条件刺激と無条件刺激とが結びつくことを**古典的条件づけ**という。

条件刺激の提示
聴覚神経　内耳　条件刺激
味覚中枢
だ腺
肉片
だ液
肉片を与えるときに，ベルの音（条件刺激）を聞かせる

条件づけの成立
新しい経路ができる
肉片なし　だ液
ベルの音（条件刺激）だけで，だ液が分泌されるようになる

図55. パブロフの実験

ポイント
〔古典的条件づけ：パブロフのイヌの実験〕
①餌を舌の上に置く（**無条件刺激**）⇒だ液分泌
②餌を舌の上に置く＋ベルの音 ⇒ だ液分泌　反復
　（無条件刺激）＋（**条件刺激**）⇒（無条件反射）
③**ベルの音のみ**⇒だ液分泌　古典的条件づけの成立
　（条件刺激）⇒（無条件反射）

5 成功体験でオペラント条件づけ

■ **試行錯誤** ネコを箱の中に入れ，餌を箱の外に置くと，ネコは餌を取ろうとするが，取ることはできない。しかし，偶然ひもを引くと扉が開き，餌を取ることができた。この試行をくり返すと，ネコはひもを引いて扉を開けるようになった。ソーンダイクはこれを**試行錯誤学習**と名づけた。

■ **オペラント条件づけ** スキナーは，試行錯誤学習の考え方をもとにして，「**オペラント条件づけ**」という考え方を提唱した。オペラントは，オペレート(道具を操作する)という語からの造語である。絶食させて空腹のネズミを，ブザーがなったときレバーを引くと餌が出る装置に入れたところ，始めは偶然，ブザーがなったときにレバーを引いて餌にありつく。**するとこの成功体験が記憶となって，ブザーがなったとき，レバーを引いて餌を得る頻度が高くなった。** このように，**自己の行動と報酬を結びつけて学習する**ことを**オペラント条件づけ**という。

図56. オペラント条件づけ

> **ポイント**
> オペラント条件づけ…試行錯誤を経て，自己の行動と成功報酬を結びつけて学習すること。

6 経験がものをいう知能行動

■ **知能行動** 過去の経験をもとに状況判断(洞察)をして，未経験なことに対してとる合理的な行動を**知能行動**という。ヒトやチンパンジーなどの霊長類で発達している。

■ **チンパンジーの知能行動** チンパンジーは，手の届かない天井からぶら下げたバナナを取るのに箱や棒を使う。子供の頃，棒遊びをよくしていたチンパンジーは棒を使い，箱を積んで遊んでいたチンパンジーは箱を積んでその上に乗ってバナナを取る。

図57. チンパンジーの知能行動

> **ポイント**
> 〔知能行動〕
> 過去の経験 ⇒ 状況を洞察 ⇒ 合理的な行動

1章 動物の反応と行動

重要実験 グリセリン筋の実験

> 筋繊維をアクチンとミオシンだけの構造にしてATPを加えるとどうなるか？

方法

1. カエルのひ腹筋（ふくらはぎの筋肉）またはハマグリやホタテガイの閉殻筋（貝柱），ニワトリの胸筋（ささみ）を用意する。できるだけ生きた動物から新鮮な試料を得ること。
2. 1を**50%グリセリン溶液**に浸し，0℃で数日間静置して**グリセリン筋**をつくる。
3. 2をペトリ皿に移し，2本の柄つき針を使って，筋繊維をほぐして，できるだけ細い糸状の筋繊維の束を2本準備する。
4. 3の筋繊維の束をそれぞれ別のスライドガラスの上に置き，長さを測定する。
5. 4の一方に**5% ATP溶液**を，他方に水をスポイトで注ぎ，変化のようすを観察する。また，収縮後の長さを測定する。

1. カエル：皮膚をむき筋肉を取り出す。
   生きたハマグリ：食塩水中で殻を開いたときに割りばしを入れ，そのままグリセリン溶液に浸す。
2. 50%グリセリン溶液 — 数日間0℃で静置する。
3. 糸状にほぐし，筋繊維の束にする。柄つき針
4. 筋繊維の束をスライドガラスの上に置き長さを測る。
5. 収縮の有無を観察，収縮度を計測。5% ATP溶液または水

結果

● 5% ATP溶液を加えたときは，筋繊維の束は収縮して，その長さは短くなるが，水では，そのような反応は見られない。

ホタテガイのグリセリン筋（上：ATP添加前，下：ATP添加後）

ニワトリ胸筋のグリセリン筋（上：ATP添加前，下：ATP添加後）1目盛りは1mm

考察

1. 筋肉を50%グリセリン溶液に浸したことでどのようなことが起こったか。
   → 筋繊維（筋細胞）の膜構造が壊され，内部に含まれる水溶性のタンパク質などが除かれた。
2. グリセリン筋を細い筋繊維の束にほぐしたのはなぜか。
   → ATPが試料の筋原繊維にいきわたりやすくして，長さの変化を測定しやすくするため。
3. この実験から，筋収縮についてわかることは何か。
   → （アクチンフィラメントとミオシンフィラメントからなる）**筋繊維の構造自体がATPを加えると収縮する能力をもっていて**，細胞が死んでいても収縮ができる。

重要実験 カイコガの配偶行動

> カイコガの雄は，何に反応して配偶行動をするのか。

方法

1. 無処理のカイコガの雄を，雌から30 cmの距離に置いて，その行動を観察する。
2. 雌をペトリ皿に入れてふたをし，30 cmの距離に雄を置いて，雄の行動を観察する。
3. 複眼を黒色のペンキでぬりつぶした雄を，雌から30 cmの距離に置いて行動を観察する。
4. 両方の触角を切り落とした雄を，雌から30 cmの距離に置いて行動を観察する。
5. ろ紙を雌の尾部の黄色い突起部にこすりつけ，そのろ紙を雄から30 cmの距離に置いて，雄の行動を観察する。
6. バタバタと羽ばたきをしている雄の前方に火のついた線香を近づけ，線香の煙の流れを観察する。
7. 雌と雄の距離を30 cmに保ち，雌の側からうちわであおぎ，双方の行動を観察する。
8. 雌と雄の距離を30 cmに保ち，雄の後方からうちわであおぎ，双方の行動を観察する。

結果

1. 1では，雄は雌に近づいて交尾した。
2. 2では，雄は雌に近づかなかった。
3. 3では，雄は雌に近づいて交尾した。
4. 4では，雄は雌に近づかなかった。
5. 5では，雄はろ紙に近づいた。
6. 6では，煙は，雄のカイコガの前方から，後方に流れた。
7. 7では，雄は雌に近づいた。
8. 8では，雌雄とも反応を示さなかった。

考察

1. 雄は，視覚によって雌に近づいたといえるか。 → 実験3の結果より，いえない。
2. 雄は，何をどのようにして感じて，雌に近づいたと考えられるか。 → 実験4と5の結果より，**雌の尾部の黄色い突起から出る物質を触角で感じて**近づいたと考えられる。
3. 雄が羽ばたきをするのは何のためか。 → 実験6の結果より，触角の前方から後方に流れる空気の流れをつくるためであると考えられる。
4. 実験1〜8から何がわかるか。 → カイコガの**配偶行動**は，雄が雌の尾部から出る**性フェロモン**のにおいを触角で感じて，雌に誘引されて起こる。

1章 動物の反応と行動

テスト直前チェック 定期テストにかならず役立つ！

1. ☐ 外界のさまざまな刺激を受け取る器官を何という？
2. ☐ 光を受容するのは，目の何という組織？
3. ☐ ニューロンの一部で，1本の長く伸びた突起を何という？
4. ☐ 軸索(じくさく)が髄鞘(ずいしょう)で囲まれていない神経繊維を何という？
5. ☐ 静止状態では，ニューロンの内側は正，負のどちらに帯電している？
6. ☐ ニューロンで活動電位が発生しているとき，ニューロン内に流入しているイオンは何？
7. ☐ 興奮が軸索内を両方向に伝わることを何という？
8. ☐ 軸索の末端と次のニューロンが接する部分を何という？
9. ☐ 興奮が 8 を伝わることを何という？
10. ☐ 8 で興奮を伝える働きをする化学物質を何という？
11. ☐ ニューロンに興奮を起こす，最小限の刺激の大きさを何という？
12. ☐ ヒトの目の網膜で，光の波長を識別することのできる細胞を何という？
13. ☐ ヒトの耳で，リンパ液の振動を電気信号に変換する器官を何という？
14. ☐ ヒトで，からだの傾き（重力変化）を受容する器官を何という？
15. ☐ ヒトの感覚・随意運動・言語・記憶・判断などの中枢はどこ？
16. ☐ ヒトの運動調節やからだの平衡を保つ中枢は，脳のどこ？
17. ☐ しつがい腱(けん)反射の中枢はどこ？
18. ☐ 骨格筋を形づくる細胞を何という？
19. ☐ 筋原繊維を構成するフィラメント（繊維状構造）は何と何？
20. ☐ 筋収縮に必要な，筋小胞体から放出されるイオンは何？
21. ☐ 動物に特定の行動を引き起こすような外界の刺激を何という？
22. ☐ 動物が刺激に対して，一定の方向にからだごと移動する行動を何という？
23. ☐ 動物が放出して，同種の個体に 21 の刺激となって情報を伝達する化学物質を何という？

解答

1. 受容器
2. 網膜
3. 軸索
4. 無髄神経繊維
5. 負
6. Na^+
7. 興奮の伝導
8. シナプス
9. 興奮の伝達
10. 神経伝達物質
11. 閾値（限界値）
12. 錐体細胞
13. コルチ器（コルチ器官）
14. 前庭
15. 大脳
16. 小脳
17. 脊髄
18. 筋繊維（筋細胞）
19. アクチンフィラメント，ミオシンフィラメント
20. Ca^{2+}
21. かぎ刺激
22. 走性
23. フェロモン

3編 生物の環境応答

定期テスト予想問題

解答→ p.272~273

1 刺激とその受容

刺激の受容に関する次の文を読んで，各問いに答えよ。

　ヒトは，いろいろな刺激を受容する受容器をもっている。それぞれの受容器は特定の(ア)刺激だけを受容することができる。受容器で受容した刺激は(イ)神経を通して，中枢である大脳に伝えられ，そこで感覚が生じる。

(1) 文中の空欄に適当な語句を記せ。
(2) 次の①～⑤の受容器は，下の語群Ⅰのどの刺激を受容することができるか。また，その刺激によって大脳で生じる感覚を語群Ⅱよりそれぞれ選べ。
　① 網膜　　② コルチ器　　③ 前庭
　④ 半規管　⑤ 味覚芽
　(語群Ⅰ)　a 重力　　b 音　　c 圧力
　　　　　　d 光　　e 加速度(回転)
　　　　　　f 化学物質
　(語群Ⅱ)　あ 視覚　い 聴覚　う 嗅覚
　　　　　　え 味覚　お 平衡覚　か 圧覚

2 目の構造と働き

次の左側の図はヒトの目の構造を，右側の図はfの部分のくわしい構造を示したものである。

(1) 図中のa～fの各部の名称を答えよ。
(2) 光を感じることができないのは，図のア，イのどちらの部分か。また，その部分の名称を答えよ。
(3) 図中のg, hの細胞の名称を答えよ。また，光の波長(色)を受容することができるのはどちらの細胞か。
(4) 右側の図のgの細胞は，左側の図のどの部分に多く分布するか。その名称を答えよ。
(5) 目に入る光量を調節するのは，図中のどの部分か。記号で答えよ。
(6) 暗順応に最も強く関係する細胞は，g, hのどちらの細胞か。また，どのようなしくみで暗順応に関係するか説明せよ。

3 耳の構造と働き

図1はヒトの耳の構造，図2は図1のある部分を拡大したものである。各問いに答えよ。
(図1)　　　　　　　(図2)

(1) 図1のa～gの各部の名称を答えよ。
(2) 図1の①～③の部分は，それぞれ何と呼ばれるか。また，その部分を伝わる刺激(媒質)は，それぞれ次のどれか。
　ア 電気信号　　イ 空気の波
　ウ 液体の波　　エ 機械振動
(3) 図1のd, eの部分は，それぞれどのような刺激を受容するか。次から選べ。
　ア 音波　　イ 加速度
　ウ 振動　　エ 重力
(4) 図2は，図1のどの部分の内部を拡大したものか。a～gの記号で答えよ。
(5) 図2のh, iの各部の名称を答えよ。

1章　動物の反応と行動　163

4 神経の単位

下の図は，ある神経系を構成する単位を示した模式図である。各問いに答えよ。

(1) 神経を構成する単位を何というか。
(2) 上の図は，次のいずれの神経の単位を示したものか。
　ア　無髄神経　　イ　有髄神経
(3) 図中のa～fの各部の名称を答えよ。
(4) 運動神経のgの部分で分泌される伝達物質の名称を答えよ。

5 興奮を伝えるしくみ

刺激によって生じた興奮を伝えるしくみを説明した次の文の（　）に適当な語句を記入せよ。

　興奮していないとき，ふつう軸索の内側は外側にくらべて①（　　）の電位に保たれている。これを②（　　）電位という。軸索の一部に閾値以上の刺激を与えると電位は逆転して，内側が③（　　）の電位となる。これを④（　　）電位という。これは，刺激した部位でナトリウムチャネルが開くため，Na^+が内側に流入し，K^+が外側に流出して起こる。このように④の電位が発生することを⑤（　　）という。この部分から，隣接部に向かって⑥（　　）電流が流れ，新たな⑤を隣接部に起こす。これを次々とくり返すことによって⑦（　　）が起こる。⑤が次のニューロンとの接続部である⑧（　　）まで達すると，軸索の末端から伝達物質が放出されて次のニューロンに新たな⑤を生じる。このことを⑨（　　）という。

6 ヒトの中枢神経系

右の図は，ヒトの中枢神経系を模式的に示したものである。各問いに答えよ。

(1) 図中のa～gの各部の名称を答えよ。
(2) 左右のaの半球を連絡する部分を何というか。
(3) 次の①～⑤の文は，a～gのどの部分の働きを説明したものか。それぞれ記号で答えよ。
　① 体温，血糖値，水分の調節などをする。
　② からだの平衡を保ち，筋肉運動を調節する中枢。
　③ 呼吸・心拍・せき・おう吐などの中枢。
　④ 感覚や随意運動の中枢で，記憶・感情・判断などの中枢でもある。
　⑤ 屈筋反射やしつがい腱反射などの反射の中枢である。

7 脊髄の構造とその働き

下の図は，脊髄および脊髄神経を示したものである。各問いに答えよ。

(1) 図中の①～⑦の各部の名称を答えよ。
(2) 図中のA，Bの名称を答えよ。また，細胞体が集合した部分は，A，Bのどちらか。
(3) 次の(a)～(d)の処理をしたとき，効果器としての骨格筋が反応する場合を○，しない場合を×で示せ。

(a) アの部分を切断して、aを刺激する。
(b) アの部分を切断して、bを刺激する。
(c) アの部分を切断して、cを刺激する。
(d) イの部分を切断して、aを刺激する。

(4) 受容器で受容された刺激が大脳まで伝えられずに、脊髄で判断して効果器に反応を起こさせるような行動を何と呼ぶか。

8 筋収縮

下の図は骨格筋の構造を表したものである。a～fの各部の名称を答えよ。

9 ミツバチのダンス

ミツバチは、太陽の方向を基準にして方位を決める機構にもとづいて、仲間に情報伝達をしている。花の蜜や花粉を巣に持ち帰ってきたミツバチは、巣箱の中に垂直に立てられた巣板の上でダンスを行い、仲間に餌場までの距離や方向を伝える。餌場までの距離が80m以内のときは（a）ダンス、80m以上のときは（b）ダンスを行う。正午、太陽が南中しているとき、あるミツバチが右の図のようなダンスをした。図中の破線は巣箱の鉛直方向を示している。

(1) 文中の下線部のことを何というか。
(2) 文中の空欄に適当な語句を記入せよ。
(3) 図のダンスが示す餌場の方位を答えよ。

10 イトヨの行動

繁殖期に下腹部が赤色になったイトヨの雄は、水草などを使って巣をつくり、巣を中心として縄張りを形成する。縄張りに同種の雄が侵入すると①追い払う動作を示す。縄張りに雌が近づくと②ジグザグダンスをして雌を巣に導き、産卵が終わると直ちに精子をかけて、卵がふ化するまで巣を守る行動をとる。各問いに答えよ。

(1) 上の文章のような動物の種ごとに見られる一連の決まった行動を何というか。
(2) 文中の下線部①を起こすきっかけとなる刺激を何というか。
(3) (2)の刺激となるものは何か。
(4) 文中の下線部①、②の行動をそれぞれ何というか。
(5) 文中の下線部②では、(2)の刺激となるものは何か。
(6) このイトヨの行動は、生得的行動、習得的行動のいずれか。

11 アメフラシの行動

アメフラシのえらは外套膜に囲まれており、水管を通じて水が出入りすることで、えら呼吸をしている。①この水管を刺激すると直ちにえらを引っ込める行動をとる。これをくり返すと、②水管を刺激してもえらを引っ込めなくなる。その状態になったアメフラシの③尾部を押さえながら、①と同じ強さで水管を刺激すると、再びえらを引っ込めるようになった。

また、④②の状態になった別のアメフラシの尾部をピンセットで強くつまんだあと、①よりも弱い刺激を与えると、えらを引っ込めた。各問いに答えよ。

(1) ①のような反応を何というか。
(2) 文中の下線部②〜④をそれぞれ何というか。
(3) 文中の下線部①〜④は、それぞれ生得的行動、習得的行動のいずれか。

2章 植物の環境応答

1 種子と環境応答

種子植物の多くの種子は、環境条件に応じて休眠・発芽をする。種子の環境応答のしくみを調べてみよう。

1 種子は休眠で悪い環境に耐える

種子の休眠 種子植物の受精卵は、細胞分裂をくり返して胚をつくると**休眠**する。種子の休眠には植物ホルモンである**アブシシン酸**が働いている。アブシシン酸は、休眠の維持に関係するDELLAタンパク質の合成を調節して、休眠を維持すると考えられている。

種子の発芽 イネなどの種子では、温度・水分条件などが適当になると、胚で**ジベレリン**が合成されて、これが糊粉層の細胞に働きかけて**アミラーゼ合成遺伝子の発現を誘導し**、**アミラーゼ**（酵素）を合成する。アミラーゼは胚乳のデンプンを分解して糖にする。胚はこの糖を吸収して**浸透圧を高めて吸水を促進**すると同時に、**糖を使って呼吸し、再び細胞分裂を始めて発芽**する。

図1. 種子の発芽とジベレリン

ジベレリンは、糊粉層でのアミラーゼの生成を促す。
糊粉層／アミラーゼ／ジベレリン／糖←デンプン／呼吸材料として吸収利用／胚／胚乳

アミラーゼ合成の誘導 イネの種子の糊粉層にあるDELLAタンパク質は、アミラーゼ合成遺伝子の転写を抑制する。**ジベレリン**は、**DELLAタンパク質を分解して**、アミラーゼ合成遺伝子の転写抑制を解除し、**アミラーゼの合成を促進**することで種子の発芽を促進する。

ポイント〔種子の休眠と発芽（イネの場合）〕
アブシシン酸 ⇒ 休眠
ジベレリン ⇒ アミラーゼの合成促進 ⇒ 発芽

★1. 被子植物では重複受精が行われ、卵細胞は精細胞と受精すると受精卵となって、細胞分裂して子葉・幼芽・胚軸・幼根からなる胚をつくって分裂を停止する。中央細胞は精細胞と受精したあと、分裂をくり返して胚乳となる。含水率が10％を下回ると休眠状態となる種子が多い。

2 種子の発芽条件

光発芽種子 発芽が光によって**促進される**タイプの種子を**光発芽種子**という。

例 レタス・マツヨイグサ・タバコ・シロイヌナズナ
- **暗発芽種子** 光によって発芽が抑制されるタイプの種子を**暗発芽種子**という。

例 カボチャ・キュウリ・ケイトウ

> **ポイント**
> 〔種子の発芽と光〕
> **光発芽種子**…発芽に光を必要とする。
> **暗発芽種子**…光によって発芽が抑制される。

③ 光発芽種子と光

- **光の波長と発芽** 光発芽種子のレタスは，光を照射すると発芽するが，暗黒状態では発芽しない。どのような光が発芽に有効なのだろうか。
　赤色光（波長660 nm）を照射すると発芽する。しかし，その直後に**遠赤色光**（波長730 nm）を照射すると発芽しなくなる。再び赤色光を照射すると発芽する。すなわち，最後に赤色光を照射すると発芽し，最後に遠赤色光を照射すると発芽しない。

図2．レタスの種子の光発芽実験

> **ポイント**
> 光発芽種子に最後に照射した光が，
> **赤色光 ⇒ 発芽促進　遠赤色光 ⇒ 発芽抑制**

④ 光を受容するフィトクロム

- **フィトクロム** 光発芽種子の発芽には**フィトクロム**と呼ばれる色素タンパク質が光受容体となっている。フィトクロムは，**赤色光吸収型（P_R型）**と**遠赤色光吸収型（P_FR型）**の2つの型をとる。P_{FR}型が増加するとジベレリンが合成されて光発芽種子の発芽が促進され，P_R型が増加するとジベレリン合成が抑制され，光発芽種子の発芽は抑制される。

図3．フィトクロムの吸収波長

図4．フィトクロムの変化

> **ポイント**
> 〔光発芽種子の発芽と光の波長〕
> 発芽抑制 ⇐ P_R型 ⇄ P_{FR}型 ⇒ ジベレリン合成 ⇒ 発芽
> （赤色光↓／遠赤色光↑）

2章　植物の環境応答　167

2 植物ホルモンと環境応答(1)

表1. 屈性の種類

種類	刺激	例
光屈性	光	茎(＋), 根(－)
重力屈性	重力	茎(－), 根(＋)
水分屈性	水分	根(＋)
接触屈性	接触	巻きひげ(＋)

表2. 傾性の種類

種類	刺激	例
光傾性	光	ハスの花
温度傾性	温度	チューリップの花

図5. オジギソウの就眠運動

図6. ダーウィンの実験(1880年頃)

■ 植物ホルモンとして**オーキシン**が発見され, オーキシンによる成長調節のしくみが明らかにされた。

1 植物は成長して反応する

■ **植物の反応** 植物は動物のように運動器官をもたないので, 刺激に対して成長運動や膨圧運動で反応している。
①**成長運動** 成長を伴う屈性や傾性など。
- **屈性**…刺激の方向に屈曲する反応。刺激源に近づく場合を正(＋)の屈性, 遠ざかる場合を負(－)の屈性という。
- **傾性**…刺激の方向とは無関係に植物が屈曲する反応。

②**膨圧運動** 膨圧の変化で起こる運動。反応は速い。
例 オジギソウの就眠運動…葉枕の膨圧の低下

ポイント
成長運動…屈性(光屈性, 重力屈性)と傾性(光傾性)
膨圧運動…膨圧の変化で起こる(就眠運動など)。

2 オーキシンの発見と光屈性

■ **光屈性の研究** 光屈性の研究は古くから行われ, その過程でオーキシンという成長促進物質が発見された。

幼葉鞘の先端部で光を感じて, 先端部よりやや下のほうで, 光の当たらない側の成長が促進され, 光の方向へと屈曲する。

図7. ボイセン・イェンセンの実験(1913年)

幼葉鞘の先端部で, 茎の成長を促進する物質が合成され, その物質が光の当たらない側へ移動して, 下部の成長を促進する。

図8. パールの実験（1918年）

先端部を切り取り、ずらしてのせる。

暗黒中

光の有無に関係なく、幼葉鞘の先端部をのせた側が成長し、屈曲する。

先端部とは反対側に屈曲する。

図9. ウェントの実験（1928年）

光　幼葉鞘の先端部　寒天片　雲母片

暗黒中

光が当たらなかった側の寒天片をのせたほうが、大きく屈曲する。

幼葉鞘の先端部には成長を促進する物質が存在し、その物質が光の当たらない側で高濃度になることで、茎の正の光屈性が起こる。

ポイント

〔光屈性のしくみ〕

① 幼葉鞘の先端部でオーキシンは合成され、真下方向に移動して茎の成長を促進する。

② 先端部の一方に光が当たると、**オーキシンは光と反対側に移ってから真下に移動**して、光と反対側の茎の成長を促進する。

図10. オーキシンの移動と極性

オーキシン　移動する

そのままおく。　成長する

切断

逆さにおく。　移動できない　成長しない

■ **オーキシン**　光屈性の研究で発見された成長促進物質は、**オーキシン**と総称される。その化学的な実体は**インドール酢酸（IAA）**である。オーキシンのように植物体内で合成され、植物体内を移動して植物の成長などを調節する物質を**植物ホルモン**という。

- 天然のオーキシン…インドール酢酸（IAA）
- 人工合成のオーキシン…ナフタレン酢酸（NAA），2,4-D（双子葉植物の除草剤）

③ オーキシンのいろいろな働き

■ **極性移動**　オーキシンが茎の内部を移動するときには、**必ず茎の先端側から基部に向かって移動**する。この方向性の定まった移動を**極性移動**という。

■ **極性移動のしくみ**　オーキシンは、細胞膜に存在するPINタンパク質と呼ばれる膜タンパク質を通って移動するものが多い。PINタンパク質は、細胞の基底部に局在するため、**オーキシンは茎の先端から基部への一方向に移動する**と考えられる。ただし、オーキシンのなかには師管を通って移動するものもある。

図11. 極性移動のしくみ

オーキシン　PINタンパク質　頂端　細胞壁　細胞膜　基部

オーキシンは、PINタンパク質を通って移動する

ポイント

〔オーキシンの**極性移動**〕

オーキシンは、先端から基部への一方向に移動。

2章　植物の環境応答

図12. オーキシン濃度と器官の感受性

図13. 細胞の成長とオーキシン

図14. 光屈性のしくみ

図15. 重力屈性のしくみ

■ オーキシンに対する器官の感受性

オーキシンは，根・芽・茎など器官によって，成長を促進する濃度が異なる。オーキシンに対する感受性は，根が最も高く敏感で，茎が最も低く鈍感である。また，一定の濃度以上では成長を抑制する。

> **ポイント** 〔オーキシンの感受性〕
> 高　根＞側芽＞頂芽＞茎　低

■ オーキシンと細胞の成長

植物細胞は固く丈夫な細胞壁で囲まれている。細胞壁には，セルロース繊維が包帯でぐるぐる巻きにするように取り巻いている。オーキシンは，このセルロース繊維をゆるめて細胞壁をやわらかくし，細胞内への吸水を高める働きをする。細胞が伸長するか肥大するかは，ジベレリン（⇒p.171）と共同作用するか，エチレン（⇒p.172）と共同作用するかで決まる。

■ 光屈性のしくみは次のように説明できる。

① 植物体の左側から光を当てると，オーキシンは，先端部で光の反対側の右側に移動する。

② 右側に移動したオーキシンは極性移動で，茎の先端部から下方へと真っ直ぐに移動する。

③ 茎では右側のオーキシン濃度が上がって成長が促進され，根では逆に抑制される。そのため，茎は正の光屈性を，根は負の光屈性を示す。

■ 重力屈性のしくみ

植物体を水平に置くと，茎は負の重力屈性，根は正の重力屈性を示す。

① **茎**　茎の内皮細胞にあるアミロプラストが下方（重力方向）に移動する。そのためオーキシンが下側に輸送され下方のオーキシン濃度が高くなり，茎の下方の成長が促進され，負の重力屈性を示す。

② **根**　根冠の平衡細胞内にはアミロプラストがあり，重力によって下側に移動する。中心柱を通って根冠に達したオーキシンは根の下方に輸送され，下方の伸長帯の成長が抑制される。その結果，根は正の重力屈性を示す。

- **頂芽優勢** 頂芽でつくられたオーキシンは，オーキシン感受性が高い側芽の成長を抑制している。この現象を頂芽優勢という。頂芽を切り取ると，オーキシン濃度が低下するため，側芽は成長を始める。
- **落葉・落果の抑制** オーキシンは，落葉や落果を防止する。
- **発根の促進** オーキシンは発根（不定根ができる）を促進する。
- **果実などの成長促進** イチゴの花托などを成熟させる。

図16．頂芽優勢

> **ポイント**
> オーキシンの働き…伸長成長の促進と抑制，側芽の成長抑制（頂芽優勢），落葉・落果の抑制，発根の促進，子房・果実などの成長促進

★1．オーキシンは，離層（⇒p.172）の形成を抑制する働きがあるため，落葉や落果を抑制する。

★2．イチゴの食用部分は花托が成長したもので，表面にある多数の粒が果実である。

- **ブラシノステロイド** 植物細胞の伸長成長にはブラシノステロイドと呼ばれるホルモンも関係している。ブラシノステロイドが細胞膜にある受容体に結合すると，ある調節タンパク質がつくられ，関連する遺伝子の発現を調節して伸長成長に関係する。

4 締めつけて伸ばすジベレリン

- **ジベレリンの働き**

①**伸長成長の促進** ジベレリンは，細胞壁を取り巻くセルロース繊維のうち，横方向にセルロース繊維が巻きつくのを促進して細胞を横から締めつける。そこにオーキシンが働くと，細胞は吸水して縦方向へ伸長するようになり，茎は伸長成長（徒長成長）する。草丈の低い矮性種の植物にジベレリン処理をすると，草丈が伸びたりつるを伸ばしたりする。

②**子房の発達促進** ジベレリンには，受精しなくても子房を発達させ果実を肥大させる性質がある（単為結実）。この性質を利用して，ブドウの開花前と開花後にジベレリン処理を2回して種なしブドウがつくられる。

③**種子の発芽促進** 種子の発芽を促進する（⇒p.166）

図17．ジベレリンと細胞の伸長

> **ポイント**
> ジベレリンの働き…伸長成長の促進，子房の発達促進（⇒種なしブドウなど），種子の発芽促進

図18．ブドウのジベレリン処理

2章 植物の環境応答

3 植物ホルモンと環境応答(2)

現在では,オーキシンやジベレリンの他にも,いろいろな植物ホルモンが見つかり,その働きも明らかにされている。

1 分化を調節するサイトカイニン

サイトカイニン DNAの加水分解産物から,細胞分裂を促進する物質としてカイネチンが発見された。**サイトカイニン**は,カイネチンと同様の働きをする物質の総称で,植物の成長促進,器官分化の促進に働く。また,タンパク質や核酸の合成を促進して葉の老化防止,側芽の成長促進にも働く。頂芽があると側芽は成長しないが,サイトカイニンを与えると頂芽があっても側芽は成長する。

★1. 側芽の形成は,オーキシンによる成長抑制作用と,サイトカイニンによる成長促進作用のバランスで制御されている。

ポイント サイトカイニンの働き…成長促進,器官分化の促進,葉の老化防止,側芽の成長促進

2 気体のホルモン

エチレン エチレンは植物体内でつくられる気体のホルモンで,次のような働きがある。

①**果実の成熟促進** 未熟なバナナを入れた容器に成熟したリンゴを入れると,バナナは急速に成熟する。これは,リンゴから放出されたエチレンがバナナの成熟を促進するためである。

②**落葉・落果の促進** 老化の始まった植物では,エチレンが合成されて離層(分離する部分の特殊な細胞層)の形成を促進するため,落葉・落果を起こす原因の1つとなる。離層の形成は,オーキシンとエチレンによって調節されている。

③**接触成長阻害** 動物の通る「けもの道」に生える草の丈は短くなる。これは,くり返し接触されることによってエチレンが合成され,伸長成長が抑制されるからである。

④**接触成長阻害のしくみ** エチレンは細胞壁を取り巻くセルロース繊維のうち,縦方向の繊維の成長を促進する。細胞は縦方向に締め付けられ,縦方向の伸長を抑制されて茎の伸長は抑制され,茎の肥大は促進される(⇒図21)。

図19. バナナの成熟とエチレン

図20. 離層の形成

> **ポイント** エチレンの働き…果実の成熟促進，落葉・落果の促進，接触成長阻害

図21．エチレンによる伸長成長の阻害

③ 落果や休眠などに働くホルモン

■ **アブシシン酸** アブシシン酸は，ワタの実の落果現象の研究から発見された植物ホルモンである。

■ **アブシシン酸の働き** 次のような働きがある。

①**落葉・落果の促進** エチレンの合成を誘導することで，落葉・落果を促進する。

②**種子や芽の休眠の維持と発芽の抑制** 種子や芽が生育に不適切な季節に発芽しないように，休眠状態を維持して発芽を抑制する（⇒p.166）。

③**気孔の閉鎖** 乾燥すると葉でアブシシン酸が急速に合成されて，気孔を閉じるように働く。

図22．アブシシン酸の働き

> **ポイント** アブシシン酸の働き…落葉・落果の促進，種子や芽の休眠維持と発芽抑制，気孔を閉じる。

④ 植物の一生とホルモン

■ **植物ホルモンと一生** 植物は，光・温度・水・化学物質・重力など，いろいろな環境変化を感知して，植物ホルモンなどを使って，環境応答している。

図23．植物の一生とホルモン

（伸長成長）
オーキシン（促進）※
ジベレリン（促進）
アブシシン酸（抑制）
エチレン（抑制）
※高濃度では抑制

（肥大成長）
エチレン（促進）
サイトカイニン（促進）
アブシシン酸（抑制）
ジベレリン（抑制）

フロリゲン（促進）

ジベレリン（促進）
オーキシン（促進）

エチレン（促進）

アブシシン酸（促進）
エチレン（促進）
オーキシン（抑制）

オーキシン
サイトカイニン

分化 → 茎の成長 → 開花 → 結実 → 成熟 → 落葉

発芽
ジベレリン（促進）
アブシシン酸（抑制）

種子
休眠
アブシシン酸（促進）

2章 植物の環境応答　173

4 花芽形成と環境応答

被子植物の花芽形成は，光周性で決められるものが多い。光周性と花芽形成のしくみについて学ぼう。

1. 限界暗期

限界暗期とは，
①長日植物では，花芽形成が始まる最長の暗期の長さ。
②短日植物では，花芽形成が始まる最短の暗期の長さ。

光中断した場合，連続した暗期が限界暗期以上かどうかに注意！

1 花芽形成と光の関係

■ **光周性** 植物の花芽形成など，生物の生命現象が日長や暗期（夜）の長さで決まる性質を**光周性**という。

■ **光周性と植物** 植物の花芽形成は日長によって決まることが多い。一定以上の日長で花芽を形成する植物を**長日植物**，一定以下の日長で花芽を形成する植物を**短日植物**，花芽形成が日長に関係ない植物を**中性植物**という。

2 暗期で決まる花芽形成

■ **日長を変える処理** 花芽形成が実際には何によって決まるのかは，次の処理をすることで調べられる。

① **長日処理** 人工的に照明をすることによって日長を長くし，暗期を短くする処理。
② **短日処理** 人工的に光を遮ることによって日長を短くし，暗期を長くする処理。
③ **光中断** 暗期の途中で短時間，光を照射して，暗期を中断する処理。**赤色光**が特に有効。

図24. 花芽形成と暗期の関係

■ **限界暗期** 図24のようになることから，花芽形成は**連続した暗期の長さ（限界暗期）で決まる**ことがわかる。

表3. 光周性と植物のタイプ

	特徴	植物例	開花時期	分布
長日植物	暗期が**限界暗期よりも短くなる**と，花芽の形成が始まる。➡日長が一定以上になると，花芽を形成。	ホウレンソウ・コムギ・アブラナ・キャベツ	春	高緯度地方に多い
短日植物	暗期が**限界暗期よりも長くなる**と，花芽の形成が始まる。➡日長が一定以下になると，花芽を形成。	アサガオ・コスモス・キク・イネ・ダイズ・オナモミ・タバコ	夏から秋	低緯度地方に多い
中性植物	日長とは関係なく，花芽を形成する。	トマト・トウモロコシ・セイヨウタンポポ		四季咲き

> **ポイント**
> 〔花芽形成と暗期〕
> **限界暗期**…花芽形成が起こる長日植物では**最長**の暗期。短日植物では**最短**の暗期の長さ。
> 長日植物…暗期の長さが一定以下で花芽形成。
> 短日植物…暗期の長さが一定以上で花芽形成。
> 中性植物…暗期の長さは関係なし。

③ 花芽形成のしくみ

■ **暗期の長さの受容** 図25の④の実験からわかるように，葉が数枚残っているだけでも，暗期の長さを受容し，花芽を形成する。このことから，植物は，暗期の長さを葉で受け取っていることがわかる。光の受容体は，葉にある**フィトクロム**（⇒p.167）である。

■ **フロリゲン** 連続暗期の長さを受容した葉では，**フロリゲン(花成ホルモン)**が合成されて，これが**師管を通って移動**して，芽を花芽形成に誘導する。

✿ 2. 環状除皮
環状除皮とは，茎の形成層の外側を取り除くこと。環状除皮をすると，**師部が除かれているので，師管を通る物質の移動は止まる**。

図25. オナモミ（短日植物）のフロリゲンの合成と移動

■ **花芽形成のしくみ** 頂芽や側芽は，花と葉のどちらにも分化でき，次のようなしくみで花に分化すると考えられている。
① 限界暗期を葉の感光物質（フィトクロム）が受け取る。
② 限界暗期の情報をもとに，DNAが働き，**フロリゲンがつくられる**。
③ フロリゲンが師管を通って芽まで移動し，芽を花芽に分化させる。

図26. 花芽形成のしくみ

2章 植物の環境応答 175

● **フロリゲンの実体** 最近の研究から、葉で合成される**フロリゲンの作用をもつ物質**として、シロイヌナズナからはFT、イネからはHd3aというタンパク質が見つかっている。これらのタンパク質は**師管を通って移動して茎頂分裂組織を花芽に分化させる**ことがわかってきた。

> **ポイント**
> 〔短日植物の花芽形成のしくみ〕
> 限界暗期以上の連続暗期 ⇒ 葉の**フィトクロム**で受容 ⇒ 葉のDNAが働く ⇒ **フロリゲン**合成 ⇒ 師管を通って上下に移動 ⇒ 花芽を分化

図27. 春化処理と開花までの日数（秋まきコムギ）

低温下におく期間を変えることで、開花までの日数が調節される。

4 低温が花芽をつくる

● **春化** 一定期間以上の低温の経験が、花芽形成などの生理現象を促進することを**春化**という。

● **春化処理** 吸水した種子や発芽した苗を人工的に低温下にさらして花芽形成を促進する処理を**春化処理**という。

> **ポイント**
> **春化処理**…花芽形成に低温の経験を必要とする植物を**低温処理**して、花芽形成を調節すること。

図28. 秋まきコムギの春化処理

秋に種子をまいた場合：発芽 →（低温期）→ 成長 → 花芽形成 → 結実　春化

春に種子をまいた場合：発芽 → 成長 → 成長 → 花芽形成が起こらない

春に種子をまき、春化処理した場合：春化処理（数週間低温にさらす）→ 発芽 → 成長 → 花芽形成 → 結実　春化

● **春化に関係する遺伝子** 秋まきコムギでは、春化に関係するVRN3遺伝子がVRN2遺伝子により抑制されている。VRN2遺伝子は冬の低温により働かなくなるため、春になるとフロリゲンが合成され、花芽形成が起こる。

> **ポイント**
> 〔春化〕
> 冬の低温（**春化処理**）⇒ 春にフロリゲン合成を促進 ⇒ 春に花芽形成

5 環境ストレスに対する応答

■ 植物は動物と違って動けないが、乾燥や食害などの環境からのストレスに対して、どう対処するのだろうか。

1 乾燥すると気孔は閉じる

■ **気孔の開閉** 気孔を囲む**孔辺細胞**は**葉緑体**を含み、昼間、光が当たると光合成産物ができることで浸透圧が上昇し、まわりの表皮細胞から吸水して**膨圧**を生じる。孔辺細胞の細胞壁は内側（気孔側）が厚く、外側が薄いため、**膨圧が上昇すると、外側が湾曲して気孔が開く**。夜間、光合成が止まると孔辺細胞の膨圧が低下して、気孔は閉じる。

■ **乾燥ストレスと気孔の開閉** ふつう、気孔は光が当たる日中や二酸化炭素が不足すると開くが、植物体が乾燥によるストレスを感じると、葉で**アブシシン酸**が急速に合成されて気孔は閉じる。

■ **乾燥と閉孔のしくみ** アブシシン酸が**孔辺細胞のカリウムチャネルを開き**、孔辺細胞外へK^+を放出して孔辺細胞の浸透圧を低下させるため、**孔辺細胞外へ水が流出して膨圧が低下し、気孔が閉じる**のである。

> **ポイント**
> 気孔…葉緑体を含む孔辺細胞の変形で開閉。
> 　開く：光が当たる昼間、CO_2不足時。
> 　閉じる：夜間、乾燥時。

2 昆虫の食害に対する防衛戦略

■ **食害に対する防御** 昆虫などの食害を受けたトマトの葉では、**システミン**という植物ホルモンをつくって師管を通じて全身に運び、**ジャスモン酸**の合成を促進する。

■ **ジャスモン酸** ジャスモン酸は、**タンパク質分解酵素の阻害物質の合成を促進する**。そのため、この葉を食べた昆虫はタンパク質を消化しにくくなるので、食べるのを避けるようになる。また、ジャスモン酸は、同種の**他の植物にも同じ防御機構を働かせる**ように指示するとともに、**天敵となる昆虫を集める**働きもある。

図29. 光合成と気孔の開閉

◎1. フォトトロピン
気孔の開孔には**青色光受容体**である**フォトトロピン**が関係している。孔辺細胞が青色光を受容すると膨圧を上昇させて気孔を開ける。

図30. 乾燥ストレスと気孔の開閉

2章 植物の環境応答

図31. 植物と環境応答

動物の食害に対する防御応答
動物の食害
↓
システミンの合成
↓
ジャスモン酸の合成
↓
食害の防止

病原菌に対する環境応答
病原菌の侵入
↓
ファイトアレキシンの合成
↓
病原菌の侵入防止

ポイント〔食害に対する防衛〕
食害⇨葉で**システミン**合成⇨**ジャスモン酸**合成⇨食害の防止

3 病原体には抗菌物質で対応

■ **病原体からの防衛** 植物体に病原菌が侵入すると，抗菌物質の**ファイトアレキシン**を合成・分泌し，からだを守る。
　また，感染した部分の近くの細胞は**自発的に細胞死して病原体を閉じ込め**，全身に感染が広がるのを防ぐ。これを過敏感反応という。さらに，植物体は，**リグニンを合成して感染部位周辺に蓄積して細胞壁を強化**する。

ポイント〔病原体に対する防衛〕
病原菌の侵入⇨**ファイトアレキシン**の合成・分泌⇨病原菌の侵入防止・排除（**抗菌作用**，細胞死による病原体の閉じ込め，**細胞壁の強化**）

■ **塩分によるストレス** 根の周辺の塩分濃度が上昇すると，**根の浸透圧を上昇させて吸水力を高める**。
■ **低温によるストレス** シロイヌナズナでは，数日間0～5℃の低温にさらされると，**耐凍性を増す**ようになる。

4 植物のいろいろな環境応答

①光に対する応答と形態形成
　青色光⇨**フォトトロピン**が受容⇨**光の反対側にオーキシンが移動**し，濃度上昇⇨茎は**正の光屈性**を示す。
　赤色光⇨葉の**フィトクロム**が受容
　　⇨**フロリゲンの合成**⇨**花芽形成**
②重力に対する応答（茎を横たえる）
　重力刺激⇨根の平衡細胞内のアミロプラストが重力により下方に移動⇨**オーキシン**を下側に輸送
　⇨**根の下側に成長抑制**⇨**正の重力屈性**
③乾燥に対する応答
　乾燥⇨葉で**アブシシン酸**の合成⇨**孔辺細胞の浸透圧低下**⇨膨圧減少⇨**気孔を閉じる**。

2. 光受容体
植物は，光合成に光を利用する以外に，特定の波長の光を利用して環境応答するための**光受容体**をもっている。光受容体には赤色光と遠赤色光を受容する**フィトクロム**，おもに青色光を受容する**クリプトクロム**や**フォトトロピン**が知られている。

● **赤色光・遠赤色光受容体** フィトクロムは，赤色光と遠赤色光を受容する色素タンパク質で，光発芽種子の発芽に働いている（⇨p.167）。
● **青色光受容体** フォトトロピンは光屈性や気孔を開くときなどに働いている。

3. 光刺激によって，植物などの生命現象が調節されることを**光形態形成**という。

重要実験 オーキシンとエチレンの働き

この2つのホルモンの働きは重要！

方法

〔実験Ⅰ〕 オーキシンの働きを調べる

1. カイワレダイコンの種子をバーミキュライトにまいて，暗所で発芽・成長させ，同じ長さの苗を選び，右図に示した部分の茎の切片（長さ10 mm）を18本用意する。
2. インドール酢酸の10^{-2}％，10^{-3}％，10^{-4}％，10^{-5}％，10^{-6}％の水溶液をつくる。
3. 各濃度の溶液を入れたペトリ皿中に茎の切片を3本ずつ入れて沈め，24時間放置し，それぞれの切片の長さをはかり，グラフに表す。

〔実験Ⅱ〕 エチレンの働きを調べる

1. 密閉容器内に青いリンゴを2個入れ，赤く熟すまでの時間をはかる。
2. 密閉容器内に青いリンゴを2個入れ，エチレンガスを吹き込んで，赤く熟すまでの時間をはかる。
3. 密閉容器内に赤いリンゴと青いリンゴを1個ずつ入れ，青いリンゴが赤く熟すまでの時間をはかる。
4. 赤いリンゴと青いリンゴを1個ずつ入れた密閉容器内に，発芽したダイズモヤシを入れ，モヤシの伸長のようすを観察する。

〔実験Ⅰ〕
1. 5mm / 15mm / この部分の切片を18本つくる。/ バーミキュライト
2. A 水[対照実験]　B 10^{-2}％　C 10^{-3}％　D 10^{-4}％　E 10^{-5}％　F 10^{-6}％　インドール酢酸水溶液

〔実験Ⅱ〕
1. 青いリンゴ／青　2. エチレンガス／青　3. 赤く熟したリンゴ／青
4. 青／モヤシ　赤／モヤシ

結果

〔実験Ⅰ〕 グラフの概略を示すと，右のようになる。

〔実験Ⅱ〕
1. 2は1よりも早く，リンゴが赤くなった。
2. 3は1よりも早く，リンゴが赤くなった。
3. 4で青いリンゴを入れたモヤシは**まっすぐ伸びた**が，赤いリンゴを入れたモヤシは**曲がって伸びた**。

（グラフ：縦軸 伸長量，横軸 インドール酢酸の濃度〔％〕 10^{-6}～10^{-2}）

考察

1. 実験Ⅰから，インドール酢酸の濃度と茎の成長についてどのようなことがわかるか。
→ インドール酢酸の濃度によって，茎の伸び方が違うことがわかる。

2. 実験Ⅱの1〜3から，どのようなことがわかるか。
→ 熟した赤いリンゴからはエチレンが出て，これが青いリンゴの**熟化を促進**している。

3. 実験Ⅱの4から，どのようなことがわかるか。
→ 熟したリンゴから出るエチレンは，**モヤシの成長を抑制して**，曲がったモヤシにする。

2章　植物の環境応答　179

テスト直前チェック　定期テストにかならず役立つ！

1. ☐ 種子の休眠を維持するために働く植物ホルモンは何？
2. ☐ 発芽条件に光を必要とする種子を何という？
3. ☐ 光によって発芽が抑制される種子を何という？
4. ☐ 2は，何色の光によって発芽が促進される？
5. ☐ 光発芽種子で，4の光を受容する光受容タンパク質は何？
6. ☐ 刺激を受けた植物が，刺激の方向に対して屈曲する反応を何という？
7. ☐ 刺激を受けた植物が，刺激の方向とは無関係に一定の方向に屈曲する反応を何という？
8. ☐ オジギソウの就眠運動は成長運動か，膨圧運動か？
9. ☐ 幼葉鞘の屈曲などに関係する植物ホルモンの総称を何という？
10. ☐ 天然の9は何という物質？
11. ☐ オーキシンが茎の中を移動するとき，必ず先端部から基部へと移動することを何という？
12. ☐ オーキシンに対する感受性が最も高いものは，根・茎・芽のどれ？
13. ☐ 頂芽が側芽の成長を抑制する現象を何という？
14. ☐ 種なしブドウをつくるときに使われ，ブドウを単為結実させる植物ホルモンは何？
15. ☐ 側芽の成長を促進する植物ホルモンは何？
16. ☐ 果実の成熟を促進したり，接触成長を阻害したりする植物ホルモンは何？
17. ☐ エチレンの合成を誘導することで，落葉・落果を促進する植物ホルモンは何？
18. ☐ 花芽形成などの生理現象が，日長や夜の長さなどによって起こる性質を何という？
19. ☐ 連続した暗期の長さが一定以上になると，花芽を形成する植物を何という？
20. ☐ 花芽の形成を促進する植物ホルモンの総称を何という？
21. ☐ 一定期間以上の低温の経験が，花芽形成などの生理現象を促進することを何という？
22. ☐ 乾燥したとき，葉で急速に合成されて気孔を閉じさせるホルモンは何？
23. ☐ 昆虫の食害を受けたトマトなどが，食害防止のために合成する物質は何？

解答

1. アブシシン酸
2. 光発芽種子
3. 暗発芽種子
4. 赤色光
5. フィトクロム（P_R型フィトクロム）
6. 屈性
7. 傾性
8. 膨圧運動
9. オーキシン
10. インドール酢酸(IAA)
11. 極性移動
12. 根
13. 頂芽優勢
14. ジベレリン
15. サイトカイニン（カイネチン）
16. エチレン
17. アブシシン酸
18. 光周性
19. 短日植物
20. フロリゲン（花成ホルモン）
21. 春化
22. アブシシン酸
23. ジャスモン酸

定期テスト予想問題　解答→ p.274~275

1 種子の発芽の調節

種子の発芽のしくみを調べるために、次の実験を行った。各問いに答えよ。

レタスの種子を、温度・水分・酸素などの条件を最適にして、光条件だけを変えた。①～⑤の○は種子を暗条件に置いたことを、Rは種子に赤色光(波長660 nm)を照射、FRは遠赤色光(波長730 nm)を照射したことを示している。

① ○ ……………………… 発芽しない
② ○→R ………………… 発芽する
③ ○→R→FR …………… 発芽しない
④ ○→R→FR→R ………… 発芽する
⑤ ○→R→FR→R→FR …… 発芽しない

(1) 上の実験から、レタスの発芽条件についてどのようなことがいえるか説明せよ。
(2) 次の植物のなかから、発芽条件に関してレタスと同じタイプの種子を選べ。
　ア カボチャ　　　イ タバコ
　ウ マツヨイグサ　エ ケイトウ
(3) 発芽に必要な波長を受容する色素タンパク質の名称と、その型を答えよ。

2 種子の発芽と植物ホルモン

オオムギの胚乳の成分はデンプンである。このオオムギの発芽のしくみを調べるため、図のような実験を行った。

(1) ヨウ素デンプン反応は、何を検出する反応か。また、その反応が起こったとき、何色を呈するか。
(2) 実験②と③の一部にヨウ素デンプン反応が見られない部分ができたのはなぜか。
(3) この実験から、糊粉層の役割はどのようなものと考えられるか。
(4) この実験から、ジベレリンの働きは何と考えられるか。
(5) この実験から、ジベレリンは種子のどの部分でつくられていると予想されるか。
(6) ジベレリンとは逆に、種子の発芽を抑制し、休眠状態を維持するホルモンは何か。

3 植物の屈曲

マカラスムギの幼葉鞘を使って光と幼葉鞘の屈曲の関係を調べる次の①～⑧の実験を行った。

(1) ①～⑧の結果はどのようになると予想されるか。最も適当なものを次からそれぞれ選べ。
　ア 右に曲がる　　イ 左に曲がる
　ウ まっすぐに伸びる
　エ 屈曲もしないし、伸びもしない
(2) このように、幼葉鞘が光に対して反応して屈曲する性質を何というか。
(3) 実験③の結果から、幼葉鞘の屈曲に関する物質はどのような性質の物質といえるか。

2章　植物の環境応答　181

(4) 実験⑧の結果から，幼葉鞘の屈曲に関する物質はどのような性質の物質といえるか。
(5) 実験⑦の寒天に含まれる物質は何か。その名称を答えよ。
(6) 実験①～⑧から，光に対する幼葉鞘の屈曲に関してどのようなことがいえるか。

4 植物の運動

次の(1)～(5)の文は，植物のいろいろな運動についての記述である。それぞれの運動は，(a)屈性，(b)傾性，(c)膨圧運動のいずれか。また，その刺激は，ア光，イ温度，ウ重力，エ接触のいずれによるものか。該当するものがないものは－と記せ。
(1) 窓際に置いた芽ばえは，窓の外側に向かって伸びた。
(2) 気孔の開閉運動。
(3) チューリップの花の開閉運動。
(4) たおされたコスモスは，翌日には，茎の先端を起こして上方向に伸びた。
(5) ブドウのつるが支柱に巻きついた。

5 オーキシンの働き

次の図は，オーキシン濃度と成長の調節について調べた結果である。各問いに答えよ。

(1) 次の文の( )に適当な語句を記入して，植物の屈性に関する文を完成せよ。
　図より，オーキシンが根の成長を促進するのは①(　)から②(　)の範囲の濃度であり，②をこえると逆に成長は抑制される。ま

た，オーキシンが茎の成長を促進する濃度はおよそ③(　)から④(　)の範囲で，④以上の濃度では，茎でも成長は抑制される。いま，植物体を水平にした場合，1日程度たつと，茎は上を向き，根は下を向く。これは，横たおしにしたことによって，オーキシンが重力により下側に移動し，茎の下側のオーキシン濃度は茎の成長を⑤(　)し，根の下側のオーキシン濃度は根の成長を⑥(　)する濃度となったためである。このため，茎は⑦(　)の重力屈性を示し，根は⑧(　)の重力屈性を示す。
(2) オーキシンに対する感受性が最も高いのは，根，芽，茎のいずれか。
(3) 天然のオーキシンは何と呼ばれる物質か。
(4) 頂芽優勢も，オーキシンに対する感受性が器官によって異なることを利用している。頂芽優勢のしくみを説明せよ。
(5) 次の①～⑤の作用のうち，オーキシンの働きでないものを，次のア～オから2つ選べ。
　ア　伸長成長の促進と抑制
　イ　種子の休眠の誘導
　ウ　果実の肥大成長促進
　エ　気孔の閉鎖
　オ　落葉・落果の抑制

6 いろいろな植物ホルモン

次の(1)～(5)の文は，いろいろな植物ホルモンの働きについて説明したものである。該当するホルモンの名称をそれぞれ答えよ。
(1) ワタの果実の落果を促進する物質として発見された植物ホルモンで，離層の形成を促進して落葉・落果を促す。また，種子が不適当な季節に発芽しないように休眠を維持する。
(2) イネのばか苗病菌(カビの一種)から発見された植物ホルモンで，細胞分裂を促進して伸長成長を促し，種子の発芽を促進する。また，子房の発達を促進する。

182　3編　生物の環境応答

(3) 気体として知られる植物ホルモンで，果実の成熟を促進するとともに，接触刺激による成長の抑制を行う。
(4) DNAの加水分解産物中に見つけ出された植物ホルモンで，細胞分裂を促進して細胞を分化させたり，細胞の老化を防ぐ。
(5) 屈性を引き起こす植物ホルモンで，離層の形成を抑制し，不定根の再生に関与する。

7 光周性の実験

次の図は，植物の花芽形成のしくみを調べるため，明期と暗期の長さを変化させて花芽形成の有無を調べたものである。各問いに答えよ。

(1) 花芽の分化に日長が関係する性質を何というか。
(2) 図中の**ア**の時間を何というか。
(3) 図中の**イ**で閃光によって暗期を中断する操作を何というか。
(4) 植物を①，②のような条件に置く処理をそれぞれ何というか。
(5) 一般に，花芽の形成に働く植物ホルモンを何というか。
(6) 花芽の分化には，暗期の長さと明期の長さのどちらが重要な条件か。

8 光周性のしくみ

植物の光周性を受容する器官について調べるため，短日植物を使って，図のような実験を行った（**a**は長日処理をし，**b**～**e**は植物体全体を短日処理，**f**～**h**は成長した葉1枚だけを短日処理した）。図中の○は花芽形成することを，×は花芽形成しないことを示す。あとの各問いに答えよ。

(1) 上の実験から，日長を感じている器官はどこといえるか。
(2) 上図の**h**のような操作を何というか。また，その操作は何のために行うか。
(3) この実験から，花芽形成に関するホルモンはどこを通って移動することがわかるか。
(4) 葉で限界暗期以上の連続暗期を受容する色素タンパク質を何というか。
(5) 花芽形成に関係するホルモンを何というか。また，その実体はシロイヌナズナでは何という物質か。
(6) このホルモンの移動には極性があるか。
(7) この植物と同じタイプの光周性をもつ植物を，次の**ア**～**オ**から選べ。
　ア アサガオ　　**イ** ホウレンソウ
　ウ トマト　　**エ** アブラナ　　**オ** キク

2章 植物の環境応答　183

ホッとタイム

植物ホルモンクイズ

> 植物にも動物に劣らないぐらいの色々な種類の植物ホルモンが見つかり，その働きが明らかになってきている。代表的な植物ホルモンの働きとそのホルモンの名称を示した枠を線で結んでみよう。 答はp.280

1
茎の伸長成長抑制
落葉・落果の促進
果実の成熟促進

2
細胞分裂と細胞の分化促進
側芽の成長促進
老化の抑制

3
種子の休眠維持
成長抑制
乾燥時に気孔を閉じる

エチレン
ジベレリン
サイトカイニン
フロリゲン
アブシシン酸
オーキシン

4
種子の発芽促進
子房の肥大促進
茎と根の伸長促進

5
細胞分裂の促進
細胞への吸水の促進
細胞の成長による屈性・傾性
発根の促進
頂芽優勢

6
花芽を形成する

184　3編　生物の環境応答

4編

生態と環境

1章 個体群と生物群集

1 個体群と環境

☆1. 作用に対する生物の適応
環境からの作用を受けた生物がその環境に適した形質をもつようになることを**適応**という。次の例は寒い地方の動物ほど体重あたりの体表面積が減り体温の放散を抑えられるというものである。

① **ベルクマンの規則**
近縁の動物どうしの間では，高緯度地方にすむものは低緯度地方にすむものよりも大形になる傾向がある。

ホッキョクグマ
180〜280cm
100〜500kg

マレーグマ
100〜150cm
25〜65kg

② **アレンの規則**
近縁の動物どうしの間では，高緯度地方にすむものほど突出部が小さい傾向がある。
例　キツネの仲間の耳

☆2. 反作用ともいう。

図2. タブノキ林の気温の変化
森林の内部は外部にくらべて気温変動が小さい。これは環境形成作用の例である。

同種の生物の集団である**個体群**，その個体群どうしの相互作用や非生物的環境との関わりあいについて学ぼう。

1 生物と環境

■ **個体群**　ある地域に生息する同種の生物の集団を**個体群**といい，同じ地域で互いに関係をもちながら生息する個体群の集まりを**生物群集**（または単に**群集**）という。

■ **環境要因**　生物を取り巻く環境を構成する要因を**環境要因**といい，次のものから構成される。

非生物的環境……無機的環境。温度・光・大気・水・土壌
生物的環境………生物に影響を与える同種・異種の生物

> **ポイント**
> **個体群**＝ある地域にすむ同種の生物の集団
> **生物群集**＝互いに関係をもった個体群の集まり

■ **作用・環境形成作用・相互作用**　非生物的環境が生物群集に働きかけ，影響を及ぼすことを**作用**という。逆に生物の活動も環境に影響を与えるが，これを**環境形成作用**という（⇒図2）。また，個体群内の生物個体間や個体群間で影響を与えあうことを**相互作用**という。

図1. 生物の集団と環境の働きあい

■ **鳥類の渡り** 鳥類の一部は，季節ごとに生活に適する環境を求めて移動することがある。これを**渡り**（⇒p.154）といい，渡りをする鳥を渡り鳥という。

■ **魚類の回遊** 魚などの水生生物が，適当な環境を求めて移動することを**回遊**という。

■ **植物の適応——生活形** 植物は光や温度，水分などの非生物的環境の影響を受けやすく，環境に適した生活様式をとり，それに合った形態をもつ。その形のタイプを生活形(生育形)といい，いろいろな分類のしかたがある。

例 高木・低木・地表植物・つる植物・一年生草本

2 個体群の分布と個体群密度

■ **個体群の分布** 個体群の分布のしかたにはランダム分布，一様分布，集中分布の3タイプがある。

■ **個体群密度** 単位面積当たりの個体数を**個体群密度**という。個体群を構成するすべての個体を数えることは困難なので，おもに次のような間接的な方法が使われる。

区画法…植物や固着生物を調べる場合，調査範囲を一定の広さに区切って一部の区画の個体数を調べた平均値から全個体数を推定する。

標識再捕法…魚類など自由に移動する生物の場合は，捕獲した個体に標識をつけて放し，一定時間後に再び捕獲を行って標識個体の割合から全個体数を推定する。

ポイント

〔区画法〕

$$個体数 = \frac{調査区画内の合計個体数}{調査区画数} \times 全区画数$$

〔標識再捕法〕

$$個体数 = \frac{2回目の捕獲個体数}{再捕獲された標識個体数} \times 最初の捕獲（標識）個体数$$

図3．標識再捕法

1回目 100匹捕獲 標識をする 放す
2回目 120匹捕獲 標識 15 無標識 105

$$\frac{100}{全個体数} = \frac{15}{120}$$

3．鳥の渡り

渡り鳥は，夏に高緯度地方で繁殖し，冬に温かい地方で越冬する。これは遺伝的に決まった行動で，太陽・星の位置・地球の地磁気などを感知して行き先の方向を決めている（⇒p.155）。

日本に来る渡り鳥は，夏に来て繁殖する鳥を**夏鳥**，冬に来て越冬していく鳥を**冬鳥**，春と秋に通過していく鳥を**旅鳥**と呼ぶ。

4．回遊魚

回遊魚には，マグロやサンマなどのように食物や適した水温を求めて移動するものと，サケ（川の上流で産卵）のように繁殖と成長の場を往復するものがある。

5．いろいろな個体群の分布

ランダム分布　一様分布

集中分布

6．調査する区画の決め方には次のような2種類がある。

規則的配置…測定区画を等間隔にとる。

機械的配置…測定区画をランダムにとる。

1章　個体群と生物群集　187

2 個体群の成長と密度効果

■ 個体群を構成する個体数が増加すると，個体群にどのような変化が見られるのか。なぜ環境収容力以上に個体数はふえないのだろうか。生存曲線や齢構成も調べよう。

1 個体群の成長と密度効果

■ **個体群の成長** 生物の生活に必要な条件が満たされていると，繁殖して個体数が増え，個体群密度が高くなる。これを**個体群の成長**という。

図4. 個体群の成長曲線

■ **個体群の成長曲線** 個体群の成長の過程を表したグラフを**個体群の成長曲線**という。個体数はある程度以上は増えず一定となり，個体群の成長曲線はゆるいS字形曲線となる。これは食物や生活空間の不足，排出物の増加といった環境の悪化（**環境抵抗**）によって発育や生殖活動が抑制されるためである。

このように個体群密度の変化が個体群の成長や各個体の発育・形態に影響を及ぼすことを**密度効果**，個体群密度の上限を**環境収容力**（飽和密度）という。

> ポイント
> **個体群の成長曲線**…S字形曲線
> ⇑
> **環境抵抗**による上限（**環境収容力**）

■ **最終収量一定の法則** 図5のように，植物をいろいろな密度で栽培すると，**個体群密度は異なっても，単位面積あたりの収量はほぼ一定の値を示す**。

図5. 最終収量一定の法則

個体群密度（個体数/m²）
- 12
- 60
- 120

> ポイント
> **最終収量一定の法則**…密度は異なっても単位面積あたりの植物体の収量は一定

4編 生態と環境

■ **相変異** ワタリバッタは，ふつうは体色が緑色で単独生活をしている。このような個体(**孤独相**)に対して，高密度で育った個体は体色が褐色で集合性があり，長距離を移動する能力にすぐれた**群生相**の成虫となる。このように，密度効果により，同種の形態や行動様式に著しい違いが生じる現象を**相変異**という。

図6. ワタリバッタの相変異
孤独相　長い後肢　ふくらむ
群生相　平ら　長いはね

表1. 孤独相と群生相

個体の特徴		孤独相	群生相
行動	集合性	なし	あり
	飛翔能力	低い	高い
	行進行動	起こしにくい	起こしやすい✲1
成虫の形態	体色	緑色・褐色	黒色・褐色
	後肢	長い	短い
	前ばね	短く小さい	長く大きい
	前胸部	膨らんでいる	平らである
卵	卵の大きさ	小さい	大きい✲1
	卵の数	多い	少ない

✲1. 群生相の個体は集まって一緒に移動する習性があるため高密度が維持され，大きい卵から生まれた次の世代はさらに集合性と移動能力が高い集団となる。

ポイント
〔相変異〕 **孤独相** ⟷ **群生相**
(低密度) **密度効果** (高密度)

2 生命表と生存曲線

■ **生命表** 生まれた卵(子)や種子から寿命に至るまでの成長の各時期における生存数を示した表を**生命表**という。

■ **生存曲線** 生命表をグラフ化したものを**生存曲線**という。生存曲線は次の3つに大別される。

早死型…親の保護が少ないため，幼齢期の死亡率が高い。　例 水生無脊椎動物，魚類
平均型…各時期の死亡率がほぼ一定。
　例 鳥類(シジュウカラ)，ハ虫類
晩死型…親の保護が厚い動物に見られ，幼齢期の死亡率が低く，老齢期に死亡が集中する。
　例 大形の哺乳類，ヒト，ミツバチ✲2

縦軸が対数目盛りのとき死亡率一定のグラフは直線になる。

図7. 生存曲線の3タイプ

ポイント
〔3つのタイプの生存曲線〕
早死型(L字形)　魚類など　　少ない
平均型(直線)　 鳥類など　　↕ 親の保護
晩死型　大形哺乳類など　　厚い

✲2. ミツバチは，幼虫の期間巣の中で働きバチに世話されて手厚く育てられるため晩死型となる。

1章　個体群と生物群集

3 個体群の齢構成

■ **個体群の齢構成** 個体群を構成する各個体を年齢によって分け，その齢階級ごとの個体数を示したものを**齢構成**という。

■ **年齢ピラミッド** 齢構成のデータをグラフ化したものを年齢ピラミッドという。これは**幼若型・安定型・老齢型の3つのタイプ**に分けられる。

年齢ピラミッドのタイプによって将来の個体群の個体数の変動が予測できる。

図8．年齢ピラミッド

- **幼若型** やがて生殖期間に入る幼若期（若齢期）の個体が多い。そのため，個体群の個体数は将来ふえることが予想され，発展型とも呼ばれる。
- **安定型** 生殖期の世代の個体数があまり増減せず安定している。そのため，個体群の個体数は大きな変動をしない。
- **老齢型** やがて生殖期間に入る幼若期（若齢期）の個体が少ない。そのため，個体群の個体数は将来減ることが予想され，衰退型とも呼ばれる。

4 個体群の変動

■ **メタ個体群** 図9のように複数の同種の個体群（局所集団）がある程度独立を守りながら，モザイク状（パッチ状）に分布し，お互いの間で移入や移出が見られるような複数の個体群全体を**メタ個体群**という。

このようなメタ個体群では，**各個体群は大きく変動しても，メタ個体群全体では比較的変動が少なく安定**している。メタ個体群を構成する個体群は，次の①，②の2つのタイプの個体群が入り混じっており，メタ個体群が存続するためには，①＞②である必要がある。

図9．メタ個体群のモデル

① 個体の減少する率より出生する率が上回る個体群
② 個体の減少する率が出生する率を上回る個体群

図10. 個体群とメタ個体群の変動

> **ポイント** メタ個体群…各個体群の集まった大きな個体群。個体数の変動は小さい。

5 個体群の季節変動

■ **ある湖の個体群の季節的変動**　ある湖の個体群の季節的な変動と環境条件の変化を調べると次のようになる。

①**春**　水温が上昇し，光量が増加して植物プランクトンが増殖する。植物プランクトンが栄養塩類を利用するため，表層の栄養塩類はやがて減少する。

②**夏**　表層の水温は高く，下層の水温は低いので，水の上下の対流❸は起こらず，表層の栄養塩類が少なくなったままで，植物プランクトンの繁殖は頭打ちになる。

③**秋**　表層の水温が下がると水の対流が始まり，栄養塩類が表層に運ばれて植物プランクトンが増加❹する。しかし気温の低下で，やがて植物プランクトンは減少する。

④**冬**　表層の水温は低く，下層の水温は高いため，水の対流がさかんで，表層の栄養塩類は増加❹する。しかし，低温のため植物プランクトンは増殖できない。

✿**3.** 対流は，液体などが循環して高温部から低温部へ熱を伝える現象。表層が下層より低温になって密度が高くなると，表層の水は下降し，下層の水は上昇する。

✿**4.** 水の対流が起きているときの，下層から表層へ上昇する水の流れを**湧昇流**（涌昇）という。秋や冬には，湧昇流によって栄養塩類が湖の表層へ運ばれる。

図11. 湖の生態系の季節変動

1章　個体群と生物群集　**191**

3 個体群内の関係

■ 個体群内の個体間には，いろいろな関係が存在する。

1 種内競争と縄張り

■ **競争（種内競争）** 動物では，生活場所・食物・繁殖（配偶者）など，植物では日光・水・土地・養分などをめぐって競争が起こる。これを**種内競争**[*1]という。

■ **縄張り** 動物の個体や群れが**一定の空間を占有して**，同種の他の個体や他の群れを近づけない場合，占有する一定の空間を**縄張り**（テリトリー）という。縄張りの習性は，魚類・鳥類・哺乳類・昆虫などで見られ，食物や繁殖場所の確保のために行われる。 例 アユ[*2]

■ **縄張りの利益とコスト** 縄張りが大きければ確保できる食物や配偶相手の数（利益）も増えるが，侵入する他個体の排除に要する労力（コスト）も増す（⇒図13）。そのため，縄張りは両者の差が最大となる大きさとなることが多い。

☆1. **種内競争の2つのタイプ**
①共倒れ型　競争の結果，どの個体も成長が悪くなり共倒れとなる。
②競り合い型　一部の個体が競争に勝って生育し，他の個体は負けて生育できなくなり，個体群密度が安定する。

☆2. **アユの縄張り**
アユは川底の石についた藻類を食物とし，これを独占しようとする習性がある。**友釣り**はこれを利用した釣りの方法である。

図12. アユの縄張り

図13. 縄張りの利益とコスト

図14. 群れの利益とコスト
a+bが小さいほど群れをつくる利点大
a 周囲を警戒
b 個体間で争う
行動時間（相対値）
群れの大きさ

2 群れと順位

■ **群れ** 同種の動物どうしが集まって，統一的な行動をとる集団を**群れ**という。

■ **群れをつくる利点とコスト** 群れには，敵に対する警戒・防衛・食物発見・繁殖などの能力や効率が向上して各個体の負担が軽減される利点がある。ただし，群れが大きくなると個体間の競争に費やす時間（コスト）が増す。これらの合計が最小となる群れの大きさが最も適切となる。

■ **順位制** 個体群内での個体の優劣関係を**順位**といい，順位の成立によって**個体間の無益な争いがさけられ**，群れの安定が保たれることを順位制という。

■ **順位行動の例** ニワトリのつつき行動（上位が下位をつつく），ニホンザルのマウンティング（上位が下位の後ろからまたがる）・毛づくろい（下位が上位に対して行う）

■ **つがい関係** ゾウアザラシのように，1匹の雄と多数の雌からなる群れを**ハレム**といい，こうしたつがい関係を**一夫多妻**という。ハレムをもつ雄は子を残しやすく，ハレムに入れない雄が子を残すことは少ない。

■ **共同繁殖** オナガやバンなどの鳥類では，親以外の個体が**ヘルパー**として子育てに参加する。ヘルパーは親が数年前に産卵した子で，**自分の弟や妹の世話をしている**。このようなヘルパーが関与する繁殖形式を**共同繁殖**という。

個体	つつく相手
（上位）A	B C D E F G
B	C D E F G
C	D F G
D	E F G
E	C F G
F	G
（下位）G	

図15. ニワトリのつつきの順位

③ 社会性昆虫と情報伝達

■ **社会性昆虫** ミツバチ・アリ・シロアリなどは**社会性昆虫**と呼ばれ，高度に組織化された集団（**コロニー**）を形成する。社会性昆虫は，生殖を行う個体は少数に限られ，大部分の個体は生殖能力のない労働個体（ワーカー）になるといった**分業（カースト制）**が大きな特徴である。

図16. シロアリとミツバチのカースト

［シロアリ］女王アリ／王アリ／ワーカー（働きアリ）／兵アリ／有翅虫／卵／幼虫／生殖カースト／非生殖カースト／（巣から出る）

［ミツバチ］女王バチ♀／雄バチ♂／ワーカー（働きバチ）♀／女王物質／ロイヤルゼリー／卵（2n）／単為発生／卵（n）

ポイント
社会性昆虫…カースト制で高度に組織化された集団（**コロニー**）を形成する昆虫。

■ **社会性昆虫の情報伝達** ミツバチでは，餌場を見つけて巣に帰ってきた働きバチは，独特のダンスで**餌場までの方向と距離**を仲間に知らせる。

また，昆虫や魚類などでは**フェロモン**（⇒p.155）を分泌して**同種個体とコミュニケーションする**ものがある。

○3. **ミツバチのダンス**
ミツバチのダンスは餌場までの距離が近いと速い（時間あたりの回数が多い）円形ダンスになり，遠いと遅い8の字ダンスになる。餌場への方角は，太陽の方角を基準にした8の字の直進部分の向きで表し，太陽の方角にあるときには鉛直上方に直進する（⇒p.156）。

1章　個体群と生物群集

4 種間の関係

生物の相互作用には個体群内の関係だけでなく，異種の個体群との間にもいろいろな関係(**種間関係**)が存在する。

1 競争(種間競争)

■ **種間競争** よく似た生活様式をもち，食物や生活空間などの生活要求が共通する生物種どうしでは，その要求をめぐって**種間競争**が起こる(⇒図17のB)。

■ **種間競争の勝敗** 競争に負けた方は絶滅することが多いが，どちらが競争に勝つかは環境条件に左右されることが多い。また，生活要求が異なる生物種どうしは共存できる(⇒図17のC)。

■ **植物の種間競争** 植物でも，同じ場所で生えたものどうしの間では，生活要求，特に**光をめぐる種間競争**が起こる。
[例] マメ科植物のヤエナリをソバと混植すると，背丈が早く高く成長するソバがヤエナリの上部を覆うため，ヤエナリは単独で植えたときよりも葉の量が減少する。

> **ポイント** 生活要求が共通すると，**種間競争**が起こる。

図17. ゾウリムシの種間競争
A 単独飼育：ヒメゾウリムシ，ゾウリムシ，ミドリゾウリムシ
B 混合飼育：ヒメゾウリムシ，ゾウリムシ
C 混合飼育：ゾウリムシ，ミドリゾウリムシ

2 被食者-捕食者の関係

■ **被食者-捕食者相互関係** ライオンとシマウマのように「**食う-食われる**」の関係にある動物の関係は，**被食者-捕食者相互関係**という。このとき食べる方を**捕食者**，食べられる方を**被食者**という。

■ **食物連鎖** 生物群集内の「被食者-捕食者」の一連のつながりを**食物連鎖**という。
[例] （陸上の食物連鎖の例）エノコログサ⟶バッタ⟶カマキリ⟶カエル⟶ヘビ⟶タカ

■ **被食者-捕食者の個体数の変動** 動物群集では，被食者の個体数が増加すると捕食者の個体数も増加し，被食者が減少すると捕食者は食物不足のためやがて減少する。このように，自然界では**被食者と捕食者の個体数は周期的に変動する**。

図18. 被食者-捕食者の個体数の変化
（コウノシロハダニ〔被食者〕，カブリダニの一種〔捕食者〕）

3 共生・寄生

■ **共生** 異種の生物が一緒に生活することによって，**片方あるいは両方が利益を受け，相手に害を及ぼさない場合**を**共生**という。（以下，利益を＋，不利益を－で示す）
① **相利共生** 両者が互いに利益を受ける。
　例 アリ（＋）とアリマキ（＋）
② **片利共生** 片方のみが利益を受ける。
　例 コバンザメ（＋）と大形魚，カクレウオ（＋）とナマコ
■ **寄生** **一方だけが利益を受け他方が不利益になる場合**を**寄生**という。寄生するほうを**寄生者**，される方を**宿主**という。例 カイチュウ（＋）とヒト（－）
■ **間接効果** 捕食・競争・共生などの相互関係が，該当する2種類以外の生物の影響を受けて変化する場合を**間接効果**という。例 パンジーはアブラムシ（アリマキ）による食害を受けるが，アブラムシの天敵であるテントウムシがいると食害が減少する。
■ **捕食者がもたらす共存** イガイとフジツボは**競争関係**にあるため**競争的排除**が起こり，共存できずにフジツボが排除される。しかし，両者の共通の捕食者であるヒトデがいると，競争的排除が起こらず，フジツボも共存できる。

> **ポイント**
> **共生**…どちらも害なし（一方または両方に利益）。
> **寄生**…一方（寄生者）に利益，他方（宿主）に不利益。
> **間接効果**…他の生物により相互関係が変化すること。

4 共存と生態的地位

■ **生態的地位** 生物群集の中で生活資源をめぐる種間関係によって，それぞれの種が占める立場が決まっている。この立場を**生態的地位（ニッチ）**という。
■ **生態的同位種** 異なる地域に住む生物群集を比較したとき，同じ生態的地位を占める種を**生態的同位種**という。
例 アルマジロ（南米）とセンザンコウ（アフリカ）
■ **すみわけ** 同じ地域にすむ異なる種類の生物が，それぞれ**異なる生活の場所をもって共存**することを**すみわけ**という。例 カゲロウの幼虫（⇒図21），ヤマメとイワナ
■ **食いわけ** 食物を違えることで同じ地域の異なる種が**共存**することを**食いわけ**という。例 ヒメウとカワウ

○ 1. **寄生の種類**
外部寄生…宿主の外部につく。ノミ，シラミ，ダニ，ヒル
内部寄生…宿主の体内にすみつく。カイチュウ，サナダムシ

図19. 間接効果

図20. 捕食者（ヒトデ）による共存
〔捕食者がいないとき〕
フジツボ／イガイ → イガイのみ
〔捕食者がいるとき〕
ヒトデ → 共存

図21. カゲロウの幼虫のすみわけ
コカゲロウ 泳いで移動
ヒラタカゲロウ 石の表
マダラカゲロウ 石の表面をはう
モンカゲロウ 砂や泥の中
流れ　平瀬　早瀬　淵

○ 2. 渓流域の魚であるヤマメとイワナは，同じ流域に生息するときにはイワナは水温の低い上流側，ヤマメは水温の高い下流側にすみわける。

1章　個体群と生物群集　　195

5 生態系と物質生産

■ 生物基礎で生態系について学習したが，生態系の構造や物質の移動，物質生産について詳しく学習しよう。

1 生態系の構造

■ **生態系の構造** ある地域で生活するすべての**生物群集**とそれを取り巻く非生物的環境を合わせて**生態系**という。

図22．生態系の構造

生態系を構成する生物群集は，生態系内での役割に応じて，**生産者**と**消費者**に分けられる。また，消費者の一部は生態系内での役割に着目して，**分解者**と呼ばれることもある。

- **生産者** 緑色植物や**藻類**[1]，**化学合成細菌**など，光合成や化学合成[2]によって，無機物から有機物をつくる能力をもつ独立栄養生物を**生産者**という。

- **消費者** 生産者がつくった有機物を直接または間接的に取り込んで栄養源とし，これを分解してエネルギーを得る従属栄養生物を**消費者**という。消費者は植物食性の**一次消費者**，一次消費者を捕食する動物食性の**二次消費者**，さらにそれらを捕食する**三次消費者**などに分けられる。三次以上の高次の消費者を**高次消費者**という。高次消費者はすぐ下の段階の消費者を捕食するだけでなく，一次や二次の消費者を食物とすることもある。

- **分解者** **細菌類**および**菌類**などのように，生産者の枯死体や消費者の遺体・排出物などを分解してエネルギーを得る従属栄養生物を**分解者**ということがある。分解者は有機物を無機物に変えて生態系にもどす役割を担う。消費者は，生産者がつくった有機物を分解して無機物に変えるので，消費者の一部が分解者であるともいえる。

[1] **藻類**（⇒ p.244）
光合成をする生物のうち，陸上植物を除いたものを藻類という。植物プランクトンの多くや，コンブやワカメなどの海藻も藻類に含まれる。

[2] 炭酸同化のうち，無機化合物を酸化するときのエネルギーを利用して行うものを**化学合成**という。また，化学合成を行う細菌を**化学合成細菌**という（⇒ p.44）。

> **ポイント**
> 生態系…生物群集＋非生物的環境
> 生物群集…生産者＋消費者（分解者）

196　4編　生態と環境

2 食物連鎖と生態ピラミッド

■ **食物連鎖** 食われるもの（被食者）と食うもの（捕食者）の関係は、生産者から高次消費者まで一連のつながりを見せるので、これを**食物連鎖**という。実際の食物連鎖は複雑な網目状に結ばれており、これを**食物網**という。

図23．森林に見られる食物網

生産者	一次消費者	二次消費者	三次消費者〜高次消費者
コメツガ・オオシラビソ・ササ・草本・コケ	昆虫（ガなど）・ササラダニ・ハダニ・リス・ヤマネ・カモシカ・ウサギ・ネズミ・ミミズ	クモ・ダニ・ムカデ・カエル・モグラ	小形鳥類・ワシ・タカ・ヘビ・イタチ

枯死体 → 土壌有機物 ← 菌類・細菌類 **分解者**

> **ポイント** 食物連鎖は複雑に関連しあっている＝食物網

■ **生態ピラミッド** 生産者から始まる食物連鎖の各段階を**栄養段階**という。各栄養段階の値を順に積み重ねたグラフを**生態ピラミッド**といい、次の3つがある。通常はどれも、栄養段階が上になるほど少なくなる。

- **個体数ピラミッド**…各栄養段階を個体数で比較。
- **生物量ピラミッド**…生物量（個体の重量×個体数）で比較。
- **生産力ピラミッド**…一定期間の生物生産量で比較（⇒p.203）。

✿3．逆ピラミッド
個体数ピラミッドは寄生関係などでは大小が逆転する場合がある。
例　樹木とその葉を食べる昆虫

✿4．生産力とは、単位時間・単位面積あたりの生産量をエネルギー量で示したもの。

個体数ピラミッド 北米の草原生態系
- 三次消費者　740
- 二次消費者　$8.8×10^7$
- 一次消費者　$17.5×10^7$
- 生産者　$144×10^7$/km²

生物量ピラミッド フロリダのシルバースプリングス
- 1.5
- 11
- 37
- 生産者　809〔g/m²〕

生産力ピラミッド
- ヒトの組織の増加　8.2
- 牛肉　121
- ムラサキウマゴヤシ　1554
- 太陽エネルギー　6700000〔kJ/(m²・年)〕

図24．3種類の生態ピラミッド

> **ポイント** 生態ピラミッド…個体数ピラミッド・生物量ピラミッド・生産力ピラミッド

6 生態系の物質収支

■ 緑色植物などの生産者は，太陽の光エネルギーを利用して光合成を行い，無機物である大気中のCO_2を固定して有機物（$C_6H_{12}O_6$など）を合成している。これを生態系における**物質生産**という。この有機物を，食物連鎖を通じて生物群集の各栄養段階が消費していく。各段階における物質の出入り，すなわち**物質の収支**について学習しよう。

1 生産者の生産量と成長量

■ 光合成によって生産された有機物は，生産者自身の呼吸や，消費者による被食，落枝や枯死によって失われ，残りが生産者（の個体群）の成長に回される。

■ **現存量** 一定の面積内に存在する生物量(生体量)を，その重量やエネルギー量で示したものを**現存量**という。

■ **総生産量** 一定の面積（あるいは空間）内で，一定の期間に光合成で生産される有機物の量を**総生産量**という。

■ **純生産量** 総生産量から生産者自身の呼吸量を引いたものを**純生産量**といい，見かけの光合成量に相当する。

純生産量＝総生産量－呼吸量

■ **生産者の成長量** 生産者が物質生産している間にも，枯死や落枝（**枯死量**），一次消費者による被食（**被食量**）で一部が失われていく。したがって，純生産量から枯死量と被食量を減じたものが生産者の**成長量**となる。

成長量＝純生産量－（枯死量＋被食量）

◎1. 各栄養段階の呼吸量は，熱エネルギーとして生態系外に放出されるエネルギー量（⇒p.202）またはそれに相当する有機物の量である。

◎2. 枯死量は，植物の一部（枝・葉・幹など）が枯れ落ちたり，一部の個体が死んで失われる量。この枯死量は分解者の呼吸に使用される。

図25．生産者の現存量と一定時間後の現存量の関係

ポイント
純生産量＝総生産量－呼吸量
成長量＝純生産量－（枯死量＋被食量）

2 消費者の物質収支

■ 消費者は生産者を摂食したり，下位の消費者を捕食したりして生活している。消費者の生産量，成長量は次のようになる。

■ **同化量** 消費者の同化量は，摂食量から不消化排出物の量を減じたもので，生産者の総生産量に相当する。

　　　　同化量＝摂食量－不消化排出量

■ **生産量** 消費者の生産量は同化量から呼吸による消費量を減じたもので，生産者の純生産量に相当する。

　　　　生産量＝同化量－呼吸量

■ **成長量** 消費者の成長量は生産量から，死滅量と上位の栄養段階に捕食される量，すなわち被食量を減じたものとなる。生産者と同様に考えればよい。

　　　　成長量＝生産量－(被食量＋死滅量)
　　　　　　　＝同化量－(被食量＋死滅量＋呼吸量)

3. 消費者の不消化排出物は分解者の呼吸に利用される。

ポイント 〔消費者の同化量，成長量〕
同化量＝摂食量－不消化排出量
　　　　⇨ 植物の総生産量に相当
生産量＝同化量－呼吸量
　　　　⇨ 植物の純生産量に相当
成長量＝同化量－(被食量＋死滅量＋呼吸量)

図26. 生態系における各栄養段階の物質収支

3 世界のバイオームの生産量

■ **バイオームの純生産量** 面積あたりの純生産量は，バイオームの種類によって異なる。一般的に，森林で大きく，砂漠やツンドラで小さい。海洋の生産量は面積あたりでは低いが，全体では陸地全体の半分程度に及ぶ。

■ **農耕地の純生産量** 手入れの行き届いた農耕地では，品種改良や施肥の結果，物質生産量は草原にくらべてかなり高い。農耕地全体でも，純生産量を生体量で割った値が大きいことは特徴的である（⇒表2）。

✪4. 純生産量を比較すると，草原では平均7.3t/年であるのに対して，日本の水田で栽培されるイネでは12〜18t/年，ハワイ島のサトウキビでは34t/年。

表2．世界の主要な生態系の生産量

生態系	面積 [$10^6 km^2$]	純生産量（年間） 世界全体 [10^9t/年]	純生産量（年間） 単位面積あたりの平均値 [kg/m^2/年]	生体量（乾燥重量） 世界全体 [10^9t]	生体量（乾燥重量） 単位面積あたりの平均値 [kg/m^2]	純生産量／生体量
陸地全体	149	109	0.73	1852	12.5	0.06
砂漠・ツンドラ	50	2.5	0.05	18.5	0.4	0.14
草原・サバンナ	26	19.0	0.73	98	3.8	0.19
農耕地	14	9.1	0.65	14	1.0	0.65
森林	57	77.0	1.35	1722	30.2	0.04
湖沼・河川	2	1.0	0.50	0.04	0.02	25.00
海洋	361	55	0.16	3.3	0.009	17.78
地球全体	510	164	0.32	1855	3.6	0.09

現存量（乾量）
- 森林 1700
- 浅海域 2.9
- 海洋 3.9
- 外洋域 1.0
- 荒原 18.5
- 農耕地 14
- 草原 74
- 合計 1840 [$\times 10^9$t]
- 面積 70 / 30 [%]

純生産量
- 浅海域 13.5
- 海洋 55
- 外洋域 41.5
- 森林 79.9
- 農耕地 9.1
- 草原 18.9
- 荒原 2.8
- 合計 170 [$\times 10^9$t/年]

図27．地球上の主要生態系の現存量と純生産量

4 水界での物質生産

■ 水界（海洋や湖など）では，光量が水深と共に減少するため，**植物プランクトンの光合成は上層に集中する**。この部分を **生産層** という。水界の純生産量は，光合成を行うプランクトンが陸上植物と比べはるかに小形で，その生息密度も低いため，陸上のバイオームよりもかなり小さい。

図28. 海洋の有機物生産

■ **補償深度** 植物プランクトンの純生産量が0となる深さを**補償深度**といい、これより深い層は細菌類による有機物の分解が中心となるので**分解層**という。

> **ポイント**
> 〔水界の階層構造と物質生産〕
> **生産層**：植物プランクトンが光合成をする。
> **補償深度**：「純生産量＝0」の深度
> **分解層**：細菌類により有機物が分解される。

■ **富栄養と貧栄養** 植物プランクトンは条件が揃えば非常に早く増殖（物質生産）するが、水界の大部分は植物やプランクトンの生育に必要な窒素、リンなどの栄養塩類が少ない**貧栄養**状態である。これに対して栄養塩類が多い状態を**富栄養**という。海洋で盛んに物質生産が行われるのは海底から栄養塩類の供給がある**大陸棚**や**湧昇域**に限られる。

✿5. 補償深度は、富栄養湖では1〜2m、外洋では最大100m程度である。富栄養湖は浮遊物やプランクトンが多く、透明度が低い。

✿6. 純生産量が0ということは分解層では光合成による酸素の供給がないということでもある。

✿7. 熱帯多雨林は現存量が大きく、総生産量も暖温帯林の2.4倍だが、呼吸量も大きいため純生産量では、1.3倍程度にしかならない。成長量はむしろ暖温帯林の方が熱帯多雨林よりも高くなる。

5 森林の成長と生産量

■ **幼齢林と高齢林** 幼齢林では、総生産量の大部分は成長に回るが、高齢林では、根・幹などの呼吸量が増加するため、純生産量に回る割合が少なくなり成長速度は低下する（⇒図29）。

■ **熱帯林と暖温帯林** 熱帯林は総生産量が大きいが、呼吸量も大きくなるため、純生産量は、他の温帯などの森林と似たような値となる。

> **ポイント**
> 森林の種類による純生産量の違いは少ない。
> 熱帯林は総生産量が大きいが呼吸量も大きい。

図29. 森林の成長と生産量

1章　個体群と生物群集　201

7 生態系とエネルギーの移動

■ 植物は，太陽の**光エネルギー**を光合成によって有機物の**化学エネルギー**として取り込み，有機物は生態系内を移動する。エネルギーはどのように移動するのだろうか。

1 エネルギーは生態系内を移動する

■ **エネルギーの移動** 植物などの生産者が光合成で取り入れた太陽の**光エネルギー**は，有機物の中の**化学エネルギー**となり，**食物連鎖を通じて生態系内を移動**する。

■ **熱エネルギー** 食物連鎖に伴って移動した化学エネルギーは，各栄養段階の呼吸によって**熱エネルギー**として放出される。また，各段階で生じた枯死体や遺体・排出物などは，細菌類や菌類などの**分解者**の呼吸によって，やはり**熱エネルギー**として**生態系外に放出**される。

図30. 生態系内のエネルギーの流れ

ポイント エネルギーは物質循環に伴って生態系内を移動。最後は**熱エネルギー**として**生態系外**に放出。

2 エネルギー効率

■ 下の図は各栄養段階とエネルギーの移動を示している。

図31. 栄養段階とエネルギー移動

202　4編　生態と環境

- **エネルギー効率** 各栄養段階で，前の段階のエネルギーのうち，どのくらいのエネルギーをその段階で利用しているかの割合を示したものを**エネルギー効率**という。
- **生産者のエネルギー効率** 次の式で示される。

エネルギー効率〔％〕＝ $\dfrac{\text{総生産量}}{\text{生態系に入射した光のエネルギー量}} \times 100$

例 森林：2〜4％，草原：1〜2％，
　　地球全体の平均（海洋を含む）：0.1〜0.3％

- **消費者のエネルギー効率** 消費者のエネルギー効率は次の式で示され，高次の消費者ほど高くなる。

エネルギー効率〔％〕＝ $\dfrac{\text{その栄養段階の同化量}}{\text{1つ前の栄養段階の同化量（総生産量）}} \times 100$

例 一次消費者：約10％，二次消費者：約20％

> **ポイント**
> **エネルギー効率**…前の栄養段階のエネルギーのうち，どのくらいのエネルギーをその段階で利用しているかの割合。栄養段階が高くなるほど高くなる。

★1. 一次消費者は，おもに炭水化物を食物として取り入れ，脂肪やタンパク質などの体物質をつくっている。二次消費者以上の消費者は，脂肪やタンパク質などに濃縮された状態のエネルギーを摂取しているので，一般的にエネルギー効率は高くなる。

③ 栄養段階ごとに利用可能なエネルギー

- **生産力ピラミッド** 各栄養段階のもつエネルギーの10％が食物連鎖を通じて次の栄養段階に移動すると仮定してエネルギーの移動を推定してみよう。

　生産者である緑色植物のもつエネルギー量を1とすると，一次消費者（植物食性動物）にはその10％が移動するので，
$1 \times \dfrac{10}{100} = 0.1$

　動物食性動物の二次消費者では，$0.1 \times \dfrac{10}{100} = 0.01$

　三次消費者では，$0.01 \times \dfrac{10}{100} = 0.001$ となる。

　これをグラフ化すると図32のような形となる。これを**生産力ピラミッド**という。したがって，**栄養段階が無限に積み上がることはない**。

> **ポイント**
> **生産力ピラミッド**…各栄養段階がもつエネルギー量を積み上げたもの。上位の栄養段階ほど激減する。

三次消費者 0.001
二次消費者 0.01
一次消費者 0.1
生産者 1

図32．生産力ピラミッド
（ある浅い池）

8 生態系と生物多様性

■ 地球上には多様な生物が多様な環境で生息している。**生物多様性**についてどのような問題が生じているのだろうか。

1 3段階で考える生物多様性

■ **生物多様性** 生物多様性は、生態系多様性、種多様性、遺伝的多様性の3つの視点で考えられる。

①**生態系多様性** 地球上には多様な生態系があり、これを**生態系多様性**という。

> 例 森林(熱帯多雨林・亜熱帯多雨林・照葉樹林・夏緑樹林・針葉樹林)、草原(サバンナ・ステップ)、荒原(砂漠・ツンドラ)、水界(湖沼・河川・海洋)など

②**種多様性** 生態系に多様な個体群が含まれていることを**種多様性**という。一般的に、熱帯多雨林のように**一部の種のみが優占していない生態系では種多様性が高い**。

③**遺伝的多様性** 同種の生物の間に見られる遺伝子構成の違いを**遺伝的多様性**という。**遺伝的多様性が高い個体群ほど環境変化に対する適応力が高い**。

> ポイント
> 生物多様性には、**生態系多様性**、**種多様性**、**遺伝的多様性**の3つがある。

図33. 3段階の生物多様性

○1. 自然状態が外部からの力で乱され、生物に影響が出ることを攪乱という。

2 攪乱と生物多様性

■ **攪乱** 生物多様性を減少させる要因として、**攪乱**がある。攪乱には次の2つがある。

- **自然攪乱**…火山噴火・台風・火災・干ばつ・地震による地すべりなど、自然現象による攪乱。
- **人為攪乱**…森林伐採・焼畑、過放牧・外来生物(⇒p.205)の移入など、人間生活が生態系に影響を及ぼす攪乱。

■ **中規模攪乱説** 大規模な攪乱では生態系は破壊されてしまうが、**中規模の攪乱は、逆に種の多様性を増し、生態系の維持に働くことが多い**。これを**中規模攪乱説**という。

図34. 攪乱と生態系

攪乱が大規模であるとき：火山噴火 → 回復に時間がかかる
攪乱が中規模であるとき：森林 → 倒木 → 種の多様性が増す

204　4編 生態と環境

3 生物多様性を減少させる要因

■ **絶滅** 生物種が子孫を残せずに消滅することを**絶滅**といい、さまざまな要因が考えられる。日本では環境省が絶滅のおそれのある**絶滅危惧種**のリストを作成している。✿2

■ **分断化と孤立化** 生息地が道路・宅地などで分断されることを**分断化**という。分断化の結果、他の同種の個体群と切り離された状態になることを**孤立化**という。孤立化が起こると、近親交配などによって遺伝的多様性が失われ、環境変化や感染症に対する抵抗力が低下する。✿3 また、出生率も低下する。孤立化の結果、個体群の個体数は減少する。

■ **絶滅の渦** いったん個体数が減少した個体群は、遺伝的多様性がさらに低下して、回復不可能な**絶滅の渦**に巻き込まれることが多い。

■ **外来生物の侵入** 意図的かどうかを問わず、人間活動によって本来の生息場所から別の場所に移り、そこに定着した生物を**外来生物**という。✿4 在来生物は外来生物に対する防御のしくみがないことが多く、外来生物により在来生物が一気に駆逐され絶滅することがある。また、外来生物が在来生物と交配可能な場合、両者の交配が進み、在来生物固有の遺伝的多様性に影響を与える場合がある。

■ **特定外来生物** 環境省は、日本の既存の生態系に大きな影響を及ぼす外来生物を**特定外来生物**✿5 に指定し、飼育・販売・運搬を原則禁止にしている（外来生物法）。

■ **地球温暖化** 地球の温暖化によって、熱帯性の生物種の生息域が拡大しており、同時に、高山や寒冷な地方に生息する生物種は減少し、なかには絶滅する生物種もある。

4 保護・復元への取り組み

■ **緑の回廊計画** 国有林を中心に保護区をつくり、保護区どうしをつないで野生動物の移動を可能にする計画がある。これを**緑の回廊計画**という。

■ **生物多様性条約** 世界規模での国際的な会議が開かれており、生物多様性の維持を目的とした**生物多様性条約**が結ばれている。

■ **生物多様性の復元** トキやコウノトリなどで人工繁殖などによる絶滅種の復元への取り組みがなされている。

✿2. **レッドデータブック**
絶滅危惧種を絶滅の危険度ごとにリストにまとめたものを**レッドリスト**といい、それらに生息状況などの解説を加えて本にしたものを**レッドデータブック**という。
- 絶滅種　ニホンオオカミ、ニホンカワウソなど
- 絶滅危惧種　アマミノクロウサギ、イリオモテヤマネコなど
- 準絶滅危惧種　ホンドオコジョ、ツシマテンなど

図35. 絶滅の渦

✿3. **近交弱勢**
血縁の近い個体どうしが交配することを**近親交配**という。近親交配の状態が続くと、通常は表現型として現れにくい有害な劣性遺伝子が現れる確率が上がり、個体の生存率が低下することがある。この現象を**近交弱勢**という。

✿4. **在来生物（在来種）**
もともとその地域に生息していた生物を在来生物という。

✿5. **特定外来生物の例**
タイワンザル、アカゲザル、ヌートリア、ジャワマングース、アライグマ、ウシガエル

1章　個体群と生物群集

重要実験　ウキクサの個体群の成長

> 個体群の成長曲線がどういう形になるかを押さえよう。

方法

1. 腰高の直径9cmのペトリ皿に水を約200mL入れ，ハイポネックス（液体肥料）を1滴加える。
2. 1のペトリ皿の中にウキクサを4個体（8葉状体）加えペトリ皿にふたをする。
3. 水を張ったバット皿の中に2のペトリ皿を入れて，日当たりの良い場所に置く。
4. 3日ごとに葉状体の数を数えて，気温・水温と合わせて記録する。実験中，ペトリ皿の水が減ったら補充するようにしながら，30日間続ける。

[参考] ウキクサは水面を浮遊する緑色の一年草で，日本全土に分布する。葉と茎が融合した**葉状体**とその裏面から出る5～11本の根からなる。ウキクサは，ふつう**2つの葉状体で1個体**となっているので，葉状体の増加をウキクサ個体群の成長とみなして考えることができる。

結果

● 実験は5月～6月にかけて行った。実験期間中の気温は14～27℃であり，葉状体数と水温については，結果は下の表のようになった。葉状体数の変化をグラフに示すと，右の図のようになった。

日　数	0	3	6	9	12	15
葉状体数	8	10	21	52	87	240
水　温	22.0	14.0	20.2	25.2	27.0	26.1

日　数	18	21	24	27	30
葉状体数	584	854	902	922	925
水　温	25.4	26.2	25.3	25.7	26.2

考察

1. 葉状体数はどのようなふえ方をするといえるか。
   → **S字状**の曲線を描いて増加する。
2. 増加率が最も高いのは何日目と何日目の間か。
   → 12～15日目の間
3. 実験結果から，このペトリ皿ではウキクサの葉状体数の上限はどの程度と考えられるか。また，その個体群密度を何というか。
   → 葉状体数が925前後でほぼ一定の個体群密度に達する。これを**環境収容力(飽和密度)**という。
4. 個体数ではなく，葉状体数で数えたのはなぜか。
   → 葉状体数がふえると，ペトリ皿の水面いっぱいにふえ，個体数が数えにくくなるから。

重要実験 外来生物の調査と観察

> 身のまわりにどのような特定外来生物がいるか調べてみよう。

方法

1. 特定外来生物とはどのような生物か，また，特定外来生物について決められていることを調べる。
2. インターネットを利用して，環境省のHP http://www.env.go.jp/nature/intro/4document/manual/index.html にアクセスし，特定外来生物同定マニュアルで各生物の写真や同定方法を調べる。
3. 調査対象をカダヤシとして，環境省のHPの同定マニュアルの該当する項目を調べる。
4. 野外調査を行い，特定外来生物同定マニュアルと対比しながら種の同定を行う。

結果

1. 特定外来生物は，人命・生態系・農林水産業などに被害を与えるおそれのある外来生物として，環境省が指定した生物。特定外来生物は，生きている個体の運搬・保管・飼育が原則禁止されている。
2. 特定外来生物は，魚類については次のような生物がいることがわかった。

名　称	特徴など
ブルーギル	全長25 cmほど。えらぶたの後端に青みがかった突出部。体側に7～10本の暗色横帯。北アメリカ原産。
オオクチバス（ブラックバス）	全長30～50 cm。口が大きい。体側から背に不規則な暗色斑点の列。北アメリカ原産。
カダヤシ	全長は雄で3 cm，雌で5 cmほど。比較的汚濁や塩分に強い。卵胎生。北アメリカ原産。

3. ［カダヤシとメダカの見分け方］
カダヤシは尻びれの基底が短く，雄では変形して細長い交尾器となっている（メダカでは尻びれの基底が長い）。
また，カダヤシの頭部から背びれまでは丸味がある（メダカではほぼ水平）。

4. 調査地点では，カダヤシのほか，ギンブナ，ドジョウが観察された。メダカは採集されなかった。

考察

1. 特定外来生物であるカダヤシがその場所に定着できたのはなぜか。
→ 雑食性で卵胎生であるため特別な食物や産卵場所を必要とせず，水質汚染などが進んだ環境でも生存できる。

2. 河川や湖沼へのカダヤシの侵入により，本来の生態系にどのような攪乱が起きているか。
→ 在来生物であるメダカと**生態的地位（ニッチ）**が重なる部分もあるため，メダカの生存をおびやかす。

1章　個体群と生物群集

テスト直前チェック　定期テストにかならず役立つ！

1. ☐ 同じ地域で互いに関係をもちながら生息する個体群の集まりを何という？
2. ☐ 生物の個体間や個体群間で影響を与えあうことを何という？
3. ☐ 単位面積あたりの個体数を何という？
4. ☐ 3の変化が個体の発育や形態に影響を及ぼすことを何という？
5. ☐ 個体群を構成する個体数が増加する過程を示したグラフを何という？
6. ☐ ある条件における個体群密度の上限を何という？
7. ☐ 植物を異なる密度で栽培しても，単位面積あたりの収量がほぼ一定になることを何という？
8. ☐ 卵や種子から寿命に至るまでの各時期における生存数をグラフ化したものを何という？
9. ☐ 個体群を構成する個体を年齢で分けて積み上げたグラフを何という？
10. ☐ 動物の個体が，同種の他個体に対して占有する一定の空間を何という？
11. ☐ カースト制で役割を分担した血縁者どうしの集団で生活する昆虫を何という？
12. ☐ 異種の生物間で，食物や生活空間などをめぐって起こる競争を何という？
13. ☐ 異種の動物の関係で，一方に利益があり他方には利益も害もない場合を何という？
14. ☐ 生物群集の中で，ある種の生物が示す食物や生活場所・生活様式などの立場を何という？
15. ☐ 生産者の純生産量を求めるには，総生産量から何を引く？
16. ☐ 消費者の同化量から呼吸量，被食量，死滅量を引いたものを何という？
17. ☐ ある栄養段階の生物がもつエネルギーの何％が次の段階に伝わるか示したものを何という？
18. ☐ ３つの生物多様性とは何か？
19. ☐ 自然現象や人間の活動によって生態系が破壊され，生物に影響が出ることを何という？
20. ☐ 個体数の減少した生物種が，急激に絶滅への道をたどることを何という？
21. ☐ 絶滅危惧種のリストをまとめ，生息状況などの解説を加えて本にしたものを何という？
22. ☐ 人間活動の結果，他の地域から入り込んで定着した生物を何という？
23. ☐ 世界的規模で，生物多様性の保全を目的につくられた条約を何という？

解答

1. 生物群集（群集）
2. 相互作用
3. 個体群密度
4. 密度効果
5. 個体群の成長曲線（成長曲線）
6. 環境収容力（飽和密度）
7. 最終収量一定の法則
8. 生存曲線
9. 年齢ピラミッド
10. 縄張り（テリトリー）
11. 社会性昆虫
12. 種間競争
13. 片利共生（共生）
14. 生態的地位（ニッチ）
15. 呼吸量
16. 成長量
17. エネルギー効率
18. 生態系多様性，種多様性，遺伝的多様性
19. 攪乱（かく乱）
20. 絶滅の渦
21. レッドデータブック
22. 外来生物
23. 生物多様性条約

定期テスト予想問題　解答→p.275~277

1 生物と環境

生物の集団は、互いに関係しあいながら、それを取り巻く自然環境とも密接に関係をもって生きている。次の(1)~(5)をそれぞれ何というか。
(1) 一定地域にすむ同種の個体の集団。
(2) (1)を取り巻く環境を構成する要因のうち光や温度、水などの生物を除いたもの。
(3) (2)から生物群集への働きかけ。
(4) 生物群集が(2)に働きかけ、影響を与えること。
(5) 生物群集内で見られる(1)どうしの関係。

2 個体群の成長

下のグラフは、キイロショウジョウバエを牛乳びんで飼育したときの成虫数と時間(日数)との関係を示したものである。

(1) このような個体数の増加を示したグラフを何というか。
(2) 30日目以降成虫数はほとんど変化していないので、個体数の増加を抑制する要因が働いていると考えられる。これを何というか。
(3) この飼育実験における(2)の例を2つ答えよ。
(4) ワタリバッタで(2)が働くと、個体の形態にまとまった変化が見られるが、このような変化を何というか。
(5) (4)で生じるワタリバッタの緑色・褐色の個体、黒色・褐色のはねの大きな個体をそれぞれ何というか。

3 生存曲線

下のグラフは、カレイ、ガン、ヒツジの出生時個体数を1000としたときの生存曲線をそれぞれ示したものである。

(1) 図中のa, b, cの生存曲線をそれぞれ何型というか。次のア~ウから選べ。
　ア　早死型　　イ　平均型　　ウ　晩死型
(2) 産卵(子)数は少ないが親による保護が手厚い動物の生存曲線はa~cのどのグラフに該当するか。
(3) a, b, cは、それぞれどの動物の生存曲線を示したものか。動物名を答えよ。
(4) アリの生存曲線はa~cのどれに近いか。

4 生物の相互作用

生物の相互の関係について、各問いに答えよ。
(1) 次の①~④の文で示した同種の個体間の関係に関する用語を答えよ。
　① 同種の動物が集まってつくる統一的集団。
　② 個体間の優劣関係を固定して無用な争いを防ぐしくみ。
　③ 同種他個体を排除して食物や生活場所、繁殖場所を独占する。
　④ 社会性昆虫が形成する、役割を分担し高度に組織化された血縁者集団。
(2) 次の①~③の文で示した異種個体間の関係をそれぞれ何というか。
　① クマノミがイソギンチャクの間に隠れた。
　② アリとアブラムシが同じ草の茎にいた。
　③ 食物を違えることで同じ場所に共存する。

1章　個体群と生物群集　**209**

5 生態系

生態系の中で生物群集は，その役割によって，生産者(a)，消費者，分解者(e)に分けられ，消費者はさらに一次消費者(b)，二次消費者(c)，三次消費者(d)などに分けられる。

(1) 生産者から消費者につながる食物連鎖の各段階を何というか。
(2) 次のア～オは，それぞれa～eのどれに相当するか。
　ア　菌類　　　　　イ　植物食性動物
　ウ　緑色植物　　　エ　小形動物食性動物
　オ　大形動物食性動物
(3) 次の①～③の動物は，それぞれa～eのどれに相当するか。
　①　イネ　　②　カエル　　③　イナゴ
(4) 生態系においてa～dの通常の生体量はどのような関係にあるか。a～dの記号と不等号(<)を使って示せ。

6 生態系と物質収支

下の図は，ある生態系の各栄養段階における有機化合物の収支を示したものである。

(1) 図のⅠ～Ⅲに属する生物集団をそれぞれ何というか。
(2) 図中のC，Eで示される記号はそれぞれ何を示しているか。
(3) 生産者の純生産量は，図のア～ウのうちどれか。
(4) 図中の記号(C_0を含む)を使って一次消費者の成長量を示す式をつくれ。
(5) D_0のほかで分解者に移行する有機物をすべて示せ。

7 生態系におけるエネルギーの流れ

下の図は，生態系におけるエネルギーの移動を示したものである。各問いに答えよ。

(1) 太陽の光エネルギーを生態系の中に取り込むのは，生物のどのような活動か。
(2) 図中のA～Dに適する生態系の段階を次のア～エから選べ。
　ア　一次消費者　　　イ　二次消費者
　ウ　分解者　　　　　エ　生産者
(3) 図中のA～Dに該当する生物を次のア～エから選べ。
　ア　動物食性動物　　イ　植物食性動物
　ウ　緑色植物　　　　エ　菌類・細菌類
(4) Dに該当する生物の例を2つ答えよ。
(5) 図中のa，bはそれぞれどのような状態のエネルギーの移動を示しているか。
(6) bを放出する生物の活動を何というか。

(7) ある湖沼に照射した太陽の光エネルギーの量を50万J/(cm²・年)，Aが取り入れたエネルギーの量を1000J/(cm²・年)，Bが取り入れたエネルギーの量を110J/(cm²・年)とすると，A，Bのエネルギー効率はそれぞれ何%か。

(8) 一般的に，エネルギー効率は栄養段階が高くなるにしたがってどうなるか。

8 森林の物質生産

下の図は，あるブナ林の年齢と総生産量・純生産量・呼吸量の関係を示したものである。各問いに答えよ。

(1) 3つの曲線は，それぞれ総生産量，総呼吸量，葉の呼吸量のいずれかを示している。総生産量を示しているグラフはどれか。

(2) 純生産量を示す式を，a～cの記号を使って答えよ。

(3) 森林の年齢とともに，この森林の純生産量はどのように変化しているか。

(4) (3)の理由を説明せよ。

9 生物多様性

生物多様性について，各問いに答えよ。

(1) 生物多様性は，ふつう遺伝的多様性，種多様性，生態系多様性の3つの段階に分けて考えることができる。次の①～③は，それぞれどの生物多様性について説明したものか。
① 地球上には，荒原・草原・森林・湖沼・干潟・海洋などのさまざまな環境がある。

② この地球上には，約190万種以上の種類の動植物が生息している。
③ 同種の生物でも，DNAの塩基配列が異なっていることが多い。

(2) 次のア～オは，生態系多様性とそれに影響を与える要因について説明したものである。適当でないと考えられるものをすべて選べ。
ア 大噴火・台風などで大規模な生態系の攪乱が起こると，生態系の多様性の回復に時間はかかるが多様性は飛躍的に増す。
イ 小規模な攪乱が起こっても，生態系はもとの状態に戻るため，多様性を増す要因とはならない。
ウ 中規模な攪乱が起こると，生態系のバランスは保たれ，生物多様性も維持されることが多い。
エ 外来生物が侵入すると，種が増加するため，生態系の多様性は増す場合が多い。
オ 森林の伐採のような人為的な行為は，火山の噴火や風水害などとは異なり，生態系の攪乱につながらない。

10 絶滅を加速する要因

生物種の絶滅を加速する要因について説明した下のア～オから，正しいものをすべて選べ。
ア 開発などで，野生生物の生息地の分断化が起こると，個体群は局所個体群となって個体数の減少につながることが多い。
イ 局所個体群が分断化されて離れ離れの状態になることを個体群の孤立化という。
ウ 局所個体群では，個体数が減少するため性比がかたよったり近親交配が起こったりして，出生率の低下が起こる。また，遺伝的多様性が低下する。
エ 個体数が減少し始めた局所個体群は絶滅の渦に巻き込まれることが多い。
オ 外来生物の増加は生態系の種多様性を高め，絶滅を遅らせる効果がある。

ホッとタイム

🌸 トキの野生復帰への取り組み

● **ニッポニア・ニッポン**　国が行う生態系保護の取り組みはいろいろあるが，その1つに，絶滅したニッポニア・ニッポンの復活へ向けた取り組みがある。**ニッポニア・ニッポン**（*Nipponia nippon*）というのは，**トキ（朱鷺）の学名**である。トキは脊椎動物門，鳥綱，ペリカン目，トキ科（⇒p.239）に属し，その学名に示されるように，日本を象徴する鳥である。

● **トキの特徴**　体長約75cm，翼を開いたときの幅は130cmに達する大形の鳥類で，**顔は朱色の皮膚が露出**し，くちばしはやや下側に湾曲している。**全身はほぼ白色**で，**翼の下面は朱色がかったピンク色（朱鷺色）**である。トキは，くちばしの触覚が発達していて，水田の泥の中にくちばしをさし込みドジョウ・カエル・サワガニなどを捕食する。ふつう十数羽の群れで行動し，繁殖期はつがいまたは単独で行動する。4月上旬に，直径60cm程度の巣を木の上などにつくり，3〜4個の卵を産む。雌雄で交代しながら約1か月抱卵するとひながふ化する。繁殖期には，黒色の皮膚脱落物を自分の羽に塗りつけるので，頸頭部・翼・背は灰黒色となる。

トキ

● **絶滅**　19世紀前半までは，東北地方や日本海側で広く見られたありふれた鳥であったが，羽毛や羽根を取る目的で乱獲され激減した。1934年に天然記念物に指定され，いろいろと保護が試みられたが，日本産トキは，2003年に最後の1羽の「キン」が死んで**絶滅した**。

● **トキ保護センター**　1967年，佐渡島に**トキ保護センター**が開設され，日本産トキの全頭捕獲を行って人工繁殖を試みたが失敗した。そこで，1998年，日本のトキとDNAの塩基配列の差は0.06%程度（個体間の差異の程度）しかなく，生物学的には同一種と考えられる中国産トキを中国から1つがい譲り受け，また，それ以降も数つがいを中国から借りて人工繁殖を試みてきた。2012年現在までで，182羽までふやすことに成功している。

● **分散飼育と放鳥**　飼育頭数の増加に伴い，鳥インフルエンザなどの感染症による全滅を防ぐため，日本の数か所で**分散飼育**されるようになってきている。また，トキを自然界に戻す取り組みとして，2008年佐渡で**試験放鳥**が始まり，2012年までに7回放鳥された。2012年現在，自然界で生息が確認されている数は54羽であり，2012年4月には，放鳥されたトキのつがいから，ひなの誕生が確認された。

● **iPS細胞によるトキの再生**　2012年，国立環境研究所で，日本産トキの最後の1羽であるキンの冷凍保存された皮膚組織の細胞を使って，iPS細胞（人工多能性細胞⇒p.122, 134）をつくり，純粋な日本産トキ復活への取り組みが始まっている。

5編 生物の進化と分類

1章 生物の起源と進化

1 生命の誕生

1. 原始大気の組成

ミラーの実験が行われた当時は，原始大気の組成は，木星の大気のようにHが多く含まれた還元的なものと考えられていた。現在では，CO_2を主成分とする火星や金星の大気のように**酸化的な組成**（隕石が衝突した際に発生するガスによる）であったという考えが有力である。

図1．ミラーの実験

ミラーの実験は現在考えられている原始大気の成分で行っても有機物が生成することがわかっている。

■ 生命のもととなる有機物はどのようにしてでき，原始生命体はどのようにして生まれたのであろうか。

1 化学進化――生命誕生の準備

■ **原始地球** 地球は約46億年前に誕生したと考えられている。**原始大気**は，**二酸化炭素**（CO_2）・**窒素**（N_2）・**水蒸気**などからなり，現在の大気では20％を占める**酸素**（O_2）は含まれていなかったと考えられている。高温であった原始地球の表面が冷えるにつれて，水蒸気は雨となって降り注ぎ，**原始海洋**を形成していった。

■ **原始大気から有機物** 1950年代前半，**ミラー**は原始大気の主成分を**メタン**（CH_4）・**アンモニア**（NH_3）・**水素**（H_2）・**水蒸気**と考え，これをガラス容器に封入して加熱・放電・冷却の操作を続けて**アミノ酸**などの生物を構成する有機物が生成することを確認した。

■ **熱水噴出孔で有機物** 海洋底にある**熱水噴出孔**付近で，熱水とともに噴出する**メタン**（CH_4）・**硫化水素**（H_2S）・**水素**（H_2）・**アンモニア**（NH_3）などが，高温・高圧の条件下で有機物になったとする説もある。

■ **隕石起源の有機物** 地球に飛来する**隕石にはアミノ酸や塩基などを含むものもある**ことから，有機物の起源は地球以外の天体であると考える説もある。

■ **化学進化** 原始海洋中に蓄積したアミノ酸・塩基・糖などの有機物は互いに反応して，より複雑な有機物である**タンパク質・核酸・炭水化物へと進化**した。このような生命誕生への準備段階を**化学進化**という。

〔ポイント〕〔化学進化〕

| 無機物質 CO_2, CO, N_2, H_2O など | →（紫外線・空中放電）→ | 簡単な有機物 アミノ酸など | →（熱・高圧）→ | タンパク質，核酸，炭水化物など |

図2. 原始地球で最初の生命が誕生するまで

2 原始生命体

■ **コアセルベート** オパーリンは，タンパク質などの高分子化合物からできた液滴が生命体の起源であると唱え，これを**コアセルベート**と呼んだ。

図3. コアセルベートのでき方

■ **生命体の条件** これらの構造物では外界との境界面を通じて物質の取り込みや放出が起こる。また，内部に酵素となるタンパク質や基質となる物質が存在すると，代謝に似た化学反応が起こる。このように**代謝や成長・分裂・自己増殖能力をもつ原始生命体**[2]から生物が誕生したと考えられている。

> ポイント
> 生命活動とは…**代謝・成長・増殖**

✿2. 生命体としての3つの必要条件
① **まとまりの形成** 外界との境界をもち，生命活動に必要な物質を取り込んで確保する。
② 代謝能力
③ 自己増殖能力

■ **RNAワールドとDNAワールド** 近年，RNAがタンパク質合成（⇒p.60）のほか触媒の働きももつことがわかり，RNAが生命活動の中心を担う原始生物の時代（**RNAワールド**）があったと考えられている。その後，**遺伝情報の保持は安定した2本鎖のDNAに，触媒機能はタンパク質（酵素）が担うようになっていった**と考えられている。現在のように「DNA ⟶ RNA ⟶ タンパク質 ⟶ 生命活動」という流れで生物が活動する世界を**DNAワールド**という。

図4. RNAワールドとDNAワールド

1章 生物の起源と進化 **215**

2 生物の誕生

1 最初の生物——原核生物の時代

■ **原始生物の誕生** 最古の生物の痕跡は，約38億年前に生物の働きによると考えられる炭素であり，最古の生物の化石は，約35億年前の**原核生物**のものと考えられる。

■ **嫌気性細菌** 最初の生物は，海洋中で，化学進化などでできた**有機物を発酵で分解してエネルギーを得る従属栄養生物の嫌気性の細菌**と考える説がある。

■ **独立栄養生物の誕生** 海水中の有機物を消費するだけではやがてエネルギー源が尽きてしまう。**深海底の熱水噴出孔付近では，水素や硫黄を酸化して化学エネルギーを得る独立栄養生物の化学合成細菌**が誕生していたと考えられている。また，**光エネルギーを利用して炭酸同化を行う光合成細菌**が出現した。現在でも，従属栄養生物の嫌気性細菌と独立栄養生物の光合成細菌のどちらが先に誕生したかは明らかでない。

■ **シアノバクテリアの出現と酸素の大量発生** 約30億年前には，クロロフィルをもち，無尽蔵にある H_2O（水）を分解して生じる H で CO_2 を還元して炭酸同化を行う**シアノバクテリア**（ラン藻類）が現れた。※1 **シアノバクテリアが水を利用して光合成を始めると，大量の O_2（酸素）が生じた。**

■ **酸素の消費と広がり** まず**酸素は海水中の鉄や硫黄などの酸化で消費された**。※2 数億年かけてこれらの物質がほとんど酸化されると，大気中にも酸素が徐々に増していった。

■ **好気性細菌の出現** 水中や大気中に増加していった O_2 はもともと生物にとっては猛毒であったが，この酸化力を逆に利用し，同じ呼吸基質で発酵の19倍（最大）ものエネルギーを得られる**呼吸**を行う細菌が出現した。

※1. 古代のシアノバクテリア
シアノバクテリアは群生して**ストロマトライト**という塊をつくった（写真は西オーストラリアに現生のもの）。

これの化石が約27億年前の地層から層状の石灰岩として多量に発見されており，これもストロマトライトと呼ばれている（下）。

※2. 鉄の酸化
シアノバクテリアの光合成によって生じた酸素は海水中の鉄を酸化し，大量の酸化鉄の沈殿を生じた。これはオーストラリアの赤い大地や約20億～25億年前の地層に存在する大規模な鉄鉱床に見ることができる。

ポイント〔原始生物の進化〕

化学進化 → 原始生命体 → 嫌気性細菌（従属栄養細菌／化学合成細菌／光合成細菌） ⇒ シアノバクテリア →（O_2増加）→ 好気性細菌（呼吸を行う） → 真核生物

［原核生物］

5編 生物の進化と分類

2 真核生物の出現

■ **真核生物の出現** 真核生物の出現は，化石から，約20億年前と考えられている。真核細胞は核膜に包まれた核をもつことでより多くのDNAを安定的に保持することができ，ミトコンドリアや葉緑体などの細胞小器官でさまざまな代謝や生命活動を効率的に行えるようになった。

■ **共生説** 真核生物がもつ細胞小器官の起源について，現在は大形の嫌気性細菌に好気性細菌が共生してミトコンドリアとなり，シアノバクテリアが共生して葉緑体となったという考えが主流で，これを共生説という。

3. 核膜の起源
真核生物の核(核膜)については，細胞膜がDNAの付着した部分から陥入して，DNAを包み込んでできたとする説(膜陥入説)が唱えられている。

4. 共生説の根拠
ミトコンドリアや葉緑体は核とは異なる独自のDNAをもち，細胞内で分裂して増殖するため，もとは別個の生物であったと考えることができる。

図5. 共生説

ポイント 〔共生説──真核細胞の起源〕
大形の嫌気性細菌に｛好気性細菌が共生 ⇒ ミトコンドリア
　　　　　　　　　シアノバクテリアが共生 ⇒ 葉緑体

3 多細胞生物の出現(先カンブリア時代)

■ **多細胞動物** 多細胞生物の出現は，10億年ほど前と考えられている。各細胞が役割を分担するため，多様な機能をもつ細胞への分化が可能になり，さまざまな種類の生物が進化した。

■ **全球凍結** 約7億年前には，厚い氷河が赤道付近まで覆う全球凍結という寒冷期があり，多くの生物が絶滅した。

■ **エディアカラ生物群** やがて気候は温暖になり，生物は多様化した。約6億年前のオーストラリアの地層からはこの頃の多細胞生物の化石が見つかっている。この化石は扁平な体をもつものが多く，養分の吸収や排出は体表から行っていたと考えられている。これらの生物は，発見された地名からエディアカラ生物群と呼ばれている。

図6. エディアカラ生物群
ディッキンソニア
チャルニア
スプリッギナ

1章 生物の起源と進化　217

3 生物の変遷

1. 地球上に最古の岩石ができてから現在までを**地質時代**といい，化石をもとに，5.4億年前までを**先カンブリア時代**，それ以降を**古生代→中生代→新生代**に分けている。また，各代をいくつかの紀に細分している。
- **古生代**：**カンブリア紀**→オルドビス紀→シルル紀→デボン紀→石炭紀→ペルム紀
- **中生代**：三畳紀→ジュラ紀→白亜紀
- **新生代**：古第三紀→新第三紀→第四紀

■ 多くの地質時代の終わりには生物の大量絶滅が起きており，そのたびに生物は多様に進化してきている。

1 水中で藻類や無脊椎動物が繁栄—古生代

■ **カンブリア大爆発** 古生代初期の**カンブリア紀**には，海中で藻類が繁栄し，動物は急速に種類が増加した。これを**カンブリア大爆発（カンブリア紀の大爆発）**という。

■ **バージェス動物群，チェンジャン動物群** カナダのロッキー山脈のバージェス頁岩からカンブリア紀中期（約5.2億年前）の動物の化石が多数発見され，**バージェス動物群**と名付けられた。また，中国雲南省の澄江からも同様の動物群が見つかり，**チェンジャン動物群**と呼ばれている。これらの動物と対応する現存の動物が不明なものや，独特の形態をもったものも多い。

■ **カンブリア紀の生物** カンブリア紀には，アノマロカリスのように，**他の動物を捕食する動物が出現し，被食者−捕食者相互関係が始まった**ことで，捕食者から身を守り，からだを支える殻をもつなど，さまざまな進化が見られるようになった。**三葉虫**などの**節足動物**，オウムガイなどの**軟体動物**など，いろいろな**無脊椎動物**が繁栄した。また，脊椎動物の祖先と考えられる原索動物（⇒p.254）の**ピカイア**もこの時代に出現した。

図7．バージェス動物群（アノマロカリス，オパビニア，ハルキゲニア，ピカイア，ウィワクシア，オットイア）

カンブリア紀末期には，**硬い甲殻をもち，あご・胸びれ・腹びれをもたない最初の脊椎動物**である**無顎類**のかっちゅう魚が出現した。

■ **シルル紀からデボン紀** シルル紀になると，あご・ひれをもつ原始的な魚類が出現した。その後，遊泳能力の高いサメのような**軟骨魚類**，現生の多くの魚類が属する硬骨でできた骨格をもつ**硬骨魚類**が出現し，デボン紀にかけて繁栄した。

2. 頁岩とは堆積岩（泥岩）の一種で，薄く層状に割れやすい性質をもつ。

図8．かっちゅう魚

> **ポイント カンブリア大爆発**…古生代初期に，動物の種類が急速に増加した。**バージェス動物群**など。

218　5編　生物の進化と分類

2　酸素の増加と地球環境—古生代

■ **酸素の増加**　**シアノバクテリア**の光合成による酸素の放出に続き，カンブリア紀には，**紅藻類**・**褐藻類**・**緑藻類**などの藻類が繁栄し，その光合成によって多量の酸素が放出され，**大気中の酸素が飛躍的に増加**していった。

■ **オゾン層の形成**　上空の成層圏では，太陽からの**紫外線**を受けた酸素はオゾン（O_3）に変化して**オゾン層**を形成した。オゾン層によって，地表に降り注ぐ有害な紫外線は減少し，生物の上陸が可能となった。

図9. 酸素濃度の変化と生物進化

〔ポイント〕〔酸素の増加と地球環境の変化〕
藻類の繁栄 ⇒ 酸素（O_2）の増加 ⇒ **オゾン層**の形成
⇒ 有害な**紫外線の減少** ⇒ 生物の上陸

3　植物の陸上への進出—古生代

■ **陸上植物の出現**　有害な紫外線の減少で生物の陸上への進出が可能となり，約4億年前の**シルル紀**には，**クックソニア**や**リニア**などの植物が陸上に進出した。

■ **シダ植物の発展**　シダ植物は**維管束**をもつなど陸上生活に適応して急速に発展した。**石炭紀**には，ロボク・リンボク・フウインボクなどの**木生シダ**が高さ数十mの**大森林を形成**したが，古生代末のペルム紀には衰退した。

■ **裸子植物の出現**　この木生シダの大森林には，ソテツシダのような**シダ植物と裸子植物の中間の植物**も出現した。

4　動物の陸上への進出—古生代

■ **節足動物の陸上進出**　植物の進出により，それを食べる動物の陸上進出が可能になり，**シルル紀**には**外骨格によってからだを重力から支え，気管を使って呼吸できる昆虫類**や**クモ類**，**ムカデ類**などの節足動物が陸上に進出した。

■ **両生類の陸上進出**　**デボン紀**には，肺魚のような硬骨魚類からイクチオステガのような**両生類**が誕生して陸

★3. オルドビス紀にはコケ植物が出現したと考えられているが，化石はまだ見つかっていない。

★4. クックソニアは維管束をもたない。リニアは根・葉の分化は見られないが，維管束をもつので，シダ植物の祖先だと考えられる。

図10. 初期の陸上植物

図11. 木生シダ

1章　生物の起源と進化　219

図12. ハ虫類の卵の胚膜

図13. 古生代の海生生物

✿5. ペルム紀末，つまり古生代から中生代の境で起きた大量絶滅は，過去5億年間で最大規模のものだと考えられている。また，大規模な大量絶滅はオルドビス紀末，デボン紀末，三畳紀末，白亜紀末（⇨p.233）にも起こったことが明らかになっている。

図14. アンモナイト

上に進出した。両生類の成体は四肢をもち，肺呼吸を行うが，**皮膚は耐乾性に乏しく**，**体外受精**を行い，発生過程で胚膜（⇨p.254）を形成しないため，**受精や胚発生は水中で行う必要があり**，**水辺で生活した**。

■ **ハ虫類の出現** 　**石炭紀**には，**ハ虫類**が出現した。ハ虫類は次のような，陸上生活に適した特徴をもっている。
① 体表が厚い**うろこ**で覆われて乾燥に耐えられる。
② 外部の水を必要としない**体内受精**を行う。
③ 卵は**卵殻**や**胚膜**で包まれて乾燥から保護されている。

■ **ハ虫類・昆虫類の多様化** 　ペルム紀には，**ハ虫類や昆虫類は多様化して繁栄した**。

■ **古生代の海の生物** 　海中では，初期にはサンゴやウミユリ，その後フズリナなどが繁栄したほか，古生代を通して**三葉虫**が繁栄した。また，魚類が進化・発展した。

■ **大量絶滅** 　古生代の終わり（ペルム紀末）にはシダ植物が衰退し，三葉虫などの生物が大量に絶滅した。

> **〔古生代〕**
> カンブリア紀…**藻類の繁栄**，**無脊椎動物の繁栄**
> シルル紀…あごのある**魚類の出現**，**植物の上陸**，**昆虫類**の上陸
> デボン紀…**両生類**の出現（脊椎動物の上陸）
> 石炭紀…**木生シダ**の大森林，**ハ虫類の出現**
> ペルム紀…シダ植物の衰退，**三葉虫の絶滅**

5 ハ虫類と裸子植物の時代―中生代

■ **中生代と大陸の分裂** 　古生代には1つの塊であった大陸は，中生代になると2つに分かれて移動を開始し，しだいに現在の7つの大陸へと分散が始まった。この頃，海中では軟体動物の**アンモナイト**が繁栄した。

■ **種子植物の発達** 　シダ植物に代わって，**受精の過程で外部の水を必要とせず**，**種子をつくる**イチョウやソテツなどの**裸子植物**が増加してジュラ紀に栄えた。その後，白亜紀には**胚珠を子房で包んで保護する被子植物**が急速に繁栄して多様化し，被子植物の森林を形成していった。

■ **ハ虫類の繁栄** 　動物ではハ虫類が**乾燥した地域にも分布を広げて繁栄**した。三畳紀には原始的な哺乳類も出現していたが，中生代の間は目立った発達や繁栄はしなかった。

■ **恐竜の繁栄と絶滅** ジュラ紀には恐竜類などの大形ハ虫類が繁栄し，始祖鳥(➡p.225)なども出現した。続く白亜紀には恐竜類はさらに発展したが，白亜紀末には恐竜類は絶滅し，羽毛恐竜の仲間から鳥類が誕生した。海で繁栄していたアンモナイトも白亜紀末に突然絶滅した。

■ **大量絶滅の原因** 白亜紀末に大量絶滅が起きたのは，小惑星が衝突したからだと考えられている(➡p.233)。

図15. 始祖鳥

図16. ハ虫類の進化

ポイント
〔中生代〕
三畳紀…ハ虫類の発達，哺乳類の出現
ジュラ紀…裸子植物と恐竜類の繁栄，鳥類の出現
白亜紀末…恐竜類やアンモナイトの絶滅

6 新生代─哺乳類と被子植物の時代

■ **新生代** 約6600万年前，中生代白亜紀末に恐竜類やアンモナイトは絶滅し，新生代となった。新生代は温暖な時期(間氷期)と寒冷な時期(氷河期)がくり返す気候変動の激しい時代で，古第三紀，新第三紀，第四紀に分けられる。

■ **被子植物の繁栄** 新生代は，乾燥化のため森林が衰退し，イネ科やキク科の草本が出現して乾燥地や寒冷地に進出して分布を拡大した。また，昆虫により花粉が媒介される虫媒花が発達し，きれいな花をつけるようになった。

■ **哺乳類の時代** 気候変動の激しい環境下でも，体毛でからだをおおい，胎生と哺乳によって子孫を残すことができる哺乳類が発達し，恐竜類の生態的地位を受け継いで繁栄し，人類も出現した(➡p.222)。第四紀の氷河期には，マンモスのような大形哺乳類も出現した。

図17. 羽毛恐竜の一種

ポイント
〔新生代〕
古第三紀，新第三紀…被子植物と哺乳類の繁栄
第四紀…草原の拡大，大形哺乳類や人類の繁栄

図18. 哺乳類の発達

1章 生物の起源と進化

4 人類の進化

拇指対向性
チンパンジー　リス

腕渡り

両眼視
ヒトの視野　ウマの視野
立体視できる範囲

図19．樹上生活に適応した霊長類の特徴

❶1．両眼視により立体視した視覚情報を認識するため，嗅覚よりも視覚が発達して認識できる情報量が増加し，大脳の発達につながったと考えられている。

❶2．類人猿
現生の類人猿は，大きく分けてオランウータン，ゴリラ，チンパンジー，テナガザルの仲間からなる。

1 霊長類の出現と進化

■ **霊長類の出現**　約6500万年前，昆虫を食べていた原始食虫目の仲間が樹冠の発達した被子植物の森林の樹上に進出して初期の**霊長類**へと進化した。

■ **霊長類の特徴**　樹上生活に適応した特徴をもつ。
① **拇指対向性**　前肢の親指（第1指）が他の指と向かい合う➡木の枝をつかみやすい（→前肢が器用になった）。
② **腕歩行**　肩関節の可動範囲が広く，枝から枝へ渡り歩ける（→大後頭孔が脳の真下に移動するきっかけとなった）。
③ **両眼視**　目が顔の前方に向かってつき，立体視できる範囲が広い➡枝と枝の距離を正確に認識（→脳が発達）。

> 〔霊長類の樹上生活への適応〕
> **拇指対向性**…木の枝をつかみやすい。
> **腕歩行**…前肢を使って枝から枝へ移動できる。
> **視覚の発達・両眼視**…枝と枝の距離を認識できる。

■ **霊長類の進化**　新生代新第三紀（約2000万年前），初期の霊長類から生じたサルの仲間は，森林の枝の上を移動する**真猿類**と，尾をもたず枝にぶら下がって腕歩行を行う**類人猿**の2つの系統に分かれた。

■ **人類の出現**　やがて，アフリカ大陸で起こった大規模な造山運動による森林の後退と草原の拡大で，類人猿のグループから地上（草原）に進出するもの（人類）が現れた。

2 人類の特徴

■ **直立二足歩行**　**直立二足歩行**によって，前肢が開放され，さまざまな道具の作成や使用が可能となった。
■ **その他のからだの特徴**
① 後肢の指は短くなり，土踏まずやかかとをもつ足に発達。
② 脊椎骨と首をつなぐ**大後頭孔**は後端から頭骨の真下に移り，脊柱はS字状となって，重い脳を支持可能となった。
③ 道具の使用や作成・言語の使用が大脳の発達を促進した。
　また，人類は類人猿と異なる図20のような特徴をもつ。

5編　生物の進化と分類

チンパンジー		ヒト
小さい	脳の容積	大きい
あり	眼窩上隆起	なし
斜め後方	大後頭孔	真下
突出	上下のあご骨	平ら
大きい	犬歯	小さい
なし	おとがい	あり
長い	前肢	短い
C字状	脊柱の形	S字状
縦長	骨盤の形	横広
短い	後肢	長い
平ら	足の底	アーチ状

図20. 類人猿と人類の比較

③ 猿人から現生人類へ

■ **猿 人** 人類は約700万年前に誕生したとする説もあるが明確ではない。約440万年前のアフリカのエチオピアの地層からラミダス猿人の化石，約300万年前の地層からは**アウストラロピテクス**の化石が見つかっている。これらの仲間は脳容量がゴリラと同じ500 mL程度で，まとめて**猿人**という。

■ **人類の進化**

① **原人** 約200万年前には，脳容量1000 mLの北京原人，ジャワ原人などの**ホモ・エレクトス（原人）**が出現した。彼らは石器や火を用いていた。

② **旧人** 約30万年前には，脳容量が1500 mLで現代人とほぼ同じ脳の大きさをもつ**ホモ・ネアンデルターレンシス（ネアンデルタール人）**が現れた。**旧人**とも呼ばれる彼らは現代人より眼窩上隆起が大きく，額が傾斜していた。また，死者を埋葬した痕跡も見つかっている。

③ **新人** **約20万年前**には，現代人の直接の祖先である**ホモ・サピエンス（新人）**が現れた。ミトコンドリアDNAの解析からネアンデルタール人とは別種とされたが，彼らの遺伝子の一部も混じっているとする研究もある。新人は，発達した**言語**をもち，知識や技術を伝えることができ，10万年ぐらい前から世界各地に広まり始めた。

✿ **3.** ラミダス猿人は直立二足歩行をするが，樹上生活をしていたと考えられている。

アウストラロピテクス（猿人）
300〜700万年前
脳容量 500 mL

ホモ・エレクトス（原人）
200万年前
脳容量 1000 mL

ホモ・ネアンデルターレンシス（旧人）
30万年前
脳容量 1500 mL

ホモ・サピエンス（新人）
20万年前
脳容量 1500 mL

図21. 人類の頭骨と脳容量の比較

1章 生物の起源と進化

5 進化の証拠

■ 化石や現生生物に見られる進化の証拠を調べてみよう。

1 化石――進化の重要な手がかり

■ **化石とは** 地質時代の生物の遺骸や生活の痕跡が堆積岩の地層中で微細な鉱物に置きかわって地層に残っているものを化石といい，過去の生物の状況を伝え進化の証拠を示す有力な手がかりとなる。

■ **示準化石** 特定の年代に限定して広い地域に分布していた生物の化石で，その地層の年代を知る手がかりとなる化石を示準化石という。

- 古生代…三葉虫，フズリナなど
- 中生代…アンモナイト，恐竜類など
- 新生代…マンモスなど大形哺乳類，クジラ，コウモリ

■ **示相化石** 化石となる生物が生息していた環境を示す化石を示相化石という。たとえばサンゴの化石は，その場所が当時温かくて浅い海であったことを示している。

> **ポイント**
> 示準化石…年代を特定することができる化石
> 示相化石…環境を推定することができる化石

図22. フズリナ
フズリナは石灰質の殻をもった有孔虫で，古生代末に絶滅した単細胞の原生動物である。円盤形，球形，紡錘形の種類が存在した。

> サンゴは共生する藻類が光合成できない環境下では死んでしまうから，海底まで光が届く海だということ。

2 化石が示す進化の証拠

① 連続的な変化を示す化石

■ **ウマの化石** ウマやゾウなどの化石を地層の年代順に調べると連続的な変化が見られる。

図23. ウマの進化

森林生活 → 草原生活

ヒラコテリウム	メソヒップス	メリキップス	エクウス（現生のウマ）
臼歯 約30cm			肩までの高さ 約1.5m
(5500万年前)	(3600万年前)	(2500万年前)	地面につかない
前肢の骨格 4本指	3本指	3本指	1本指

足指の減少　大形化

2 中間形を示す化石

- **始祖鳥** 始祖鳥（⇨p.221）は，飛行に適した翼をもち，全身が羽毛に包まれているなど，鳥類の特徴をもつが，翼にかぎ爪があり，くちばしがなく，両あごに歯があり，翼の筋肉を支える竜骨がなく，尾骨の発達した長い尾をもつなど，鳥類とハ虫類の両方の特徴をもっているので，ハ虫類の中の恐竜類の一種が鳥類へ移行する過渡期の形態を示しているといえる。

- **シダ種子植物** シダ種子植物は古生代石炭紀に繁栄した植物で，シダ植物と同様の茎や葉をもつが，種子を形成するのでシダ植物と種子植物の中間形といえる。

> **ポイント**
> 連続的変化を示す化石…ウマ・ゾウ
> 中間形を示す化石…始祖鳥・シダ種子植物

図24．始祖鳥と鳥類

図25．シダ種子植物

3 現生生物の形態が示す進化の証拠

- **生きている化石** 過去に繁栄し，現在も生息している生物を**生きている化石**といい，過去の生物の形態や進化の移行段階を示すものが多い。次のようなものがある。

① **シーラカンス** 2対の胸びれの内部に骨格が発達し，原始的な肺（うきぶくろ）をもつなどの点で魚類から両生類への進化を示す。

② **カモノハシ** 全身が毛でおおわれていて乳汁で育児する哺乳類であるが，卵生であるなどの特徴を残し，両生類から哺乳類への進化を示す。

③ **イチョウ** 裸子植物であるが，精細胞ではなく精子をつくるという点でシダ植物の特徴を残す。

- **痕跡器官** 近縁の生物では発達しているが，ある生物では退化した状態で存在する器官を**痕跡器官**という。 例 ヒトの虫垂や尾骨，瞬膜（まぶたと眼球の間にある半透明の膜），耳を動かす筋肉，クジラの後肢

図26．シーラカンス

図27．痕跡器官

1章　生物の起源と進化

図28. 相同器官と相似器官

トリ（翼）　コウモリ（翼）　ヒト（腕）　ワニ（前肢）　クジラ（胸びれ）

上腕骨　とう骨　尺骨　手骨

相同器官

チョウのはねは表皮に由来

相似器官

■ **相同器官**　異なる形態や働きをもつが，発生過程や基本構造から同じ器官とみなせる器官どうしを**相同器官**という。

例　ワニ，鳥類，クジラ，ヒトなどの前肢の骨格構造（⇒図28）

■ **相似器官**　形態や働きは似ているが，異なる器官に起源があると考えられる器官どうしを**相似器官**という。

例　鳥類の翼（前肢）とチョウのはね（表皮）

ポイント
相同器官…形は違っても起源が同じ ⇒ 共通の祖先
相似器官…形や用途が近いが基本構造が違う。

4 発生過程に見られる「進化」

■ **発生反復説**　動物の個体発生の過程を観察すると，その祖先と考えられる動物の姿を経て発生が進んでいくような現象が見られる。そのことから**ヘッケル**は「**個体の発生は系統発生をくり返す**」という**発生反復説**を提唱した。

図29. 脊椎動物の胚発生の比較

個体発生　系統発生

ポイント
発生反復説…**ヘッケル**が提唱。
「個体の発生は系統発生をくり返す」

◎1. 現在では両生類から羊膜類（⇒p.254）が分岐したときにハ虫類の祖先と哺乳類の祖先が別々に進化したと考えられ，哺乳類がジュラ紀に出現するまでの祖先動物はハ虫類とは別の動物とされている。

■ **心臓の構造に見る証拠**　ヒトの心臓の構造は，発生が進むにつれて**1心房1心室から2心房2心室**へと変化する。この変化は，魚類 ⟶ 両生類[※1] ⟶ 哺乳類という進化の過程と対応していると考えると説明がつく。

■ **窒素排出物に見る証拠**　ニワトリの胚の窒素排出物の変化を見ると，**アンモニア ⟶ 尿素 ⟶ 尿酸**へと変化する。これは，魚類 ⟶ 両生類 ⟶ ハ虫類・鳥類という進化の過程を示している。

ポイント　〔ニワトリの窒素排出物の変化〕
アンモニア ⇒ 尿素 ⇒ 尿酸
魚類　　　両生類成体　ハ虫類・鳥類

226　5編　生物の進化と分類

5 形態と系統から見られる進化

■ **適応放散** オーストラリア大陸の有袋類は，樹状生活をするコアラ，草原生活をするカンガルーなど，さまざまな生活様式に適応しながら進化して多様な形態を示している。このような現象を**適応放散**という。

■ **収束進化** 有袋類のフクロモモンガと真獣類のモモンガは，祖先の系統は異なるが，よく似たからだの特徴をもつ。これは生活様式に適応して進化（⇒p.230）した結果と考えられる。これを**収束進化**（収れん）という。

> **ポイント**
> **適応放散**…同じ祖先からさまざまな形態に進化
> **収束進化**…異なる祖先から似たような形態に進化

図30．適応放散と収束進化

6 分子の比較による進化の証拠

■ **アミノ酸配列** 同じタンパク質でも，それを構成するアミノ酸の配列は生物の種類によって一部異なる。例えばヒトのヘモグロビンのα鎖を構成するアミノ酸の配列を比較すると，右図のように違いがある。このとき近縁な種ほど異なるアミノ酸の数が少なく，ヒトとゴリラとでは1つしか違わない。

図31．ヘモグロビンのα鎖のアミノ酸配列の比較

コイ	イモリ	ウサギ	イヌ	ウシ	ヒト	
85	84	75	80	75	79	サメ
	74	71	67	65	68	コイ
		69	65	64	62	イモリ
			26	25	25	ウサギ
				28	23	イヌ
					17	ウシ

ヒトとゴリラとでは約140個のアミノ酸のうち23番目だけが違う。

■ **DNAの塩基配列** 2種類の生物間でDNAの塩基配列を比較すると，アミノ酸配列に現れない違いも含まれ，より多くの情報が得られるので，より多くの生物の関係を正確に調べるのに有用である。ミトコンドリアDNAは進化が速く，より近縁の動物どうしを比較するのに適している。

■ **分子系統樹** 3種類以上の生物について分子の違いの大きさを比較し，推測される類縁関係を，樹形図上の距離で示したものを**分子系統樹**という。形態にもとづいてかかれた系統樹と異なる形になることもある（⇒図32）。

■ **分子時計** 塩基の置換速度は一定で，2種間の分子の違いの割合から，両者が共通の祖先から分かれた時期を求めることができる。これを**分子時計**という（⇒p.231）。

> **ポイント**
> **分子系統樹** ）2種間の違いが少ないほど共通の
> **分子時計** 　）祖先から分かれた時期が新しい。

図32．形態による系統樹（上）と分子系統樹（下）

1章 生物の起源と進化 227

6 進化のしくみと進化説

参考 **古典的な進化説**
- ラマルク「用不用説」(1809年) よく使われる器官が発達するが, 使わない器官は退化する。
- ダーウィン「自然選択説」(1859年) 自然環境が環境に適応したものを選択し, 適者が生存する。
- ワグナーら「隔離説」(1868年) 地理的隔離や生殖的隔離によって新種ができる。
- ド・フリース「突然変異説」(1901年) 突然変異こそが進化の原因であるとする説。

■ 生物の進化の要因と進化のしくみは, 現在ではどのように考えられているのだろうか。

1 突然変異は進化の原因の1つ

■ **突然変異と進化** 個体間の形質の違い(**変異**)のうち, 遺伝子や染色体が変化して起こるものを**突然変異**という。突然変異には, DNAの塩基配列が変化する**遺伝子突然変異**と染色体が変化する**染色体突然変異**がある。突然変異の確率は低いが, 個体群内の遺伝子のバランスが崩れるきっかけとなりうるので, 生物進化の原因の1つとなる。

■ **遺伝子突然変異** 遺伝子突然変異は, DNAの複製の過程で, 塩基の置換・欠失・挿入などの誤りが起こってDNA修復ができなかったとき, **DNAの塩基配列が変化し, コドン, アミノ酸配列が変化することで起こる**。かま状赤血球貧血症(⇒p.64)やアルビノ(白化⇒p.66)などがある。

■ **染色体突然変異**…染色体突然変異は, 染色体の構造的な異常による**欠失**や**転座**, **重複**, **逆位**などと, 染色体数の異常による**倍数性**と**異数性**がある。

① **倍数性** 染色体数がゲノム(生殖細胞の染色体数)の単位で変化して, $3n$, $4n$, $6n$といった染色体構成になることを**倍数性**という。倍数性の個体を**倍数体**と呼ぶ。

② **異数性** 染色体数が$2n±a$のように, ふつうの体細胞$2n$に対して染色体数が1本単位で増減する場合を**異数性**という。異数性の個体を**異数体**という。

例 ヒトのダウン症候群(21番染色体が1本多い)

図33. 染色体の異常構造
- 正常な染色体 ABCD
- 欠失 ABC
- 転座 ABCD G
- 重複 ABCD CD
- 逆位 ACBD

2 遺伝子頻度の変化で進化は考える

■ **集団遺伝学** 生物の集団を多数の遺伝子の集団としてとらえ, 遺伝子構成の変化や要因にもとづいて進化を考える研究分野を**集団遺伝学**という。

■ **遺伝子プール** 集団遺伝学では, 個体群を遺伝子の集まりとしてとらえる。集団内にあるすべての対立遺伝子を**遺伝子プール**と呼び, **遺伝子プール内の遺伝子頻度の変化**という見方から, 進化のしくみを探る。

図34. コムギの倍数体
- 一粒コムギ AA ($2n=14$)
- 野生型コムギ BB ($2n=14$)
- 倍数化 → マカロニコムギ(二粒コムギ) $AABB$ ($2n=28$)
- タルホコムギ DD ($2n=14$)
- 倍数化 → パンコムギ $AABBDD$ ($2n=42$)

■ **遺伝子頻度**　例えば，個体数10の集団でAAが7個体，Aaが2個体，aaが1個体のとき，Aとaの遺伝子頻度は，

$$A : \frac{7}{10} + \frac{2}{10} \times \frac{1}{2} = 0.8 \quad a : \frac{1}{10} + \frac{2}{10} \times \frac{1}{2} = 0.2$$

この集団の子の代の遺伝子頻度は，右の表1より，
　$(0.8A + 0.2a)^2 = 0.64AA + 0.32Aa + 0.04aa$　　となり，
　表現型〔A〕は　$0.64 + 0.32 = 0.96 (96\%)$
　表現型〔a〕は　0.04　　　　　　　　(4%)
すなわち，表現型では，親の代の$(7+2) : 1$から，子の代では，$96 : 4$の比に変わるが，遺伝子の頻度で見ると，

$$A : 0.64 + 0.32 \times \frac{1}{2} = 0.8 \quad a : 0.32 \times \frac{1}{2} + 0.04 = 0.2$$

となり，<u>代を重ねても遺伝子頻度は変化しない</u>ことになる。

♂＼♀	$0.8A$	$0.2a$
$0.8A$	$0.64AA$	$0.16Aa$
$0.2a$	$0.16Aa$	$0.04aa$

表1．子の代の遺伝子頻度

③ ハーディ・ワインベルグの法則

■ **ハーディ・ワインベルグの法則と遺伝子平衡**　代を何代経ても遺伝子頻度は変化しない集団を**メンデル集団**[注1]という。このような安定した状態を**遺伝子平衡**といい，この関係を示した法則を，**ハーディ・ワインベルグの法則**という。

■ **ハーディ・ワインベルグの式**　ある個体群における対立遺伝子A，aの遺伝子頻度に注目し，それぞれをp，q（ただし，$p + q = 1$）とすると，この集団の子の代の遺伝子頻度は次の式から求められる。

$$(pA + qa)^2 = p^2AA + 2pqAa + q^2aa$$

すなわち，$AA : Aa : aa = p^2 : 2pq : q^2$となる。したがって，子の集団の対立遺伝子の頻度は（条件より$p + q = 1$），

　Aの頻度：$p^2 + 2pq \times \frac{1}{2} = p^2 + pq = p(p+q) = p$

　aの頻度：$q^2 + 2pq \times \frac{1}{2} = q^2 + pq = q(q+p) = q$

であり，親の代の遺伝子頻度と同じで，変化していない。

■ **ハーディ・ワインベルグの法則と進化**　メンデル集団では遺伝子平衡が成立しており，<u>進化が起こらない</u>。しかし，現実の生物は進化していることから，メンデル集団の条件に合わない点が進化の要因[注2]であると考えられる。

❁1．メンデル集団の条件
①集団を構成する個体数は十分に大きい。
②その集団から個体の移出，移入がない。
③その集団の中で子孫を残すとき，交配が任意（ランダム）に行われる。
④突然変異は起こらない。
⑤どの個体も生存能力は同じである（自然選択が働かない）。
以上の①〜⑤の条件にあてはまる仮想集団を**メンデル集団**という。

❁2．生物の進化の要因としては，突然変異，自然選択のほか，遺伝的浮動や隔離（⇨p.231）などもあると考えられている。

> **ポイント**
> **メンデル集団⇨遺伝子平衡**が成立⇨進化しない。
> （メンデル集団の条件に合わない点が進化の要因）

1章　生物の起源と進化　**229**

3. 同じような生態的地位で生活する生物は、異なる生物であっても、**適応進化**の末に同じような形態をもつようになる。これが**収束進化(収れん)**である(⇨ p.227)。

図35. ハナカマキリの擬態

図36. ランとスズメガの共進化

図37. オオシモフリエダシャク

表2. オオシモフリエダシャクの再捕獲率

	明色型	暗色型
田園地帯	12.5%	6.3%
工業地帯	25.0%	53.2%

再捕獲率の高い型が多く生息する型といえるので、田園地帯では明色型、工業地帯では暗色型が多く生息することがわかる。

4 自然選択も進化の要因

■ **自然選択** 生物集団内の個体のなかで、環境に対して、自身の生存や生殖などに有利な遺伝形質をもつ個体が次の世代を多く残すことを**自然選択**という。自然選択はいろいろな要因によって起こるが、その生物集団に対して自然選択を引き起こす要因を**選択圧**という。

■ **適応進化** 自然選択の結果、ある生物集団がしだいにその環境に適した遺伝形質をもつ集団に変化することを**適応進化**という。

■ **適応進化の例** 自然選択による適応進化の例として、擬態、共進化、性選択、工業暗化などの例が知られている。

① **擬態** ハナカマキリはランの花と見分けがつかないほど色や形が似ている。これを**擬態**という。擬態によって**捕食者や餌となる生物に見つかりにくくなり、生存に有利**である。

② **共進化** ランの一種が花筒を長くして蜜腺まで距離を遠くすると、スズメガの一種は口器を長くすることで蜜を独占的に得るようになる。一方、ランの花はスズメガによって、確実に同じ種の花に花粉を運ばせることができる。この例のように、**異なる生物が生存・繁殖などに影響を相互に与えながら進化する現象を共進化**という。

③ **性選択** ある種の鳥類の雌は、長い尾をもつ雄を選んで交尾する。このように**生殖行動において異性間や同性間の相互作用が選択圧となる場合を性選択**という。

④ **工業暗化** イギリスに生息するガの一種、オオシモフリエダシャクには、野生型で白っぽい**明色型**と突然変異により生じた黒っぽい**暗色型**が存在する。19世紀中頃まで、このガの生息地域では、樹木の幹が白っぽい地衣類(菌類と藻類が共生したもの)におおわれ、明色型が保護色で目立ちにくく、暗色型は鳥に捕食される率が高いため全体の1%程度であった。しかし、工業化による煤煙のため樹木の幹が黒ずんだ結果、暗色型が保護色となり捕食者に見つかりにくくなり、急速に暗色型が増加した。これを**工業暗化**という。

> **ポイント**
> **自然選択**の結果、**適応進化**が起こる。
> 適応進化の例…擬態、共進化、性選択、工業暗化

230 5編 生物の進化と分類

5 遺伝的浮動も進化の要因

■ **遺伝的浮動** 遺伝形質を決める対立遺伝子Aとaの間で生存に有利や不利の関係が生じないようなときでも，次の世代に伝えられる遺伝子頻度は同じではなく，偶然によって変化する場合がある。これを**遺伝的浮動**という。

■ **びん首効果** 生物集団が災害などで著しく小さな集団に分かれると，母集団とは遺伝子頻度が著しく異なる現象を**びん首効果**という。これは，遺伝的浮動の一例である。

図38. びん首効果

6 隔離によって種も分化する

■ **隔離** 個体群が何かの原因で隔てられることを**隔離**といい，地理的隔離と生殖的隔離がある。
■ **地理的隔離** 山脈・海・砂漠などで隔てられて交配できなくなることを**地理的隔離**という。
■ **生殖的隔離** 生殖時期や生殖器の変化などによって交配できなくなることを**生殖的隔離**という。
■ **種分化** 生殖的な隔離が成立すると，両集団は別の種となる。これを**種分化**といい，種分化を含めて種より高次の規模で起こる進化を**大進化**という。これに対して，種分化には至らない小規模な進化を**小進化**という。

図39. 種分化が起きる要因

7 分子進化

■ **分子進化** DNA分子の塩基配列やタンパク質のアミノ酸配列のような分子に見られる変化を**分子進化**という。
■ **中立進化** 分子進化が起こっても，その形質が自然選択を受けないような進化を**中立進化**という。
■ **分子時計による進化の分析** 自然選択を受けない中立的な突然変異は一定の速度で分子内に蓄積する（**分子時計** ⇒ p.227）ので，脊椎動物のヘモグロビンのアミノ酸配列など，共通の起源をもつタンパク質やDNAの相違を調べれば，それらがいつ共通の祖先から分かれたかがわかる。

✿4. **中立進化説**
分子レベルの変化は大部分が生存にとって有利でも不利でもなく自然選択は働かない。したがって，進化の原因は**遺伝的浮動**と**突然変異**によると考える説。木村資生によって提唱された説で，単に**中立説**ということもある。

ポイント
〔進化のしくみ〕

　　　　　　　　地理的隔離　　生殖的隔離
　　　　　　　　　↓　　　　　　↓
ある種 ⇒ 遺伝子構成 ⇒ 遺伝子頻度 ⇒ 別種に分化
　　　　　の変化　↑　　の変化　↑　（大進化）
　　　突然変異　　　自然選択・遺伝的浮動

1章　生物の起源と進化　231

7 地質時代と生物の変遷のまとめ

地質時代		〔×年前〕	おもなできごと	動物	植物
先カンブリア時代		46億	地球の誕生 **化学進化** ⇩	無脊椎動物の時代	藻類の時代
		40億？ 30億 20億 10億 6.0億	生命の誕生 シアノバクテリアの出現 ⇨ 光合成によりO_2発生 真核生物の出現（細胞共生説） 多細胞生物の出現 藻類の出現・繁栄（呼吸による使用可能なエネルギーの増加，細胞の複雑化・多様化） 海生無脊椎動物の出現・繁栄 **エディアカラ生物群**		
古生代	カンブリア紀	5.4億	藻類の発達 三葉虫の出現 **バージェス動物群，チェンジャン動物群**（カンブリア大爆発） 脊椎動物の出現（無顎類）		
	オルドビス紀	4.9億	**オゾン層**の形成　　　　　　　　　**大量絶滅**	魚類の時代	シダ植物の時代
	シルル紀	4.4億	魚類（あご・ひれをもつ）の出現，植物の陸上進出 節足動物（昆虫類など）の陸上進出		
	デボン紀	4.2億	大形シダ植物の出現 裸子植物の出現 **両生類の出現**（脊椎動物の陸上進出）　　**大量絶滅**		
	石炭紀	3.6億	**木生シダが大森林**を形成 両生類の繁栄 ハ虫類の出現	両生類の時代	
	ペルム紀（二畳紀）	3.0億	シダ植物の衰退，裸子植物の発達　　**大量絶滅** **三葉虫の絶滅**		
中生代	三畳紀（トリアス紀）	2.5億	ハ虫類の発達　　　　　　　　　　　**大量絶滅** 哺乳類の出現	ハ虫類の時代	裸子植物の時代
	ジュラ紀	2.0億	裸子植物の繁栄 被子植物の出現 ハ虫類（**恐竜類**など）の繁栄 鳥類の出現		
	白亜紀	1.4億	恐竜類の発達 アンモナイト類の発達 **恐竜類とアンモナイトの絶滅**　　　**大量絶滅**		
新生代	古第三紀	6600万	被子植物の繁栄	哺乳類の時代	被子植物の時代
	新第三紀	2300万	哺乳類の多様化と繁栄 **猿人**の出現（700〜300万年前）		
	第四紀	260万	草本植物の発達と草原の拡大 **ホモ・サピエンス（新人）**の出現（20万年前）		

232　5編　生物の進化と分類

ホッとタイム

知って得する？！小惑星衝突と生物の大量絶滅！

- **小惑星** 惑星よりも小形で岩石や金属を主成分とする天体を**小惑星**という。多くは火星と木星の間の軌道を公転しているが，地球付近を通過する可能性のある小惑星もある。

- **衝突のエネルギー** 物体のもつ**運動エネルギー**は $\frac{1}{2}mv^2$ で示され（m は質量，v は速度），**質量と速度**によって決まる。直径10km程度の小惑星が地球に衝突した場合，その質量と速度は非常に大きく，衝突のエネルギーは膨大で，地球の気候を激変させ，生物の大量絶滅をもたらすのに十分な破壊力がある。

図1．小惑星の衝突

- **恐竜絶滅と小惑星** 中生代白亜紀末期の6600万年前，メキシコのユカタン半島沖の浅い海に，直径約10kmの小惑星が，15～20km/s（時速54000km）の猛スピードで衝突した。ちなみにジェット機の速度は時速900kmなので，その60倍もの速度で衝突したのである。この運動エネルギーは膨大で，衝突地点の海水は一瞬のうちに吹き飛び，海底に直径180km，深さ30kmの巨大な**クレーター**ができた。また，衝突の衝撃でマグニチュード11もの**超巨大地震に相当する揺れ**が起こり，沿岸部を高さ約300mの**巨大津波**が襲ったと考えられている。ちなみに，マグニチュードは1大きいとそのエネルギーは約32倍で，東日本大震災（2011年3月11日）のときに三陸沖で発生したマグニチュード9の地震に対して，小惑星の衝突は約1000倍ものエネルギーがあったことになる。周辺の陸地では**大規模火災**が発生したうえ，衝突時の粉塵は成層圏（高度10～50km）まで舞い上がって太陽光を数か月～数年間さえぎり，冬のような気候が続いたと考えられる。これを「衝突の冬」という。この日射量の減少と寒冷化によって，**生産者である植物**はほとんど光合成ができずに枯れ，**食物連鎖**でつながっていた植物食恐竜も動物食恐竜も比較的短期間の間に絶滅したと考えられている。こうして，**当時の生物種の約70％が絶滅**し，中生代から新生代に入ったと考えられる。

図2．白亜紀末に絶滅した生物（ティラノサウルス，ケツアルコアトルス，アンモナイト，トリケラトプス）

- **衝突の証拠** ユカタン半島沖の海底で発見されたチチュルブ・クレーターが巨大な小惑星の衝突の痕跡だと考えられている。また，地球上では少なく小惑星では多い重金属の**イリジウム**を含む薄い粘土層（K-T境界）が，**中生代白亜紀と新生代古第三紀の境界の地層**から見つかっている。このK-T境界は，地球上に広く分布し，日本でも北海道の帯広付近で見つかっている。

テスト直前チェック　定期テストにかならず役立つ！

1. □ 原始地球の大気には含まれず，現在の大気に比較的多く含まれている気体は何？
2. □ 地球上に生命が誕生する以前に，生物を構成する複雑な有機物ができた過程を何という？
3. □ 生命が誕生した場所として有力視されているのは海底の何という部分？
4. □ 最初に地球上に現れたのは，真核生物と原核生物のどちらか？
5. □ 初期の生命体で遺伝情報の保持と触媒を兼ねていたと考えられる物質は何？
6. □ 水を材料として，酸素を発生する光合成を始めた生物を何という？
7. □ 好気性細菌が初期の真核生物と共生してできたと考えられる細胞小器官を何という？
8. □ 前述の6が初期の真核生物と共生してできたと考えられる細胞小器官を何という？
9. □ 先カンブリア時代の地層から化石として発見された，多様な多細胞生物を何という？
10. □ 古生代で「大爆発」と呼ばれるほどの生物の多様化が起こったのは何紀？
11. □ 10に現れた生物で，古生代末まで繁栄し，古生代の示準化石とされる生物を何という？
12. □ 10に繁栄した藻類の光合成により成層圏にできた，紫外線を吸収する層を何という？
13. □ 先に陸上に進出したのは，節足動物と脊椎動物のどちらか？
14. □ 石炭紀に繁栄し，大森林を形成したリンボク，フウインボクは何植物？
15. □ 恐竜類やアンモナイトが絶滅したのは何時代の何紀？
16. □ 人類と類人猿とを区別する最大の特徴は何？
17. □ 約20万年前に現れた，現代人の直接の祖先である人類は？
18. □ もとは同じ生物が環境に合わせて進化し，多様な形態を示している現象を何という？
19. □ 生物間の分子の違いを比較し，類縁関係を推測して樹形図の形で示したものを何という？
20. □ 進化の要因ともなる，DNAの複製時などに起こるDNAの塩基配列の変化を何という？
21. □ メンデル集団では代を重ねても遺伝子頻度が変化しないという法則を何という？
22. □ 適応進化の例で，異種の生物が相互に影響を与えながら進化する現象を何という？
23. □ 分子進化が起こっても，その形質が自然選択を受けないような進化を何という？

解答

1. 酸素
2. 化学進化
3. 熱水噴出孔
4. 原核生物
5. RNA
6. シアノバクテリア
7. ミトコンドリア
8. 葉緑体
9. エディアカラ生物群
10. カンブリア紀
11. 三葉虫
12. オゾン層
13. 節足動物
14. シダ植物
15. 中生代の白亜紀
16. 直立二足歩行
17. ホモ・サピエンス（新人）
18. 適応放散
19. 分子系統樹
20. 遺伝子突然変異
21. ハーディ・ワインベルグの法則
22. 共進化
23. 中立進化

定期テスト予想問題 解答→ p.277~279

1 生命の誕生

地球は約（ a ）億年前に誕生した。以前は原始地球の大気はメタン，アンモニア，水素，水蒸気と考えられていたが，①現在では異なったものが考えられている。アメリカの（ b ）は，前述の②原始大気の組成をガラス容器に入れてアミノ酸などの有機物が生じることを証明した。また，（ c ）は海中でタンパク質などの高分子物質が③液状の粒構造をつくり，これが内部での化学変化や分裂による増殖などを行うようになり，細胞の起源になったと考えた。

(1) 文中の空欄a～cに入る数や人名をそれぞれ答えよ。
(2) 文中の下線部①の原始大気の組成は何か。
(3) 文中の下線部②のような現象や，さらに複雑な有機物ができた生命誕生への準備段階を何というか。
(4) 文中の下線部③のことを，空欄cの人物は何と名付けたか。

2 原始生物の進化

次の文中の空欄a～gにそれぞれ適当な語句を記せ。
地球上に誕生した最初の生物は，化学進化でできた有機物を嫌気的に分解してそのエネルギーを利用する細菌であったと考えられる。やがてそれらの生物のなかから自ら有機物を合成する光合成細菌が出現した。この細菌は光合成の水素源に（ a ）を用いていたが，この代わりに無尽蔵にある（ b ）を使ってCO_2を還元するシアノバクテリア類が出現した。このシアノバクテリア類が化石化した層状の石灰石が（ c ）で，光合成の産物として発生した（ d ）が海水中の（ e ）を酸化してできた鉱床が西オーストラリアなどに現在でも存在する。これらはすべて（ f ）生物であるが，約20億年前には（ g ）生物が誕生した。

3 生物の変遷

次のa～fはいろいろな地質時代に見られる生物の名称を示したものである。
 a アンモナイト　 b フズリナ
 c 始祖鳥　　　　 d 三葉虫
 e マンモス　　　 f 恐竜類

(1) それぞれ古生代，中生代，新生代のうちどの時代に属するか。
(2) これらの化石のように，その化石を含む地層が形成された時代を推測する手がかりとなる化石を何というか。
(3) ある化石が(2)に該当するためには，どのような条件を備えている必要があるか。

4 人類の出現

人類の出現に関する次の各問いに答えよ。
(1) 霊長類がもつ他の哺乳類と異なる特徴を，次の①・②について簡単に説明せよ。
 ① 手の指　　② 目の位置と機能
(2) ヒトがもつ類人猿と異なる特徴を，次の①～④について簡単に説明せよ。
 ① 頭骨の容積　　② 下あごの形
 ③ 前肢と後肢の長さ　　④ 骨盤の形
(3) 次のア～エの霊長類を，出現順に並べよ。
 ア ホモ・エレクトス
 イ アウストラロピテクス
 ウ ホモ・サピエンス
 エ ネアンデルタール人

5 進化の証拠

生物の進化を示す証拠は，化石のほか，現在生きている生物からも得ることができる。次の各問いに答えよ。
(1) 生きている化石は異なる2つの生物群の中間形を示すものが多いが，次の①，②はそれぞれ何類と何類の中間形か。

1章　生物の起源と進化　235

① シーラカンス
② イチョウ
(2) 2種類の生物間で形態は異なるが，発生学上の起源が同じ器官どうしを何というか。

6 遺伝子頻度と集団遺伝学

遺伝子頻度に関する次の各問いに答えよ。
(1) ある生物集団で，生存や生殖の有利不利に関係しない遺伝子A, aについて，遺伝子型AA, Aa, aaの頻度はそれぞれ0.4, 0.4, 0.2であった。Aとaの遺伝子頻度を答えよ。
(2) (1)の集団で自由交配が行われた場合，次代の各遺伝子の頻度を答えよ。
(3) ある1つの集団全体について，その遺伝子構成が代を重ねても変化せず安定していることを示した法則を何というか。
(4) (3)の法則が成立するにはいくつかの条件を満たす必要がある。その条件について，次の①～③のほかにあと2つ答えよ。
①個体数が十分多い。
②突然変異が起こらない。
③交配が任意に(自由に)行われる。
(5) アフリカのある地域ではかま状赤血球を発現する遺伝子sの頻度が0.2にも達する。この地域の遺伝子プール内で完全に自由交配が行われているとして，重い貧血症を発症する遺伝子型ssの人および貧血症を伴わないがマラリアに感染しにくい体質になる遺伝子型Ssの人の頻度をそれぞれ求めよ。

7 突然変異

進化の要因の1つと考えられている突然変異には，①DNAの塩基配列に異常が起こる場合と，②染色体の一部または数に異常が起こる場合がある。突然変異が生殖細胞に起こると次の代に遺伝するので，生物集団内の遺伝子構成に変化を与えるきっかけとなる。各問いに答えよ。
(1) 文中の下線部①，②のような突然変異をそれぞれ何というか。
(2) ②のうち，染色体の部分的な異常によって起こるものを，次のア～カからすべて選べ。
ア 異数体　イ 欠失　ウ 転座
エ 逆位　オ 倍数体　カ 重複

8 自然選択

生物進化の要因となる自然選択は，生存や生殖に有利な形質をもつ個体が子孫を多く残すために起こると考えられている。各問いに答えよ。
(1) 自然選択を引き起こす要因を何というか。
(2) 捕食者となる生物からの(1)を避けるために動物が獲得した形態を何というか。
(3) 配偶行動において，雌に見られる配偶相手の選り好みが(1)となる場合を何というか。

9 生物進化のしくみ

次の文中のa～fに適当な語句を記入せよ。
　現在，生物進化のしくみは次のように考えられている。ある種の遺伝子プールのなかで，まず(a)が起こることによって遺伝子構成が変化する。この確率は低いため，これだけでは生物進化につながらないが，この変異個体が環境に適した遺伝子をもつかどうかの(b)が働いて遺伝子頻度が変化する。また，変異が生存に有利・不利のない変異であっても，次世代に伝えられる遺伝子頻度が偶然変化する場合がある。これを(c)といい，これも遺伝子頻度を変化させる要因となる。さらに個体群が海などで小集団に分断されたりする(d)隔離が働くと，cなどの影響が強く現れる。こうしてcが大きくなると，お互いに交配できなくなるような(e)隔離が起こって新しい種が出現する。
　以上のような現象を(f)という。

化石クイズ

Q 下の写真はいずれもポピュラーな化石を写したものだ。何の化石かわかるかな？下の1～9の説明にあてはまる写真の記号を記入しよう。

1. 新生代の第三紀には世界中にいた示準化石で、カワニナに似た巻き貝。
2. 新生代の示準化石で、殻をもった大きな円盤状の原生動物。
3. 浅くて透明度の高いあたたかい海であったことを示す示相化石。
4. 中生代に繁栄した大形のハ虫類。
5. 中生代に海中で繁栄した軟体動物。
6. 古生代を代表する節足動物。
7. 新生代に登場した大形の哺乳類のからだの一部。
8. 動物の食性や消化器官の構造などが推測できる。
9. 痕跡化石の1つ。動物の大きさや姿勢・歩き方、行動様式が読みとれる。

答はp.280

1章　生物の起源と進化　237

2章 生物の系統と分類

1 生物の多様性

地球上には多種多様な生物がいろいろな環境のもとで生活している。この多様な生物をどのように系統的に分類するのだろうか。それを学習しよう。

1 生物の多様性と連続性

■ **多様性** 地球上には**190万種類以上**❋1にのぼる生物が生息している。それらの生物間では，栄養形式・細胞の構造・生殖の方法・発生の様式・からだの構造や生活様式などの点で**多様性**が見られる。

■ **共通性** 複数の種類の生物どうしを比較してみると，脊椎動物に見られる骨格の構造や，植物における光合成のしくみなどの共通性もある。生物が共通にもつ3つの基本的特徴❋2として次のようなものがあげられる。

① からだの構造と生命活動の基本単位は細胞である。
② 生殖を行い自己増殖する。
③ 遺伝子の本体となる物質はDNAであり，共通の代謝系をもつ。また，エネルギーの通貨はATPである。

■ **生物の連続性** 脊椎動物を比較すると，陸上生活への適応・発生過程・形態・機能などの点で，**両生類 ⟶ ハ虫類 ⟶ 鳥類**のように連続性をもっていることがわかる。生物の多様性と共通性および連続性は，共通の祖先から始まり，環境に適応しながら進化してきた結果と考えられる。

> **ポイント** 分類とは，生物を**多様性**で分け，**共通性**でまとめること。

2 分類の方法

■ **人為分類** 草本植物と木本植物，水生動物と陸上動物など，**わかりやすい特徴による便宜的で形式的な分類**を**人為分類**という。

図1. 動物と植物の種の数

❋1. まだ発見・分類されていない生物のほうがはるかに多いと考えられている。

❋2. **ウイルスは生物ではない**
ウイルスには，DNAではなく遺伝情報をRNAでもつものもあるが，教科書ではこれを生物に含めない。ウイルスは細胞構造をもたず，細胞に寄生した状態でなければ増殖も行えないからである。

238　5編　生物の進化と分類

■ **人為分類は類縁関係を表さない** 右図の4種類の植物を人為分類で分けると，草本のエンドウとオランダイチゴ，木本のサクラとハリエンジュに分けられる。しかし，類縁関係をより正確に表しているとされる，花の構造などにもとづいた分類では，バラ科のオランダイチゴとサクラ，マメ科のエンドウとハリエンジュに分類される。

■ **自然分類** 生物の類縁関係にもとづいた分類を自然分類という。これを行うためには，収束進化（⇒p.227）による共通性ではなく，共通の祖先をもつ種どうしで共通の形質を選ぶ必要がある。生物進化の過程を考え，からだの体制・生殖・発生・生活様式などの比較でわかる生物の類縁関係を系統といい，これを樹形図で表したものを系統樹という。最近ではタンパク質のアミノ酸配列やDNAの塩基配列をもとにした分子系統樹（⇒p.227）もある。

> **ポイント**
> 人為分類…見た目や用途などの単純な基準による。
> 自然分類…類縁関係にもとづく生物学的な分類。

図2. 人為分類と自然分類
エンドウ　オランダイチゴ
マメ科　草本
バラ科　木本
ハリエンジュ（ニセアカシア）
ヤマザクラ

✿3. 種を分ける基準としては，繁殖能力のある子をつくれるもの同士，例えばイノシシとブタ（その雑種であるイノブタは繁殖能力がある）は同一種とする考えが一般的である。

③ 分類の単位と段階

■ **分類の単位** 分類の最も基本となる単位は種である。同種の生物どうしでは，共通の形態的・生理的特徴をもち自然状態で交配が可能で，繁殖能力をもつ子孫ができる。

■ **分類段階** よく似た近縁の種を集めた分類単位を属，共通点をもつものどうしで属をまとめたものを科と呼び，さらに上位の段階として，順に目・綱・門・界がある。近年では界の上にドメインという段階を設けるようになり，細菌・古細菌・真核生物の3ドメインに分けている。

■ **学名** 種の正式な名称は学名によって示される。これは「分類学の父」と呼ばれるリンネが提唱したラテン語を用いた命名法で，属名+種小名（+命名者名）で1つの種を表すことから，二名法と呼ばれる。

例 和名　　学名
　ヒト　*Homo sapiens* Linné
　　　　属名　種小名　命名者名

■ **和名** ウメなどのような日本語の種名を和名という。

図3. 分類の段階
ドメイン　真核生物
界　動物界
門　脊椎動物門
綱　哺乳綱
目　霊長目
科　ヒト科
属　ヒト属
種　ヒト

✿4. 命名者名は省略されることも多い。

例えば，ハマナスはナス科ではなくバラ科の植物。

> **ポイント**
> 分類の階級　種→属→科→目→綱→門→界
> 学名は，リンネの二名法（属名+種小名）で示す。

2 生物の分類体系とドメイン

■ 二界説から始まった生物の分類は五界説へと進み，近年3つのドメインに分けるようになってきた。

1 分類体系と界の分け方

■ 生物の分類で最上位の分類段階を**界**というが，生物全体をどのように分けるか，二界説から五界説までいろいろな考え方が提案されてきた。

図4．二界説

1 二界説

■ **二界説** 二名法を提唱し「分類学の父」と呼ばれた**リンネ**は，**動物界**と**植物界**の2界からなる分類体系をつくった。この分け方を**二界説**という。

■ **二界説の矛盾点** **ミドリムシ**は単細胞生物で**葉緑体をもつが細胞壁をもたず，活発な運動をするため**二界説では動物界にも植物界にも含まれない。また**菌類**は植物のように**固着生活をするが従属栄養であり生殖方法も異なる**。[1]

✿1．菌類は消化酵素を分泌して体外消化を行い，動物とも異なる栄養摂取方法をとる。

2 三界説

■ **三界説**（1866年） **ヘッケル**は，動物界と植物界のほかに単細胞生物を**原生生物界**（プロチスタ界）に分ける**三界説**を提唱した。

■ **ヘッケルの系統樹** ヘッケルは，すべての生物は単一の共通の祖先に由来すると考え，生物の類縁関係を**系統樹**で表した人物でもある。

図5．ヘッケルの系統樹

3 四界説

■ **四界説** 従属栄養であるキノコやカビの仲間を菌界として植物界から独立させ，**動物界・植物界・菌界・原生生物界**に分ける**四界説**も提唱された。

■ **四界説でも生じる矛盾** 細菌類やシアノバクテリア（ラン藻類）は，核や細胞小器官をもたず，原形質流動や収縮運動も見られない**原核細胞**から成る。異なる界の生物どうし以上に異なる真核生物と原核生物が同じ原生生物界に含まれる矛盾が問題となった。

2 五界説による分類

■ **五界説** 細胞の構造や生活史の研究が進むと，四界説の原生生物界から原核生物を独立させて原核生物界とする考え方が主流となった。この説を**五界説**という。五界説では生物界を**原核生物界**(モネラ界)・**原生生物界**・**動物界**・**植物界**・**菌界**の5つに分けている。

■ **ホイタッカーの五界説**(1959年) 生態学者であるホイタッカーは，細菌類とシアノバクテリア(ラン藻類)のような原核細胞でからだができている単細胞生物を原核生物界(モネラ界)とし，単細胞の真核生物を原生生物界としてまとめた。

■ **マーグリスの五界説**(1970年) 微生物学者であり地球生物学者であるマーグリスは，植物界を陸上植物に限定し，単純な構造をしている藻類を粘菌類とともに原生生物界に入れた。この点でホイタッカーの五界説とは異なる。

✿2. **原生生物界に分類される多細胞生物**
褐藻類・緑藻類などの多細胞藻類は，陸上植物のようにきちんとした組織が発達せず，単細胞藻類との連続的な系統として原生生物界に分類した。また，卵菌類と変形菌類を菌界から原生生物界に属するとした。

> **ポイント**
> 五界説…**原核生物界**(モネラ界)＋**原生生物界**
> 　　　　＋**動物界**＋**植物界**＋**菌界**
> 　ホイタッカー…単細胞の真核生物
> 　マーグリス…単細胞真核生物＋藻類＋粘菌類

図6. 五界説による系統樹

3 三ドメイン説

■ **三ドメイン説** 1990年，アメリカの**ウーズ**らは，すべての生物がもつリボソームをつくる，**リボソームRNAの塩基配列をもとにして分子系統樹を作成し，生物は3つのドメインに分けられる**という**三ドメイン説**を提唱した。

■ **三つのドメイン** 三ドメイン説では，すべての生物を**細菌(バクテリア)ドメイン，古細菌(アーキア)ドメイン，真核生物ドメイン**の3つに分ける。**細菌と古細菌は五界説の原核生物界に属する。**

表1. 各ドメインの生物の細胞小器官

		核膜	ミトコンドリア	中心体	ゴルジ体	リボソーム	小胞体	葉緑体	細胞壁
細菌ドメイン		−	−	−	−	+	−	−	+※3
古細菌ドメイン		−	−	−	−	+	−	−	+※4
真核生物ドメイン	動物	+	+	+	+	+	+	−	−
	藻類植物	+	+	±	+	+	+	+	+※5

※3. 細胞壁はペプチドグリカン（炭水化物とタンパク質の複合体 ⇨p.6）からなる。

※4. 細胞壁はペプチドグリカンを含まず，細菌よりも薄い。

※5. 細胞壁はおもにセルロースからなる。

- **細菌(バクテリア)ドメイン**…原核生物界の一部。大腸菌やシアノバクテリアなど。真正細菌とも呼ばれる。
- **古細菌(アーキア)ドメイン**…原核生物界の一部。メタン菌や好塩菌，好熱菌など(⇨p.243)。
- **真核生物ドメイン**…原生生物界・菌界・植物界・動物界。

■ **三つのドメインの分岐** 遺伝子解析の結果，約38億年前に細菌と，古細菌・真核生物の共通の祖先が分岐し，約24億年前に古細菌と真核生物が分岐したと考えられている。つまり，**古細菌の方が細菌より真核生物に近縁**である。

〔三ドメイン説〕
細菌ドメイン＋**古細菌ドメイン**＋真核生物ドメイン

図7. 三ドメイン説による系統樹

4 原核生物界

■ **細菌** **真性細菌**または**バクテリア**ともいい，**核膜で包まれた核をもたず，細胞小器官ももたない**。球形・棒状など色々な形態のものがあり，**細菌ドメイン**に属す。
① 病原体となる（従属栄養）…コレラ菌，破傷風菌など。
② 光合成をする（独立栄養）…緑色硫黄細菌や紅色硫黄細菌のように**バクテリオクロロフィル**をもち，二酸化炭素と硫化水素を使って光合成を行うものと，ユレモやネンジュモのように**クロロフィルa**をもち，二酸化炭素と水を使って光合成を行う**シアノバクテリア**がある。シアノバクテリアには寒天質に包まれて群体をつくるものもある。
③ 化学合成をする…亜硝酸菌や硝酸菌のように無機物を酸化するときに生じる化学エネルギーを使って**化学合成**をする化学合成細菌がある。独立栄養生物である。
④ 窒素固定をする…アゾトバクター，クロストリジウム，根粒菌のように窒素をアンモニアにする**窒素固定**をする。
⑤ 食品製造に利用する…乳酸菌や納豆菌のようにヒトが食品製造などに利用する従属栄養のものなどがある。

図9. 細菌類（左から，アクネ菌…桿菌，むし歯菌…連鎖球菌，カンピロバクター…らせん状桿菌）

■ **古細菌** **メタン菌，好塩菌，好熱菌**などは，**原始地球に似た環境で生息するので古細菌**と名付けられた。実際には細菌よりも真核生物に近縁である。
① **メタン菌** 酸素のない条件下でメタンを生成する。ウシの消化管内や沼地，海洋堆積物中などに生息する。
② **好塩菌** 高濃度の塩類の中で生息する。
③ **好熱菌** 温泉や熱水噴出孔などの高温下で生息する。

ポイント
原核生物界（細菌＋古細菌）…**核や細胞小器官がない。**
  細菌…大腸菌，シアノバクテリアなど。
  古細菌…メタン菌，好塩菌，好熱菌など。

✿6. シアノバクテリアがもつ光合成色素は，クロロフィルaのほかにフィコシアニンやフィコエリトリンがある。ただし，陸上の植物などがもつクロロフィルbはもたない。

✿7. 富栄養化の進んだ湖沼などで水が緑色に濁る**アオコ（水の華）**の原因となる**ミクロキスティス**もシアノバクテリアの一種である。

図8. 細菌とシアノバクテリアの構造

図10. 古細菌

2章 生物の系統と分類

3 原生生物界・菌界

真核生物のうち，単細胞のもの，あるいは多細胞でもそのからだの構造が簡単で植物界にも動物界にも菌界にも含まれないものをまとめて**原生生物界**と呼び，**原生動物**，**藻類**，**粘菌類**などがある。

1 原生生物界

■ **原生動物** 単細胞の真核生物で，繊毛や鞭毛による運動能力をもった従属栄養生物。次のように分けられる。

① **根足虫類** 仮足で運動する。 例 アメーバ
② **鞭毛虫類** 鞭毛で運動する。 例 トリパノソーマ
③ **繊毛虫類** 繊毛で運動する。 例 ゾウリムシ

■ **単細胞の藻類** 葉緑体をもち光合成を行う単細胞の原生生物を**単細胞藻類**といい，次のような生物が含まれる。

① **ケイ藻** クロロフィルaとcをもち，2枚のケイ酸質の殻をもち分裂でふえる。単細胞または細胞群体。
例 ハネケイソウ，クチビルケイソウ

② **ミドリムシ(ユーグレナ)類** 鞭毛で運動し，光合成を行うほか，摂食も行う。 例 ミドリムシ

③ **渦鞭毛藻類** 鞭毛で運動し，光合成を行うとともに，他の生物や有機物を摂食する。 例 ツノモ

■ **多細胞の藻類** 藻類は光合成色素の違いによって**紅藻類・褐藻類・緑藻類・シャジクモ類**に分類される。

① **紅藻類** 光合成色素として，**クロロフィルa**のほかフィコエリトリンなどをもつ。 例 アサクサノリ，テングサ

② **褐藻類** 光合成色素として**クロロフィルaとc**のほか，フィコキサンチンなどをもつ。
例 コンブ，ワカメ，ホンダワラ

③ **緑藻類** 光合成色素として**クロロフィルaとb**のほか，カロテン・キサントフィルなどをもつ。
例 アオサ・アオノリ(葉状)，アオミドロ(糸状)

④ **シャジクモ類** 光合成色素として**クロロフィルaとb**をもつ。コケ植物の造卵器に似た生殖器官をもち，精子の鞭毛の構造などから陸上植物の祖先とされる。 例 シャジクモ，フラスコモ

図11. 原生動物
① 根足虫類 アメーバ（仮足，核）
② 鞭毛虫類 トリパノソーマ（鞭毛）
③ 繊毛虫類 ゾウリムシ（繊毛）

図12. 単細胞の藻類
① ケイ藻類 ハネケイソウ
② ミドリムシ類 ミドリムシ（葉緑体，鞭毛）
③ 渦鞭毛藻類 ツノモ（鞭毛）

図13. 多細胞の藻類
① 紅藻類 アマノリ
② 褐藻類 ホンダワラ（気胞）
③ 緑藻類 アオサ
④ シャジクモ類 シャジクモ（卵）

244　5編　生物の進化と分類

- **卵菌類** 多核の菌糸体をつくり，細胞壁にセルロースを含む。おもに遊走子と呼ばれる水中を遊泳する生殖細胞で繁殖する。例 ミズカビ
- **粘菌類** 粘菌類（変形菌や細胞性粘菌）は生活史の中で仮定で動く単細胞生活の期間が比較的長い。単細胞の個体はやがて集合して1つのからだをつくり移動する。乾燥などにあうとキノコ状の子実体となり，そこで胞子をつくる。

{ 変形菌 例 ムラサキホコリ
{ 細胞性粘菌 例 キイロタマホコリ

ポイント
〔原生生物界〕
{ 単細胞の真核生物…原生動物・単細胞藻類
{ 単純な構造の多細胞生物…粘菌類・藻類 など

図14．細胞性粘菌の生活史

✿1. 変形菌は，子実体（胞子をつくる構造体）をつくる前に，大きな原形質で多数の核をもつ変形体となり，移動しながら細菌などの栄養を摂取して成長する。

✿2. 子のう菌類や担子菌類は有性生殖の際に子実体をつくる。

✿3. 酵母菌は系統による分類名ではなく，担子菌類に属する種もある。

2 菌界

■ 菌類の特徴
① **からだのつくり** からだは糸状の菌糸が集まってできており，胞子でふえる。
② **栄養形態** すべて従属栄養で消化酵素を体外に分泌して，体外消化で栄養分を吸収する。
③ **生殖方法** 菌糸どうしが接合して胞子をつくる有性生殖の時期と，菌糸の先が分裂して分生胞子をつくる無性生殖の時期とがある。

- **接合菌類** 菌糸に細胞壁がない。子実体をつくらず，菌糸どうしの接合によって接合胞子をつくる。例 ケカビ，クモノスカビ
- **子のう菌類** 菌糸に細胞隔壁がある。子実体の中に，子のう胞子をもった袋状の子のうができる。例 アカパンカビ，アオカビ，酵母菌
- **担子菌類** 大形の子実体（いわゆるキノコ）をつくるものがあり，担子器の上に担子胞子をつくる。例 マツタケ，シイタケ，シメジ

図15．子のう菌類と担子菌類

ポイント
菌界…からだが菌糸ででき，胞子でふえる。
{ 接合菌類…菌糸が接合して接合胞子。
{ 子のう菌類…子実体に袋状の子のう。
{ 担子菌類…キノコ状の子実体に担子胞子。

4 植物界

■ 葉緑体をもっていて光合成を行い，からだは分化した組織でできていて，おもに陸上で生活するものは植物界に分類される。コケ植物，シダ植物，種子植物がある。

> ✦1. シャジクモの属するシャジクモ類は，クロロフィルaとbをもち，緑藻類や植物に近縁であると考えられる。また，造卵器をもつなど，コケ植物・シダ植物と共通する特徴もある。

1 植物界

■ **植物界の分類基準** 植物は，藻類のシャジクモのような生物が陸上に進出し，それが祖先となったと考えられている。植物は，①陸上の重力に耐え，水分を運ぶための**維管束**をもつか，②**種子**を形成するか，③**胚珠が子房**で囲まれているか，などで分類される。

図16. 植物の系統

(系統樹：祖先生物 → 陸上へ進出 → シャジクモ類／コケ植物／シダ植物（維管束の獲得）／裸子植物（種子の獲得）／被子植物（子房の獲得）→ 双子葉類・単子葉類)

図17. 維管束植物の茎の断面
- シダ植物：師管，仮道管（水の通路），維管束
- 裸子植物：師管，仮道管，維管束
- 被子植物（双子葉類）：師管，道管，維管束，形成層

■ **植物界の分類** 植物界の生物は葉緑体をもち，光合成を行う多細胞生物である。維管束をもたないコケ植物と，**根・茎・葉の区別があり，維管束が発達している維管束植物**がある。維管束植物には，種子をつくらず胞子でふえるシダ植物と種子でふえる種子植物がある。種子植物には胚珠が裸出している裸子植物と，子房で囲まれている被子植物がある。また，被子植物のうち子葉が2枚のものを双子葉類，1つのものを単子葉類という。

> **ポイント**
> 植物界…葉緑体をもち，光合成を行う。
> ├ コケ植物…維管束なし。
> └ 維管束植物 ┬ シダ植物…胞子でふえる。
> 　　　　　　 └ 種子植物 ┬ 裸子植物…子房なし。
> 　　　　　　　　　　　 └ 被子植物…子房あり。

2 コケ植物

■ **特徴と生活環** コケ植物の本体は単相(n)の**配偶体**で，維管束をもたない。複相($2n$)の**胞子体**は配偶体上で生活し，減数分裂で単相の**胞子**(n)をつくる。胞子は発芽して**原糸体**となり，これが成長して雌雄の配偶体となる。雄の配偶体がもつ**造精器**と雌の配偶体がもつ造卵器でそれぞれ**精子と卵**がつくられ，**受精して受精卵となり，これが胞子体**となる。
例 タイ類(苔類)のゼニゴケ，セン類(蘚類)のスギゴケ

図18. スギゴケの生活環

3 シダ植物

■ **特　徴** 維管束が発達し，根・茎・葉が分化していてコケ植物よりも陸上生活に適している。

■ **生活環** シダ植物の本体は，複相($2n$)の**胞子体**で，葉の**胞子のう**で減数分裂が起こり，できた胞子(n)は発芽して**前葉体**と呼ばれる配偶体になる。この前葉体は**造卵器**と**造精器**をもち，受精は前葉体上で行われ，受精卵は成長して幼植物となり，これが成長して本体の胞子体となる。
例 マツバラン，ヒカゲノカズラ，ワラビなど

図19. シダ植物(ワラビ)の生活環

ポイント

〔コケ植物とシダ植物の生活環〕

分 類	配偶体(n)	胞子体($2n$)
コケ植物	本　体	雌の配偶体に寄生
シダ植物	前葉体 (独立)	本体(維管束をもち，根・茎・葉が分化)

✿2. **単相**は細胞内の染色体が1セットある状態，**複相**は細胞内の染色体が2セットある状態である(→p.86)。nは染色体の1セットを示している。

2章　生物の系統と分類　247

4 種子植物

■ **種子植物** 種子植物は維管束が発達し，植物界の生物で最も陸上生活に適応している。発達した植物体の一部に**花**をつけて，**めしべの胚珠内で受精**して種子をつくる。胚珠が子房（子房壁）で囲まれていない**裸子植物**と，子房で囲まれている**被子植物**がある。

> **ポイント**
> 〔種子植物〕
> **裸子植物**…胚珠が裸出。イチョウ，マツ，スギなど。
> **被子植物**…胚珠が**子房**で囲まれる。サクラなど。

○3. イチョウの精子は，1896年に**平瀬作五郎**が発見した。

図20. イチョウの花と受精

1 裸子植物

■ **生殖器官** 複相（$2n$）の胞子体の**雌花**の部分に**胚珠**がつくられるが，**胚珠は子房に囲まれずに裸出している。雄花**では**花粉**がつくられる。

■ **胚のう** 胚のう細胞（n）は，多数の細胞からなる**胚のう**をつくり，この中に**造卵器**ができ，その中で**卵**をつくる。**胚のうをつくる細胞の中で，造卵器とならない細胞は，すべて胚乳となる**。この胚乳を**一次胚乳**（n）という。

■ **受精** 花粉は風で運ばれて胚珠の**珠孔**に達すると**花粉管**を伸ばし，花粉管から核相 n の**精子**（イチョウ・ソテツの場合），または**精細胞**（マツやスギなど）が出て，**胚珠内に移動して卵細胞と受精**する。卵細胞のみが受精する。

> **ポイント**
> 〔裸子植物〕
> 胚珠が裸出。花粉は**風**で運ばれる。
> 　花粉から出た**精子**が受精…ソテツ，イチョウ
> 　　　　　　　**精細胞**が受精…マツ，スギ，ヒノキ
> 胚のう細胞 ⇒ 胚のう（造卵器＋胚乳）

図21. ソテツの実
ソテツでは雌花の上に赤い果実が見られる。

2 被子植物

■ **生殖器官** 胚珠はめしべの子房で囲まれている。**花粉はめしべの柱頭から胚まで花粉管を伸ばし，その中で雄原細胞が体細胞分裂して 2 個の精細胞をつくる。**

248　5編　生物の進化と分類

■ **重複受精** 2個の精細胞(n)のうちの1個は卵細胞(n)と受精して受精卵($2n$)となり，他の1個の精細胞は**中央細胞**の**極核**($n+n$)と受精して核相$3n$の**胚乳**となる。2か所で同時に受精が行われるので**重複受精**という。

■ **虫媒花** 花粉を運ぶ能率を上げるため，昆虫によって花粉を媒介する**虫媒花**が発達して多様化し，**大形の彩り豊かな花を形成するものが増加**した。

■ **種子の形成** 重複受精によって$3n$の**胚乳(二次胚乳)**をつくり，子房壁や花托(⇒p.126)が**果実**を形成し，動物を利用して種子を散布する方法などが発達した。

■ **道管** 被子植物の多くは仮道管の他に**道管**をもち，能率よく根からの水分を上昇させられるようになった。

✿4. 胚乳は$3n$でよく発達する。大きな胚乳をもつほうが種子の発芽には有利になる。無胚乳種子では，早い時期に胚乳の栄養を子葉が吸収する。

図22. 被子植物の重複受精と種子の形成

■ **双子葉類と単子葉類** 被子植物は子葉が2枚の**双子葉類**と，進化した草本で，子葉が1枚の**単子葉類**に分けられる。両者の間には，葉脈や根の違いなども見られる。

分 類	子葉	葉 脈	根	例
双子葉類	2枚	網状脈	主根と側根	サクラ，ダイズ
単子葉類	1枚	平行脈	ひげ根	イネ，ススキ

ポイント 〔被子植物〕
重複受精を行い，発達した**二次胚乳**をつくる。
花を咲かす**虫媒花**の増加。**道管**が発達。
双子葉類 ⇒ **単子葉類**が進化。

図23. 双子葉類と単子葉類

2章 生物の系統と分類　249

5 動物界

■ 動物は多細胞の従属栄養生物で、生態系では消費者としての生態的地位を占め、多くは運動能力をもっている。

1 動物界の分類の基準を知ろう！

■ **胚葉による分類** 動物は発生過程で胚葉が分化しない**無胚葉性**の動物（側生動物）と、胚葉が分化して**内胚葉**と**外胚葉**の2つの胚葉からなる**二胚葉性**の動物、さらに中胚葉が分化する**三胚葉性**の動物に大別される。

■ **口のでき方による分類** 三胚葉性の動物は、原口がそのまま口になる**旧口動物**と、原口付近が肛門となり、その反対側に新たに口が形成される**新口動物**に分けられる。

■ **脊索の有無** からだの支持器官が**脊索**である生物を**原索動物**といい、脊椎骨ができるものを**脊椎動物**という。

■ **分子データによる分類** 近年の分子データの比較による分類では、旧口動物のうち、扁形動物・輪形動物・環形動物・軟体動物は**トロコフォア幼生**を経る**冠輪動物**、線形動物・節足動物は脱皮によって成長する**脱皮動物**とされている。また、環形動物と節足動物は体節構造をもつが、これは収束進化の結果で、体節の起源が異なることが判明した。

⚙1. 体腔による分類

以前は胚葉による分類の次に**体腔**よる分類もされていた。
体腔とは、体壁と内臓諸器官の間の空間のことで、中胚葉で囲まれたものを**真体腔**、胞胚腔に由来するものを**偽体腔**（原体腔）といい、体腔をもたない動物（**無体腔動物**）もいる。三胚葉性の動物の多くは真体腔をもつ。

図24．動物の系統

2 胚葉の分化が見られないカイメン

■ **海綿動物** ダイダイイソカイメンなどの**海綿動物**は，**胚葉が分化せず**，組織や器官も分化しない無体腔動物（体腔をもたない動物）である。海綿動物は鞭毛をもつ**えり細胞**で水流を起こし，流入するプランクトンなどを食べる。

図25．カイメンのからだの構造

3 外胚葉と内胚葉からなる刺胞動物

■ **刺胞動物** **外胚葉性の外層と内胚葉性の内層**の2層からなる袋状で原腸胚に相当する体制をもち，内胚葉で囲まれた**腔腸**が消化管となり，**細胞外消化**を行う。また，原口が口と肛門を兼ねており，からだは**放射相称**である。
例 クラゲ，イソギンチャク，ヒドラ，サンゴなど

■ **刺 胞** 体表に**刺胞**[2]と呼ばれる毒針をもち，触手に接触した動物に刺胞を撃ってとらえる。

■ **無体腔** 海綿動物と同様に刺胞動物も体腔をもたない無体腔動物である。神経系は**散在神経系**で，神経細胞が体表に散在している。**排出器官はもたない**。

図27．ウメボシイソギンチャク

図26．クラゲのからだの構造

> **ポイント**
> 海綿動物…胚葉が分化しない（**無胚葉性**）。ダイダイイソカイメンなど。
> 刺胞動物…外胚葉と内胚葉が分化（**二胚葉性**）。クラゲ，イソギンチャク，ヒドラ，サンゴなど。

図28．ヒドラのからだの構造

4 旧口動物（原口が口になる）

■ **旧口動物** 外胚葉・中胚葉・内胚葉が分化する三胚葉性の動物のうち，**原口が口になる**動物を**旧口動物**という。

■ **冠輪動物と脱皮動物** 最近の分類では，旧口動物を，多くが**トロコフォア幼生を経る冠輪動物**と，**脱皮して成長する脱皮動物**に分けている。

　冠輪動物…扁形動物・輪形動物・環形動物・軟体動物
　脱皮動物…線形動物・節足動物

※2．くし板をもつクシクラゲの仲間は，刺胞をもたないので刺胞動物に含まれない。クシクラゲなどを**有しつ動物**（有櫛動物）と呼び，有しつ動物と刺胞動物をまとめて腔腸動物ということがある。

2章 生物の系統と分類　251

図29. 扁形動物のからだの構造

図30. 輪形動物のからだの構造

図31. 環形動物のからだの構造

図32. 軟体動物のからだの構造

1 扁形動物（無体腔）

■ **プラナリア**，**ジストマ**，**サナダムシ**，**コウガイビル**の仲間である**扁形動物**は，からだが扁平で体腔をもたない。

■ **器官のつくり** 口は肛門を兼ね，不消化物は口から排出する。腸は枝分かれして栄養分をからだの各部で直接吸収する。排出器は**原腎管**で**集中神経系**をもち，頭部には神経細胞が集合した**神経節**(脳)と1対の目をもつ。

2 輪形動物（偽体腔）

■ **輪形動物**は，繊毛が環状に並んだ**繊毛環**がからだの先端部にあり，この繊毛運動によって食物を集めて口に運ぶ。口から肛門に至る消化管をもつが，循環器系や呼吸器系はもたない。排出器は**原腎管**である。[例] ワムシ

3 環形動物（真体腔）

■ **ミミズ**，**ゴカイ**の仲間である**環形動物**は，からだは円筒形で，環状の多数の体節からなる。ワムシに似た**トロコフォア幼生**の時期を経るので，輪形動物に近い祖先から進化したと考えられる。

■ **器官のつくり** 腹部の体節ごとに1対の神経節をもち，これが連なって**はしご形神経系**を形成している。排出器は**腎管**で，各体節ごとにあり，中胚葉で囲まれた真体腔をもつ。血管系は**閉鎖血管系**(動脈と静脈が毛細血管でつながる)である。

4 軟体動物（真体腔）

■ **タコ**，**イカ**，**貝類**の仲間である**軟体動物**は，環形動物同様，発生の過程でワムシに似た**トロコフォア幼生**の時期を経るので，輪形動物に近い祖先から進化したと考えられている。

■ **からだの特徴** からだは柔らかで体節はなく，**外套膜**で包まれている。さらにその外側に石灰質の硬い殻をもつものも多い。消化管や神経節，肝臓などの器官も発達している。

- 頭足類：タコ，イカ，オウムガイ
- 斧足類(二枚貝類)：アサリ，アワビ
- 腹足類(巻貝類)：タニシ，マイマイ，ウミウシ

> **ポイント** **冠輪動物**…扁形動物・輪形動物・環形動物・軟体動物。**トロコフォア幼生**を経る。

5 線形動物（偽体腔）

■ **線形動物**は，**口から肛門に至る消化管**をもつが，**循環器系や呼吸器系はもたない**。脱皮により成長する脱皮動物である。

例 センチュウ，カイチュウ

図33．線形動物のからだの構造

6 節足動物（真体腔）

■ **昆虫類**，**クモ類**，**甲殻類**などの仲間である**節足動物**は，陸上にも水中にも広く分布し，現在の地球上で最も繁栄している動物群の1つで，からだに**体節構造**が見られる。節のある付属肢をもつことから節足動物という。

■ **からだの特徴** 心臓は背中側にあり，管状の**背脈管**をもつ。体表は**キチン質**の硬い**外骨格**で囲まれているので，**脱皮**をくり返して成長する。神経系は腹側に**はしご形神経系**をもち，**脳神経節**は環形動物よりも発達している。

① **昆虫類** 昆虫類ではいくつかの体節が集まって頭部・胸部・腹部に分かれている。例 チョウ・バッタ
② **クモ類** クモ類では頭胸部・腹部に分かれている。
　　例 クモ・カブトガニ・サソリ・ダニ
③ **甲殻類** 水生のものが多い。
　　例 カニ・エビ・ヤドカリ・ミジンコ・ダンゴムシ
④ **ムカデ類** 頭部と胴部からなる。例 ムカデ・ゲジ
⑤ **ヤスデ類** 1つの体節から足が2対出ている。

3．キチン質
キチンは窒素を含んだ多糖類の一種で，多くの無脊椎動物の表皮や，菌類の細胞壁に含まれる。

動物界のなかでは節足動物門の種類がダントツに多い！

図34．節足動物のからだの構造

ポイント
脱皮動物…線形動物・節足動物。脱皮して成長。

2章 生物の系統と分類　253

図35. ウニ(棘皮動物)とナメクジウオ(原索動物)のからだのつくり

ウニ
神経／とげ／消化管／生殖巣／管足／えら／口／水管／骨板

ナメクジウオ
脊索／筋節／触手／口／消化管／出水口／肛門
(実物大)

ホヤはカイメンみたいな単純な生物に見えるけど実は脊椎動物に近い動物なんだね！

✦4. 脊索動物
一生の間に脊索をもつ時期がある**原索動物**と**脊椎動物**をまとめて**脊索動物**という。

✦5. 胚膜の種類
胚膜には羊膜，尿膜，しょう膜などがある。
胚／しょう膜／卵殻／卵白／尿のう／卵黄／羊膜／羊水

5 新口動物（あとで口ができる）

■ **新口動物** 原口が口になる旧口動物に対して，発生の過程で最初にできる**原口が肛門**となり，その後に原口の反対側に新たに口が開く動物を**新口動物**という。新口動物には**棘皮動物・原索動物・脊椎動物**が含まれ，これらはすべて真体腔をもつ動物である。

1 棘皮動物
■ ヒトデ，ウニ，ナマコの仲間である**棘皮動物**は，からだは**放射相称**で，ウニをはじめ多くの種類は石灰質の硬い殻でおおわれ，体内に呼吸器や循環器の役割をする**水管系**がある。水管は運動器官である管足とつながっている。

2 原索動物
■ ナメクジウオ，ホヤの仲間である**原索動物**は，発生過程で脊索が形成されるが，脊椎骨はできない（ホヤは成体になると脊索自体も退化）。

3 脊椎動物
■ 脊索動物のうち，成体が軟骨質または硬骨質の**脊椎骨**（背骨）をもつ動物を**脊椎動物**という。脊椎動物は背側に管状の中枢神経系（**管状神経系**）をもち，**脳**と**脊髄**の区別がある。脳は頭蓋で包まれ，脊髄は脊椎骨で囲まれている。この脊椎は脊柱を形成し，これを中心とした**内骨格**でからだを支えている。**魚類・両生類・ハ虫類・鳥類・哺乳類**がこれに属する。

> **ポイント** 〔新口動物〕**原口が肛門となる。**
> **棘皮動物**…5放射相称・水管系　例 ウニ
> **原索動物**…脊索をもつ　例 ナメクジウオ，ホヤ
> **脊椎動物**…発生過程で脊索は退化・脊椎を形成

6 背骨をもつ脊椎動物（脊椎動物門）

■ **羊膜をもつ動物** 脊椎動物は，水中に産卵して水中で発生するため胚を乾燥から守る**胚膜**をもたない魚類・両生類と，陸上で発生するため胚を乾燥から守るための**羊膜**が形成される**羊膜類**に分けられる。羊膜で包まれた部分は羊水で満たされ，胚はこの羊水につかった状態で発生する。さらに外側を硬い卵殻で保護するものもある。

1 魚類

■ **完璧な水中生活者** 一生えら呼吸をし，四肢をもたず**ひれ**を使って遊泳する。やや原始的な**軟骨魚類**と多様な種類に進化した**硬骨魚類**のほか，上下に開くあごの骨や胸びれ・腹びれをもたない**無顎類（円口類）**が存在する。

- 無顎類：吸盤状の口 **ヤツメウナギ，ヌタウナギ**
- 軟骨魚類：骨格が軟骨組織 **サメ，エイ**
- 硬骨魚類：骨格が硬骨組織 **フナ，タイ，マグロ**

2 両生類

■ **変態する四足動物** 成体は四肢をもち，陸上で肺呼吸をして生活するが，皮膚が粘膜でおおわれ，乾燥に弱い。**水中に産卵**し発生，幼生はえら呼吸で生活する。幼生から成体に変態した姿によって**無尾類**と**有尾類**に分けられる。

- 有尾類：変態後も尾が残る **サンショウウオ・イモリ**
- 無尾類：変態して尾が消失する **カエル**

3 ハ虫類

■ **乾燥への適応に成功した動物** 体表は**うろこ**でおおわれ，殻で包まれ**羊膜**をもった卵を産むなど乾燥に強い。代謝で生じたNH_3は排出に必要な水が少なくてすむ**尿酸**の形で排出する（⇒p.226）。**カメ・ワニ・ヘビ・トカゲ**など。

4 鳥類

■ **翼と羽毛の動物** 四肢のうち前肢は翼に変形し，中空の軽い骨格をもち，軽い**羽毛**でおおわれた恒温動物。多くは空を飛ぶことができる。例 **カラス，ペンギン**

5 哺乳類

■ **授乳する動物** 体表が毛でおおわれた恒温動物で，雌が**乳汁を分泌**して子を育てる。肺呼吸で単孔類以外は**胎生**。

- 単孔類：卵生の哺乳類 **カモノハシ，ハリモグラ**
- 有袋類：雌の腹部の育児のうで子を授乳しながら育てる。
  例 **カンガルー，コアラ**
- 真獣類：単孔類と有袋類以外の哺乳類。子は母の**胎盤**から栄養の供給を受けて育ち，成体とほぼ同じ形で生まれる。例 **ウマ・サル・クジラ・コウモリ**

> **ポイント** 〔脊椎動物〕
> **脊椎骨**をもち内骨格でからだを支える。
> - 胚膜をもたない…魚類，両生類
> - 羊膜類…ハ虫類，鳥類，哺乳類

図36. 魚類
無顎類 ヤツメウナギ
軟骨魚類 サメ
硬骨魚類 マス 脳 うきぶくろ 生殖腺 えら 心臓 胃 肛門

✿6. 両生類・ハ虫類・鳥類・哺乳類は4本のあし（四肢）をもつので，**四足動物**という。

✿7. 両生類にはほかに小さなグループだがアシナシイモリの仲間である無足類が存在する。

✿8. ハ虫類の系統
p.221の図のように，ヘビはトカゲと系統的に非常に近く，トカゲの仲間に含まれることもある。また，現生のハ虫類はカメ・ワニ・トカゲ（ヘビ）のほかに**ムカシトカゲ**の仲間が存在する。

図37. カエル（両生類）とワニ（ハ虫類），ネコ（哺乳類）の骨格
カエル
ワニ
ネコ

2章 生物の系統と分類

テスト直前チェック　定期テストにかならず役立つ！

1. □ 生物をその類縁関係にもとづいて分類することを何という？
2. □ 分子の比較にもとづいてつくられた系統樹を何という？
3. □ 分類の単位を8段階，小さなものから順に答えよ。
4. □ リンネが提唱して今も使われている学名のつけ方を何という？
5. □ 五界説では，生物をどのような界に分けている？
6. □ 三ドメイン説では生物をどのようなドメインに分ける？
7. □ 紅藻類，褐藻類，緑藻類のうち，クロロフィルaとクロロフィルbをもつのはどれ？
8. □ 菌類のからだをつくっているものを何という？
9. □ 大形の子実体（いわゆるキノコ）をつくるのは，接合菌類，子のう菌類，担子菌類のどれ？
10. □ 維管束植物を大きく2つのグループに分けると何と何？
11. □ コケ植物の本体は胞子体と配偶体のどちらか？
12. □ シダ植物の本体は胞子体と配偶体のどちらか？
13. □ シダ植物のハート形をした配偶体を特に何という？
14. □ 種子植物を大きく2つのグループに分けると何と何？
15. □ 被子植物に見られる受精方式を何という？
16. □ 動物界で，胚葉の分化が全く見られないグループを何動物という？
17. □ 動物界で，胚葉は分化するが中胚葉は見られないグループを何動物という？
18. □ 原口が口になる動物のグループを何という？
19. □ ヒトの場合，原口付近は口と肛門のどちらになるか？
20. □ 冠輪動物に共通する特徴は，何という幼生を経て成長することか？
21. □ 昆虫類や甲殻類などの節足動物は，冠輪動物と脱皮動物のどちらか？
22. □ からだを支える構造が脊椎骨であるグループを何という？
23. □ 鳥類などが陸上で発生するときに形成される，胚を乾燥から守る膜を何という？

解答

1. 自然分類
2. 分子系統樹
3. 種，属，科，目，綱，門，界，ドメイン
4. 二名法
5. 原核生物界，原生生物界，菌界，植物界，動物界
6. 細菌（バクテリア）ドメイン，古細菌（アーキア）ドメイン，真核生物ドメイン
7. 緑藻類
8. 菌糸
9. 担子菌類
10. シダ植物，種子植物
11. 配偶体
12. 胞子体
13. 前葉体
14. 裸子植物，被子植物
15. 重複受精
16. 海綿動物
17. 刺胞動物
18. 旧口動物
19. 肛門
20. トロコフォア幼生
21. 脱皮動物
22. 脊椎動物
23. 胚膜（羊膜）

定期テスト予想問題　解答→ p.279~280

1 生物の分類と学名

生物の分類と命名法に関する次の文を読み，下の各問いに答えよ。

　生物を分類するにあたって**ア**「草本と木本」のようにわかりやすい特徴による便宜的な分類法と**イ**生物の類縁関係にもとづく分類法がある。生物を分類するときの基本単位は①(　　)で，この基本単位に名前をつける場合，「分類学の父」と呼ばれる②(　　)が提唱した③(　　)法でラテン語あるいはラテン語化した語を使ってつけられる。この方法で**ウ**ヒトを表すと，**エ**_Homo sapiens_ となる。

　また，イヌが属する生物群を上位の分類階級から順に示していくと，真核生物ドメイン・④(　　)界・脊椎動物門・哺乳⑤(　　)・食肉目・イヌ⑥(　　)・イヌ属・タイリクオオカミ・イエイヌとなる。

(1) 文中の下線部**ア**・**イ**のような分類法をそれぞれ何というか。
(2) 文中の空欄①~⑥に適当な語句を入れよ。
(3) 分類の基本単位①の基本的な定義を簡単に述べよ。
(4) 下線部**ウ**と**エ**のような名称をそれぞれ何というか。

2 分子データによる分類

次の図は，生物をリボソームRNAの塩基配列にもとづいて分類した分子系統樹を模式的に示したものである。各問いに答えよ。

[A] 光合成細菌，大腸菌など
[B] 好塩菌，好熱菌など
[C] 核をもつ生物

(1) 図中の**A~C**で示したそれぞれのグループを何というか。
(2) 図のような分類方法を何説というか。
(3) 次の**ア~キ**の生物は，それぞれA~Cのどのグループに属するか。記号で答えよ。
　　ア 根粒菌　　　イ メタン菌
　　ウ ミドリムシ　エ ヒト
　　オ 酵母菌　　　カ マツ
　　キ シアノバクテリア

3 五界説

次の図は，マーグリスの五界説を示したものであり，袋形動物には線形動物や輪形動物の仲間が分類されていた。以下の各問いに答えよ。

A界：被子植物，裸子植物，シダ植物，コケ植物，ⓒ
B界：担子菌類，接合菌類，ⓓ
C界：環形動物，軟体動物，袋形動物，扁形動物，原索動物，棘皮動物，刺胞動物，ⓕ，ⓖ，ⓔ
D界：繊毛虫類
E界：細菌類，ⓐ
（その他）シャジクモ類，緑藻類，褐藻類，ケイ藻類，細胞性粘菌類，変形菌類，紅藻類，ⓑ

(1) 図中のA~Eの各界の名称を答えよ。
(2) 図中のa~gの各生物群の名称を答えよ。
(3) 次の①~⑩の各生物はそれぞれA~Eのどの界に属するか。記号で答えよ。
　① アメーバ　　② ネコ
　③ ネンジュモ　④ ヤマザクラ
　⑤ アオカビ　　⑥ コンブ
　⑦ スギゴケ　　⑧ プラナリア
　⑨ シイタケ　　⑩ フラスコモ

2章　生物の系統と分類　257

4 植物の系統分類

下の図は植物界とそれにつながる生物の系統を示したものである。各問いに答えよ。

[図：a双子葉類，b　類，c　植物，d　植物，A，B，C，fコケ植物，eシャジクモ類，g緑藻類]

(1) b・c・dにあてはまる名称を記せ。
(2) A～Cのグループをそれぞれ何というか。
(3) 図中のa～gが共通してもつクロロフィルの種類を2つ答えよ。
(4) a～gのうち，維管束をもたないものをすべてあげよ。
(5) a～gのうち，配偶子として精子を全くつくらないものばかりのグループはどれか。
(6) a～gのうち，胚珠が子房で囲まれているのはどれか。

5 脊椎動物の分類

下は脊椎動物の分類の一例である。各問いに答えよ。

- 胚膜を形成しない
  - 終生えら呼吸である → ①
  - 幼生はえら呼吸，成体は肺呼吸 → ②
- 胚膜を形成する
  - 卵生である
    - 変温動物である → ③
    - 恒温動物である → ④
  - 胎生である
    - 胎盤が未発達である → ⑤
    - 胎盤が発達している → ⑥

(1) 脊椎動物でからだを支持する構造は何か。
(2) 脊椎動物の神経系は何神経系か。
(3) ①～⑥に該当する生物グループをそれぞれ答えよ。

6 動物界の分類

動物界はおもに発生段階によって次のように分類される。これについて以下の問いに答えよ。

- i 胚葉の区別がない　（ a ）
- ii 胚葉の区別がある
  - iii 二胚葉性である　（ b ）
  - iv 三胚葉性である
    - v 原口が口になる
    - vi トロコフォア幼生を経て成長する
      - vi-i からだが扁平である　（ c ）
      - vi-ii 繊毛環がからだの先端部にあり，消化管をもつ　（ d ）
      - vi-iii からだは円筒形で，環状の多数の体節からなる　（ e ）
      - vi-iv 体節はなく，外套膜がからだを包む　（ f ）
    - vii 脱皮して成長する
      - vii-i 体節構造をもたない　（ g ）
      - vii-ii 体節構造をもつ　（ h ）
    - viii 原口が肛門になる
      - ix 脊索をつくらない　（ i ）
      - x 発生過程で脊索をつくる
        - x-i 脊椎骨をつくらない　（ j ）
        - x-ii 脊椎骨をつくる　（ k ）

(1) a～kに属する動物のグループをそれぞれ答えよ。
(2) はしご形神経系をもつ動物のグループをa～kからすべて選び，記号で答えよ。
(3) 次の①～⑨の動物は，それぞれa～kのどれに属するか。

① ヒドラ　② ウニ　③ カイメン
④ マイマイ　⑤ ホヤ　⑥ バッタ
⑦ ニワトリ　⑧ タコ　⑨ ミミズ

学名クイズ

ホッとタイム

Q 次のA〜Iの学名は下のどの動物のものでしょうか？ヒントをもとに推理してみましょう。

答はp.280

- **A** *Ailuropoda melanoleuca*
- **B** *Giraffa cameloparadalis*
- **C** *Cephalorhynchus commersonii*
- **D** *Felis pardalis*
- **E** *Grus japonensis*
- **F** *Ailurus fulgens*
- **G** *Tapirus indicus*
- **H** *Hippopotamus amphibious*
- **I** *Sus scrofa*

1. マレーバク
2. ジャイアントパンダ
3. タンチョウ
4. レッサーパンダ
5. キリン
6. オセロット
7. イロワケイルカ
8. イノシシ
9. カバ

ヒント

- ailuro ; ailurus … 猫の
- amphibious … 水陸両生
- camelo … ラクダ
- cephalo … 頭
- commersonii … コメルソン（人名）の
- felis … ネコ
- fulgens … 炎の色の
- giraffa … キリン
- grus … ツル
- hippo … ウマ
- indicus … インドの
- japonensis … 日本の
- leuca … 白
- melano … 黒
- paradalis ; pardalis … ヒョウ・ヒョウ柄の
- poda … 足
- potamus … 川
- rhynchus … 鼻・吻
- scrofa … ブタ
- sus … ブタ
- tapirus … バク

2章 生物の系統と分類　259

定期テスト予想問題 の解答

1編 生命現象と物質

1章 細胞と分子 p.29

❶
(1) 植物細胞
(2) a…細胞膜，b…ゴルジ体，
　 c…粗面小胞体，d…リボソーム，
　 e…中心体，f…ミトコンドリア，
　 g…滑面小胞体，h…細胞骨格，
　 i…細胞壁，j…液胞，
　 k…原形質連絡，l…葉緑体
(3) ①d，②c

[考え方] (1) Aは細胞壁をもつので植物細胞，Bは細胞壁がなく，中心体が見られるので動物細胞である。
(2) dのリボソームが表面に多数付着したcは粗面小胞体，リボソームが付着していないgは滑面小胞体である。また，hは細胞骨格を示しており，細胞壁に開いた穴のようなkは原形質連絡を示している。

❷
(1) ミトコンドリア
(2) ゴルジ体
(3) リソソーム
(4) 葉緑体
(5) 小胞体(粗面小胞体)

[考え方] (2)(5) タンパク質合成の場であるリボソームを多数表面に付着したのが粗面小胞体で，合成されたタンパク質は粗面小胞体を通って移動し，ゴルジ体で濃縮されて，小胞で包まれて細胞外に分泌される。
(3) リソソームには，消化酵素が含まれており，細胞内消化に関係する。

❸
(1) A…アクチンフィラメント，B…微小管，
　 C…中間径フィラメント
(2) ①B，②A，③A，④B
(3) C

[考え方] (1)(2) アクチンフィラメントは，球状タンパク質のアクチンが連なった繊維からなり，アメーバ運動，筋収縮などに関係する。
　微小管はチューブリンの繊維が13本集まってできた中空の管で，繊毛・鞭毛中にも存在し，紡錘糸も微小管からなる。
(3) 中間径フィラメントは繊維状タンパク質の束で，最も強度があり細胞や核の形を保つ働きをする。

❹
(1) アミノ酸
(2) a…アミノ基，b…カルボキシ基
(3) 20種類
(4) ペプチド結合

[考え方] (3) タンパク質を構成するアミノ酸は20種類あり，それぞれ側鎖(Rの部分)が異なる。
(4) 隣り合うアミノ酸の一方のアミノ基と他方のカルボキシ基から水1分子がとれてできる結合を，ペプチド結合という。

❺
(1) a…リン脂質，b…タンパク質
(2) 流動モザイクモデル　(3) ○の部分
(4) 選択的透過性　(5) 受動輸送
(6) 能動輸送

[考え方] (1) 細胞膜を含む生体膜は，リン脂質の二重層からできている。
(4) 細胞膜はO_2のような小さな分子は透過するが，極性分子の水やアミノ酸は透過しない。透過する物質を選ぶ性質を選択的透過性という。

❻

(1) イオンチャネル　(2) アクアポリン
(3) 担体　(4) ナトリウムポンプ
(5) a，b，c

考え方 細胞膜には輸送タンパク質と呼ばれる膜タンパク質がある。イオンや水など決まったものを通すゲートのような輸送タンパク質を**チャネル**（a，b）といい，グルコースやアミノ酸などの比較的小さい有機物を運ぶエスカレーターのような輸送タンパク質を**担体**という。チャネルと担体による輸送は，濃度勾配にしたがった**受動輸送**である。それに対して，dの**ナトリウムポンプ**は，ATPのエネルギーを使って濃度勾配に逆らった輸送を行い，その輸送を**能動輸送**という。

❼

(1) a…イ，b…オ，c…ウ，
　　d…ア，e…エ
(2) a　(3) d　(4) b，c　(5) ウ

考え方 (2) 小さな分子も通さないほど細胞を密着させた結合を**密着結合**といい，消化管の上皮細胞などで見られる。
(3) 動物細胞では，dの中が中空となった**ギャップ結合**で結合され，ここを通って低分子物質やイオンが細胞間を移動する。
(4) **カドヘリン**が関係するのはbの**接着結合**とcの**デスモソーム**であり，接着結合では細胞骨格のアクチンフィラメントと結合し，デスモソームでは中間径フィラメントと結合している。
(5) 最も強固な結合はcの**デスモソーム**であり，鉄板どうしを接合するリベット（鋲）のような働きをしている。

❽

(1) 免疫グロブリン　(2) 可変部
(3) 抗原抗体反応　(4) 利根川進
(5) HLA（ヒト白血球型抗原）

考え方 (1)(2) 抗体の成分となっているのは4本のペプチド鎖からなる**免疫グロブリン**である。この可変部で抗原と結合する。
(3) 抗原と抗体が結合する反応を**抗原抗体反応**といい，これによって抗原は無毒化される。これをマクロファージなどが**食作用**で処理する。
(4) 抗体の可変部分の多様性のしくみを明らかにしたのは利根川進で，1987年にノーベル賞を受賞した。
(5) 自己・非自己の識別に関係するタンパク質を**MHC抗原（主要組織適合抗原）**といい，ヒトでは**HLA（ヒト白血球型抗原）**と呼ばれる。

❾

(1) 最適温度
(2) 最適温度より高い温度では酵素タンパク質の立体構造が変わり，酵素は失活するため。
(3) 最適pH
(4) 酵素の立体構造が変化して失活するか酵素作用が低下するため。
(5) 基質濃度が高くなるにしたがって，酵素と基質の出合う度合いが高くなるため。
(6) すべての酵素が常に基質と結合して働いている状態になるため。

考え方 (2) 最適温度以下では，一般の化学反応と同様に，温度が高いほど速く進行する。

❿

(1) 補酵素
(2) 補酵素は熱に強く煮沸しても変化しないが，タンパク質の部分は熱に比較的弱いので変性して失活するため。

考え方 補酵素は比較的熱に強いので100℃くらいでは変化しないことが多い。しかし，ほとんどのタンパク質は40℃以上の温度では急激に**変性**を始めて**失活**する。

⓫

(1) アロステリック酵素
(2) X…活性部位，Y…アロステリック部位
(3) アロステリック効果
(4) フィードバック調節
(5) フィードバック阻害
(6) 必要以上に最終産物をつくらないですむ。

考え方 (1)(2) 基質と結合する活性部位以外に，他の物質と結合する部位(**アロステリック部位**)をもつ酵素を**アロステリック酵素**という。
(3) アロステリック部位に物質が結合して酵素の活性部位が変形して酵素反応に影響をおよぼす効果を**アロステリック効果**という。
(4)(5) 最終産物が初期の酵素反応を支配して最終産物の量を調節するようなしくみを**フィードバック調節**といい，アロステリック酵素の場合には**フィードバック阻害**によって最終産物の量を調節している。
(6) フィードバック阻害によって余分な最終産物を生産しなくてすむ。

2章 代謝とエネルギー …… p.50

❶

(1) 同化　(2) 異化　(3) ATP
(4) 高エネルギーリン酸結合
(5) ア，イ，ウ

考え方 (1)(2)(3) 生体内で起こる化学反応全体を代謝といい，**同化**と**異化**がある。同化の代表は**光合成**と**窒素同化**，異化の代表は**呼吸**と**発酵**である。

❷

(1) ア，イ　　(2) CO_2, H_2O, ATP

考え方 (1) 燃焼では，酸素との急激な化合によって，物質のもつ化学エネルギーが光と熱のエネルギーとして放出される。これに対して呼吸では，有機物の段階的な酸化により少しずつエネルギーを取り出してATPを合成するため，少量の熱は発生するが，光や高熱は発生しない。
(2) 呼吸の反応全体を表す式は，
$C_6H_{12}O_6 + 6H_2O + 6O_2$
　　　　　$\longrightarrow 6CO_2 + 12H_2O$ （＋最大38ATP）
である。物質が問われているので，熱や光は答えない。

❸

(1) ミトコンドリア
(2) A…クリステ，B…マトリックス
(3) イ，ウ

考え方 (2) ミトコンドリアは二重の膜で囲まれた構造で，内膜で囲まれた基質(液体部分)を**マトリックス**という。また，内膜には内側へ向かって多数の突起があり，この内膜の突起部分を**クリステ**という。
(3) 解糖系は細胞質基質，クエン酸回路はマトリックス(ミトコンドリア)，電子伝達系はクリステ(ミトコンドリア)で行われる。

❹

(1) A…解糖系，B…クエン酸回路，C…電子伝達系
(2) a…ピルビン酸，b…アセチルCoA，c…クエン酸，d…二酸化炭素(CO_2)，e…酸素(O_2)，f…水(H_2O)
(3) マトリックス…B，細胞質基質…A
(4) 2分子
(5) 最大34分子，酸化的リン酸化
(6) 脱水素酵素
(7) $C_6H_{12}O_6 + 6H_2O + 6O_2 \longrightarrow 6CO_2 + 12H_2O$

考え方 (2) グルコースは解糖系でピルビン酸にまで変化し，bを経てクエン酸回路へと進んでいく。bは，**ピルビン酸**から**脱炭酸酵素**の働きで二酸化炭素が奪われたC_2化合物の**アセチルCoA**である。
(4)(5) 解糖系やクエン酸回路では，基質レベルのリン酸化によってそれぞれ2ATPが生成し，電子伝達系では**酸化的リン酸化**によって最大34ATPが生成する。
(6) **NAD**(ニコチンアミド アデニン ジヌクレオチド)や**FAD**(フラビン アデニン ジヌクレオチド)は脱水素酵素の補酵素であり，代謝においてH^+を運ぶ役割を果たしている。なお，光合成で同様の働きをしている補酵素は**NADP**(ニコチンアミド アデニン ジヌクレオチド リン酸)である。
(7) 呼吸の反応ではATPも合成されるが，ここでは化学反応式を問われているので，矢印の左右で同じ種類の原子が同数ずつあるようにする。

❺

(1) ツンベルク管　(2) 酸素を除去するため。
(3) コハク酸脱水素酵素によってコハク酸から脱水素された水素を，メチレンブルーが受け取って還元型のメチレンブルーとなったため。　(4) 再び青色になる。
(5) 空気中の酸素が，還元型のメチレンブルーから水素を奪ったため。

考え方 (3)(4) 指示薬に用いている**メチレンブルー**(**青色**)は，**還元されると**還元型のメチレンブルー(**無色**)となり，再び酸化されると青色のメチレンブルーにもどる性質がある。
(5) 酸素はメチレンブルーよりも酸化力が強く，水素と結びつきやすい。そのため，還元型のメチレンブルーがもつ水素を奪う働きをする。

❻

(1) a…オ，b…イ，c…ウ，d…エ，e…ア
(2) 受動輸送　(3) 酸化的リン酸化　(4) B

考え方 (2) fは**ATP合成酵素**であり，水素イオンH^+の流れをエネルギーに変える水力発電所の発電機のような働きでATPを生産している。このときのH^+の流れは，電子伝達系のタンパク質複合体がマトリックスから膜間にH^+をくみ出した結果生じる濃度勾配にしたがったもので，**受動輸送**が起きている。
(3)(4) Aの側は水素イオン(c)が多くなっているので膜間(外膜と内膜の間)，Bの側はATP合成酵素を通って水素イオンが流れ出ているのでマトリックス側だと判断できる。このように，水素イオンの流れのエネルギーを使って，ATP合成酵素はATPを合成する。これを**酸化的リン酸化**という。

❼

(1) タンパク質
(2) b…アンモニア，c…モノグリセリド，d…脂肪酸　(3) 脱アミノ反応

考え方 (1) タンパク質はアミノ酸がペプチド結合によって多数つながってできている。タンパク質は消化の過程でアミノ酸となる。
(2)(3) アミノ酸は**脱アミノ反応**でアンモニアと有機酸となる。アンモニアは有害物質なので肝臓で尿素に変えられ，尿中に含まれて排出される。有機酸はクエン酸回路などで利用される。
　また，脂肪は消化の過程で**脂肪酸**と**モノグリセリド**(グリセリン)に分解される。モノグリセ

リドは解糖系に入って分解され，脂肪酸は**β酸化**などによりアセチルCoA（活性酢酸）となってクエン酸回路に入る。

❽
(1) 二酸化炭素　(2) エタノール
(3) $C_6H_{12}O_6 \longrightarrow 2C_2H_6O + 2CO_2$
(4) アルコール発酵

考え方　**酵母菌**は菌類の一種で，酸素がある条件下では酸素を利用して呼吸を行うが，**無酸素条件下**では**アルコール発酵**を行う。アルコール発酵では，グルコース（1分子）を基質としてエタノール（エチルアルコール）と二酸化炭素に分解し，ATP（2分子）を生産する。
(3) 化学反応式が問われているので，ATPは含めない。

❾
(1) a…ピルビン酸，b…二酸化炭素，c…乳酸
(2) 乳酸発酵　(3) 解糖系
(4) A…イ，B…ア，ウ

考え方　Aはアルコール発酵，Bは乳酸発酵を示している。
(4) 激しく運動しているときの筋肉では，酸素が不足するために，乳酸発酵と同じ過程の反応が起きて，無酸素的にATPを生成する。これを**解糖**という。
　また，酢酸菌はアルコール発酵によってできたエタノールから，さらに反応を進めて酢酸をつくる。これは酢酸発酵と呼ばれる。

❿
(1) 葉緑体
(2) a…チラコイド，b…ストロマ
(3) 柵状組織，海綿状組織

考え方　(1)(2) 葉緑体は二重の膜に包まれていて，内部には扁平な袋状の構造（**チラコイド**）が多数見られる。チラコイドの間の液状部分は，**ストロマ**と呼ばれる。
(3) 葉緑体は光合成をさかんに行う緑葉に多く，特に内部の柵状組織と海綿状組織の細胞に多く含まれている。そのほか，葉緑体は気孔の孔辺細胞や茎の細胞などにも含まれている。

⓫
(1) ①…光化学系Ⅱ，②…光化学系Ⅰ，
　　③…カルビン・ベンソン回路
(2) a…エ，b…ウ，c…イ，d…オ，e…キ
(3) 光リン酸化
(4) $6CO_2 + 12H_2O \longrightarrow C_6H_{12}O_6 + 6H_2O + 6O_2$

考え方　(2) 光合成では，光化学系Ⅱで水が分解されて電子（e^-），H^+，O_2が生じる。
(3) 光合成でも，呼吸の場合と同じように，水素イオンの流れを利用して**ATP合成酵素**（X）がATPを合成している。この反応を**光リン酸化**といい，ミトコンドリアで行われる酸化的リン酸化とよく似ている。

⓬
(1) 窒素同化
(2) アミノ基転移酵素（トランスアミナーゼ）
(3) a…硝酸菌，b…亜硝酸菌，
　　c…窒素固定細菌　(4) 根粒菌

考え方　(1)(2) 植物が体内に吸収した無機窒素化合物から**有機窒素化合物**を合成する過程を**窒素同化**という。窒素同化ではまず，NH_4^+とグルタミン酸との反応でグルタミンをつくり，そのアミノ基を**アミノ基転移酵素**で各種の有機酸に転移するなどして，各種のアミノ酸や核酸，ATP，クロロフィルなどを合成している。
(3)(4) 空気中の窒素からNH_4^+をつくる過程を**窒素固定**といい，窒素固定を行う細菌を**窒素固定細菌**という。窒素固定細菌には，マメ科植物の根に根粒をつくって共生する**根粒菌**のほか，独立生活をするアゾトバクター（好気性細菌）やクロストリジウム（嫌気性細菌），シアノバクテリアなどがいる。

3章 遺伝情報と形質発現 …p.79

1
(1) リン酸，糖(デオキシリボース)
(2) アデニン，チミン，グアニン，シトシン
(3) 二重らせん構造
(4) 水素結合

考え方 (1) 核酸を構成する単位は**ヌクレオチド**と呼ばれ，DNAもRNAもその構成要素は**塩基・糖・リン酸**である。ただし，DNAの糖が**デオキシリボース**，RNAの糖が**リボース**である点は異なっている。
(3)(4) DNAの2本のヌクレオチド鎖は，相補的な塩基どうし(AとT，GとC)が**水素結合**によりつながった**二重らせん構造**をしている。

2
(1) エ
(2) イ
(3) エ
(4) 半保存的複製

考え方 (1) 実験1では，窒素源として $^{15}NH_4Cl$ だけを含む培地で培養しているので，やがて大腸菌の体内のすべての窒素は ^{15}N に置き換わる。つまり，大腸菌のもつDNAは，すべてが重いDNA(^{15}N-^{15}NDNA)となる。
(2)(3) 大腸菌のDNAが複製されるときには，もとのDNAの二重らせんがほどけて，2本のヌクレオチド鎖それぞれを鋳型として，新しいヌクレオチド鎖がつくられる。そのため，実験2のように1回分裂したときには，すべてのDNAが中間の重さのDNA(^{14}N-^{15}NDNA)となる。そして，さらにもう一回分裂をしたときには，^{14}NDNAを鋳型として ^{14}N-^{14}NDNAができ，^{15}NDNAを鋳型として ^{14}N-^{15}NDNAができる。つまり，実験3では軽いDNAのバンドと中間の重さのDNAのバンドが1:1の比で現れる。

3
(1) A…リーディング鎖，B…ラギング鎖
(2) a…DNAヘリカーゼ，
  b…DNAポリメラーゼ，
  c…DNAリガーゼ
(3) 岡崎フラグメント
(4) ①…3′，②…5′　(5) 右　(6) 左

考え方 (1)(2)(3) DNAの複製時には二重らせん構造をほどく必要がある。その働きをするのが**DNAヘリカーゼ**という酵素である。ほどけた鎖が鋳型となって，相補的な塩基対をもつ新しい鎖が複製される。このとき，ほどけていく方向に連続的に複製されるAを**リーディング鎖**といい，他方のBを**ラギング鎖**という。
　DNAポリメラーゼ(DNA合成酵素)は，ヌクレオチド鎖を5′→3′方向にしか伸長できないので，リーディング鎖では連続的に伸長することができるが，ラギング鎖では不連続的に複製が行われる。ラギング鎖では**岡崎フラグメント**と呼ばれる短い塩基対で5′→3′方向に複製し，このDNA断片を**DNAリガーゼ**が接着してDNA鎖としている。

4
(1) ①…×，②…×，③…○，④…×
(2) ①…rRNA，②…mRNA，③…tRNA

考え方 (1) RNAのヌクレオチドの**糖はリボース**である。また，RNAのヌクレオチドの塩基はアデニン(A)，**ウラシル(U)**，グアニン(G)，シトシン(C)の4種類であり，DNAにおけるチミン(T)はウラシル(U)に相当する。

5
(1) A…転写，B…スプライシング，C…翻訳
(2) a…DNA，b…mRNA，c…リボソーム，
  d…tRNA，e…アミノ酸
(3) RNAポリメラーゼ(RNA合成酵素)
(4) イントロン　(5) 選択的スプライシング

定期テスト予想問題の解答　**265**

[考え方] (1)(4) 真核生物では，転写は核内で，翻訳は細胞質で行われる。DNAの遺伝情報を転写してできたRNAは，**スプライシング**の過程を経て，**イントロン**の部分が取り除かれて始めてmRNAとなる。
(3) RNAを合成する酵素は**RNAポリメラーゼ（RNA合成酵素）**である。RNAポリメラーゼは図では左方向に転写を進めている。
(5) スプライシングが行われるときには取り除かれる部分が異なることがあり，これを**選択的スプライシング**という。その結果，できあがるmRNAの塩基配列も異なるので，同じDNAからでも異なるアミノ酸配列をもつタンパク質を合成することができる。これにより，遺伝情報の転写・翻訳の段階で多様性が生み出される。

6

(1) a…DNA，b…mRNA，
　c…RNAポリメラーゼ（RNA合成酵素），
　d…リボソーム
(2) P　(3) X
(4) イ，エ
(5) AUGACUCAAGGU
(6) 4個
(7) UACUGAGUUCCA

[考え方] (2) bのmRNAは右から左に向かうにつれて長くなっているので，この方向に転写が進んでいることがわかる。
(3) 合成中のタンパク質は下から上に向かうにつれて長くなっているので，この方向に翻訳が進んでいることがわかる。
(4) 核をもたない原核生物では，合成中のmRNAにリボソームが結合し，転写と並行して翻訳が行われる。また，原核生物ではスプライシングの過程はなく，イントロンはない。
(5) DNAを転写してできるmRNAの塩基配列なので，DNAとRNAの相補性から，それぞれの塩基をA→U，T→A，G→C，C→Gと変換すればよい。
(6) **コドン**はmRNAの連続する3つの塩基配列

であるから，$12 \div 3 = 4$
(7) mRNAの塩基とtRNAの対応から，それぞれの塩基をA→U，U→A，G→C，C→Gと変換すればよい。

7

(1) コドン
(2) UGUとGUGの一方がシステイン，他方がバリンを決定するコドンである。
　UUG，UGU，GUUのうちそれぞれ1つがロイシン，システイン，バリンの1つずつを決定するコドンである。
　GGU，GUG，UGGのうちそれぞれ1つがグリシン，バリン，トリプトファンの1つずつを決定するコドンである。
(3) UGUがシステインを，GUGがバリンを決定するコドンである。

[考え方] 実験1〜3で決定されるアミノ酸とトリプレットの共通部分を調べると，1と2でUGUとシステイン，バリンが共通するが，1と3よりGUGとバリンが対応することがわかるため，残るシステインがUGUと対応することがわかる。

8

(1) フェニルケトン尿症
(2) b
(3) e
(4) アルビノ

[考え方] 問題の図は，ヒトの体内で行われるフェニルアラニンの代謝経路を示したものである。一遺伝子一酵素説の例としてよく出てくる。酵素bを欠くと，フェニルアラニンからチロシンを合成できないので**フェニルケトン尿症**に，酵素eを欠くと，アルカプトンが体内に蓄積して**アルカプトン尿症**となる。酵素cを欠くとチロシンからメラニン（黒色の色素）が合成できないので，皮膚や体毛の色素を欠いた**アルビノ**個体となる。

⑨

(1) a…調節遺伝子，b…プロモーター，c…オペレーター
(2) RNAポリメラーゼ(RNA合成酵素)
(3) リプレッサー(調節タンパク質)
(4) 負の調節

[考え方] プロモーター，オペレーター，酵素遺伝子群(酵素のアミノ酸配列の情報をもついくつかの遺伝子)は近接した領域にあるので，これを1つの単位と考えて**オペロン**という。
　調節遺伝子はオペロンとは離れた領域にあり，常に転写され，調節タンパク質であるリプレッサー(抑制因子)を合成している。ラクトースがない環境では，**リプレッサーはオペレーターに付着してRNAポリメラーゼ(RNA合成酵素)が酵素遺伝子群の塩基配列を転写するのを妨げる**。そのためラクトースを分解する酵素が合成されない。そこで，このような調節を**負の調節**という。
　ラクトースがある環境では，**ラクトースがリプレッサーと結合して，リプレッサーがオペレーターに付着できなくなる**。その結果，酵素遺伝子群が転写されてβガラクトシダーゼなどが合成される。βガラクトシダーゼは，ラクトースをガラクトースとグルコースに分解する。このようにしてできたグルコースを呼吸の基質として利用する。

⑩

(1) 遺伝子組換え　(2) PCR法
(3) 短くなる。

[考え方] (1) **制限酵素**はDNAを切断する「はさみ」の働きをする酵素，**DNAリガーゼ**はDNAの断片をくっつける「のり」の働きをする酵素である。
(3) 電気泳動では，DNAがアガロース(寒天)ゲル中を陽極に向かって移動していくが，DNA断片が長いほどゲルの網目に引っかかりやすく，移動距離が短くなる。

2編 生殖と発生

1章 有性生殖 ……………… p.106

①

(1) イ・b　(2) ア・a　(3) オ・c
(4) ウ・d　(5) エ・e

[考え方] オランダイチゴでは，走出枝という茎が地面につくと根が出て新個体ができる。クラミドモナスは**同形配偶子接合**をする。ヒドラ・サンゴ・酵母菌などは**出芽**によってふえる。

②

(1) a→c→e→b→d→g→f→h
(2) b…第二分裂前期，e…第一分裂後期，f…第二分裂終期
(3) ①…二価染色体，②…紡錘糸，③…紡錘体
(4) イ　(5) ア

[考え方] aは第一分裂前期，bは第二分裂前期，cは第一分裂中期，dは第二分裂中期，eは第一分裂後期，fは第二分裂終期，gは第二分裂後期，hは生殖細胞である。bは非常に短い。
(5) 減数分裂は，卵巣や精巣など，生殖細胞をつくる器官でないと観察できない。したがって，腸の上皮や表皮などの体細胞は使えない。

③

(1) a…相同染色体，b…紡錘糸，c…動原体
(2) 複相($2n$)，6本　(3) 第一分裂中期
(4) 減数分裂　(理由)相同染色体が対合して二価染色体をつくっているから。
(5) 右図
(6) ①×・生殖細胞になることはない，
②○，③○，④×・表皮細胞となる

考え方 (2) 3組の相同染色体が観察されるので，$2n=6$である。
(6) ①減数分裂を完了し生殖細胞となるので×。
③DNAの複製や染色体の複製は，母細胞の間期の時期に行われる。
④減数分裂によってできた細胞は，表皮細胞のような体細胞($2n$)になることはない。

❹

(1) 相同染色体　(2) 二価染色体
(3) ヘテロ接合体　(4) 女性

考え方 (1) 体細胞にある同形同大の1対の染色体を**相同染色体**といい，一方は母親，他方は父親の配偶子によってもたらされる。
(3) 同じ遺伝子が対になっている個体（AA，aaなど）を**ホモ接合体**，異なる遺伝子が対になっている個体（Aaなど）を**ヘテロ接合体**という。
(4) 雌雄共通の染色体を**常染色体**といい，雌雄で異なる染色体を**性染色体**という。ヒトの性決定様式はXY型であり，**女性はXX**（ホモ型），**男性はXY**（ヘテロ型）となる。

❺

(1) $AaBb$　(2) $AB:Ab:aB:ab=4:1:1:4$
(3) 〔AB〕：〔Ab〕：〔aB〕：〔ab〕$=66:9:9:16$

考え方 (1) 連鎖している遺伝子は常に共にあるので，Pの$AABB$がつくる配偶子の遺伝子型はAB，$aabb$がつくる配偶子の遺伝子型はabであり，その交配でできるF₁は$AaBb$となる。
(2) 組換え価が20%であるから，組換えを起こさない80%はPから受け継いだ組み合わせ（AB，ab）のままで，組換えを起こした20%では，遺伝子型はAbとaBとなる。
(3) F₂は，次のようにゴバン目法で求める。

	$4AB$	Ab	aB	$4ab$
$4AB$	$16AABB$	$4AABb$	$4AaBB$	$16AaBb$
Ab	$4AABb$	$AAbb$	$AaBb$	$4Aabb$
aB	$4AaBB$	$AaBb$	$aaBB$	$4aaBb$
$4ab$	$16AaBb$	$4Aabb$	$4aaBb$	$16aabb$

まとめると，
〔AB〕：〔Ab〕：〔aB〕：〔ab〕$=66:9:9:16$

❻

(1) B　(2) 精巣
(3) a…ア，b…イ，c…エ，d…カ，
　e…ク，f…サ，g…ケ，h…ウ，
　i…オ，j…キ，k…コ
(4) X…体細胞分裂，
　Y…減数分裂第一分裂，
　Z…減数分裂第二分裂　(5) 5000万個

考え方 (1)(2) Aは，Y，Zで細胞質の不等な分裂が行われているので，卵巣で行われる卵形成の過程。Bは，細胞質の均等な分裂が行われているので，精巣で行われる精子形成の過程。kは，このあと精子になる。
(4) Xは，始原生殖細胞が体細胞分裂を行って卵原細胞や精原細胞をつくる体細胞分裂の過程。YとZは減数分裂の過程を示している。
(5) 1個の一次精母細胞は減数分裂で4個の精子をつくるので，2億÷4＝5000〔個〕必要。

❼

(1) a…鞭毛，b…核，c…先体
(2) 反応…先体反応，X…先体突起
(3) d…ゼリー層，e…卵膜，f…細胞膜，
　g…受精膜
(4) 多精受精（複数の精子が卵に進入すること）

考え方 (1)(2) 精子は頭部がゼリー層（d）に達すると**先体反応**を起こして先体が破れて内容物を放出する。すると，頭部でアクチンフィラメントの束ができて精子の細胞膜を内側から押して**先体突起**をつくる。先体から放出した酵素によって卵膜に穴を開け，先体が卵の細胞膜と接することによって卵膜に変化を起こさせて**受精膜**（g）を形成する。
(3) 卵は，卵の**細胞膜**の外側に**卵膜**（卵黄膜）があり，さらにその外側には**ゼリー層**が張りついた構造をしている。卵の細胞膜の表面近くには表層粒が分布している。

2章 動物と植物の発生 …… p.131

❶
(1) ④→③→⑥→②→⑤→①
(2) a…受精膜，b…胞胚腔，c…割球，
　　d…繊毛，e…内胚葉，
　　f…外胚葉，
　　g…中胚葉（二次間充織），
　　h…原腸，i…原口
(3) イ　　(4) 右図
(5) 胞胚期

考え方 (1) ①はプルテウス幼生，②は胞胚，③は8細胞期，④は受精卵，⑤は原腸胚，⑥は桑実胚である。なお，桑実胚はクワの実に似ていることからこの名がある。
(3) ウニのような等黄卵では，原腸の陥入は植物極で起こる。
(5) ウニでは，胞胚期になると繊毛ができ，受精膜の中で回転運動をするようになる。そして，ふ化酵素の働きで受精膜の一部が溶かされて，ふ化し，海水中を浮遊するようになる。

❷
(1) ③→②→④→①→⑤→⑥
(2) a…神経板，b…胞胚腔，c…原腸，
　　d…外胚葉，e…中胚葉，f…胞胚腔，
　　g…内胚葉，h…原口，i…神経管，
　　j…脊索，k…体節，
　　l…腎節，m…腸管，
　　n…側板
(3) ウ　　(4) 右図
(5) 尾芽胚期　(6) 中胚葉

考え方 (3) 端黄卵では，原腸の陥入は赤道面よりもやや植物極よりの所で起こる。
(5) 尾芽胚期を過ぎる頃になると，ふ化し，自分でえさをとって独立生活をするようになる。
(6) カエルの体腔は，側板をつくる中胚葉で包まれている。

❸
(1) b…腸管・内，
　　c…側板・中，
　　d…腎節・中，
　　e…体節・中，
　　f…脊索・中，
　　g…神経管・外，
　　h…表皮・外
(2) 図A
(3) ア…e，イ…e，ウ…d，エ…c，
　　オ…c，カ…b，キ…c，ク…a，
　　ケ…h，コ…g
(4) ①b，②e，③b，④h，⑤b

考え方 図Aは尾芽胚の横断面図。図Bは成体のカエルの断面図である。
(1) 図Aのhの表皮やgの神経管は外胚葉起源。cの側板，dの腎節，eの体節，fの脊索は中胚葉起源。bの腸管は内胚葉起源である。
(3) 図Bのアは脊椎骨，イは筋肉，ウは腎臓，エは腸間膜，オは腹膜，カは消化管の上皮，キは消化管の筋肉，クは体腔，ケは表皮，コは脊髄を示している。
(4) 腸の上皮は腸管から，皮膚の真皮は体節から，肝臓や肺は腸管の一部から，目の水晶体は表皮からそれぞれ分化する。目の水晶体は形成体としても働き，表皮から角膜を誘導する。

❹
(1) 局所生体染色法
(2) 原基分布図（予定運命図）
(3) a…イ，b…オ，c…ア，d…エ，
　　e…カ，f…ウ
(4) 後期原腸胚…aとb，
　　後期神経胚…a

考え方 (4) 後期原腸胚では神経域と表皮域が胚を包んでいるが，後期神経胚になると，神経域は神経管として陥入しているため，表皮域だけが胚を包んでいる。

❺
(1) 移植先の運命にしたがい表皮になる。
(2) シュペーマン
(3) ①a，⑥b
(4) 二次胚
(5) ウ
(6) 原口背唇部・形成体(オーガナイザー)

考え方 (1)(2) 胞胚〜原腸胚初期の胚の予定神経域を予定表皮域に移植すると，移植片はまわりと同じ表皮になり，逆に表皮域を神経域に移植すると神経になる。このような実験を交換移植実験といい，シュペーマンが初めて行った。
(3) 図Aの①は神経域，②は表皮域，③は側板域と内胚葉域，④と⑤は内胚葉域，⑥は脊索域を示している。また，図Bのaは将来神経板となる部分，bは将来脊索となる中胚葉，cは原腸，dは表皮となる外胚葉，eは消失する胞胚腔，fは内胚葉，gは腹側の表皮となる外胚葉，hは原口から陥入してできた中胚葉を示している。
(4) 図Cの大きな胚を一次胚，一次胚の右下の腹部にできた小さな胚を二次胚という。アとエは体節，イは腸管，ウは脊索，オは神経管を示している。
(5)(6) ⑥の原口背唇部は外胚葉から神経管を誘導し，自らは脊索を中心とした中胚葉性器官に分化する。このように，ある器官から次の組織や器官を誘導する働きをもつ部分を形成体(オーガナイザー)という。

❻
① 脊索　② 神経管　③ 眼杯　④ 網膜
⑤ 水晶体　⑥ 角膜

❼
(1) 中胚葉　(2) 中胚葉誘導　(3) 神経
(4) 神経誘導　(5) 形成体(オーガナイザー)

考え方 (1)(2) Cの内胚葉があるとAの部分から中胚葉も形成される(中胚葉誘導)。
(3)(4) 原口背唇部の中胚葉は接する外胚葉を神経に誘導する働きがある。これを神経誘導といい，このような働きをもつ部分を形成体という。

❽
(1) ビコイドタンパク質，ナノスタンパク質
(2) ビコイドタンパク質

考え方 (1) ビコイドmRNAはビコイドタンパク質を，ナノスmRNAはナノスタンパク質を合成する。
(2) ビコイドタンパク質は卵の前端方向，ナノスタンパク質は後端方向を決めるのに働く。

❾
(1) ES細胞
(2) 拒絶反応が起こる。
(3) iPS細胞
(4) 山中伸弥

考え方 (1) 哺乳類の胚盤胞(胞胚)の内部細胞塊は分化の多能性をもっているので，これをES細胞(胚性幹細胞)という。
(2) ES細胞は他人の細胞であるため，これからつくった臓器を移植すると拒絶反応が起こる。
(3)(4) 京都大学の山中伸弥教授は，皮膚の細胞に4つの遺伝子を導入して細胞の初期化に成功し，分化の多能性をもつ細胞(iPS細胞)を作成した。この業績によって，山中教授は2012年にノーベル医学・生理学賞を受賞した。

❿
(1) アポトーシス　(2) 壊死(えし)

考え方 (1) アポトーシスは，プログラムされた細胞死で，DNAが断片化することによって細胞が小さくなって断片化して死ぬ。

(2) 壊死は，細胞が機械的・化学的・栄養や酸素の不足などによって細胞膜が破れて細胞内容物が流出して起こる細胞死である。

⓫
(1) a…花粉母細胞,
　c…花粉四分子,
　d…花粉,
　e…胚のう母細胞,
　g…胚のう細胞,
　k…花粉管,
　l…精細胞,
　m…花粉管核,
　n…珠皮,
　o…反足細胞,
　p…極核,
　q…中央細胞,
　r…卵細胞,
　s…助細胞,
　t…胚のう
(2) lとq，lとr
(3) 重複受精
(4) 8個
(5) a…複相($2n$)，
　c…単相(n)，
　q…複相($2n$)

考え方 (2) 精細胞(l)の1つはrの卵細胞と受精して受精卵($2n$)となる。もう1つの精細胞は中央細胞(q)と受精した後，分裂をくり返して胚乳($3n$)となる。
(4) 1個の花粉母細胞(a)から4個の花粉(d)ができ，また，1個の花粉から2個の精細胞ができる。したがって，4×2＝8〔個〕。
(5) aは減数分裂前であるから複相($2n$)，cは減数分裂後であるから単相(n)，qはnの核を2つもつから複相($2n$)である。

⓬
a…果皮・$2n$，b…種皮・$2n$，
c…胚乳・$3n$，d…子葉・$2n$，
e…幼芽・$2n$，f…胚軸・$2n$，
g…幼根・$2n$，h…胚・$2n$

⓭
(1) ホメオティック遺伝子
(2) A…めしべ→おしべ→めしべ，
　B…がく→めしべ，
　C…がく→花弁→がく

考え方 (1) 花の構造を決めるのは調節遺伝子の1つであるホメオティック遺伝子である。
(2) (Aを欠いた場合)Aはがくを決める遺伝子なので，これを欠くとがくはできない。CとBが働いた部分にはおしべ，中心部のCのみが働く部分にはめしべができる。最も外側では，遺伝子Aのかわりにcが働き，めしべができる。
(Bを欠いた場合)B遺伝子はA遺伝子とともに働くと花弁，C遺伝子とともに働くとおしべをつくる。したがって，B遺伝子を欠くと，Aが働いた部分にはがく，Cが働いた部分にはめしべができる。
(Cを欠いた場合)C遺伝子はめしべをつくる働きをし，B遺伝子とともに働くとおしべをつくる。したがって，Aのみが働いた最も外側の部分にはがく，AとBが働いた部分には花弁ができる。最も内側では遺伝子CのかわりにAが働き，がくができる。

3編 生物の環境応答

1章 動物の反応と行動 ……… p.163

1
(1) ア…適, イ…感覚
(2) ①d・あ, ②b・い, ③a・お,
　　④e・お, ⑤f・え

[考え方] (2) 前庭は重力の変化(からだの傾き)を, 半規管は加速度(からだの回転)を受容する。両者とも大脳で生じる感覚は平衡覚。味覚芽では液体に溶けた化学物質を受容する。

2
(1) a…虹彩, b…毛様体, c…水晶体,
　　d…ガラス体, e…角膜, f…網膜
(2) ア, 盲斑
(3) g…錐体細胞, h…桿体細胞,
　　光の波長を受容できる細胞…錐体細胞
(4) 黄斑　　(5) a
(6) h, (しくみ)桿体細胞の感度が上昇することによって, 弱い光でも感じることができるようになる。

[考え方] (6) 桿体細胞の中にはロドプシンと呼ばれる視物質があり, 光が当たるとロドプシンが分解し, そのとき放出されるエネルギーによって細胞が興奮する。暗い所では, ロドプシンが合成されて光に対する感受性が高まり, 弱い光でも見えるようになる(暗順応)。

3
(1) a…外耳道, b…鼓膜, c…耳小骨,
　　d…半規管, e…前庭, f…うずまき管,
　　g…耳管(エウスタキオ管)

(2) ①…外耳・イ, ②…中耳・エ,
　　③…内耳・ア・ウ
(3) d…イ, e…エ
(4) f　　(5) h…コルチ器, i…基底膜

[考え方] (2)(5) 外耳は音波の状態で伝わり, 外耳道で反響することにより音波は拡大される。中耳の鼓膜で音波は機械振動に変換され, 耳小骨でその振動はテコの原理で拡大される。内耳では, 前庭階と鼓室階に入っている外リンパ液の波として伝わり, 波は基底膜を上下させ, コルチ器で電気信号に変換される。
(3) 半規管は重力加速度(からだの回転方向)を受容する。また, 前庭は重力の変化(からだの傾き)を受容する。これらの興奮は大脳に伝えられ, 平衡覚を生じる。

4
(1) ニューロン(神経細胞)　　(2) イ
(3) a…樹状突起, b…細胞体, c…軸索,
　　d…髄鞘, e…神経鞘, f…有髄神経繊維
(4) アセチルコリン

[考え方] (2) 髄鞘がある神経繊維を有髄神経繊維といい, 髄鞘がない神経繊維を無髄神経繊維という。有髄神経繊維にはランビエ絞輪があるが, 無髄神経繊維にはない。

5
①負(−), ②静止, ③正(+), ④活動,
⑤興奮, ⑥活動, ⑦興奮の伝導,
⑧シナプス, ⑨興奮の伝達

6
(1) a…大脳, b…間脳, c…脳下垂体,
　　d…中脳, e…小脳, f…延髄, g…脊髄
(2) 脳梁
(3) ①b, ②e, ③f, ④a, ⑤g

考え方 bの**間脳**は，視床とその下のほうにある**視床下部**からなる。視床下部が体温調節，血糖値調節などの中枢として働く。

❼
(1) ①感覚神経，②脊髄神経節，③背根，④腹根，⑤交感神経節，⑥交感神経，⑦運動神経
(2) A…白質，B…灰白質，細胞体が集合した部分…B
(3) (a)×，(b)○，(c)○，(d)×
(4) 反射(脊髄反射)

考え方 (3) 興奮は，受容器→脊髄→効果器の方向で伝わる。神経を切断しても，効果器に接続する側を刺激した場合には効果器は反応する。

❽
a…筋繊維(筋細胞)，b…筋原繊維，
c…明帯，d…暗帯，e…Z膜，
f…サルコメア(筋節)

❾
(1) 太陽コンパス
(2) a…円形，b…8の字
(3) 南西

考え方 (1) 太陽を使って定位する場合を**太陽コンパス**という。ほかにも，地磁気を使う**地磁気コンパス**，星座を使う**星座コンパス**がある。
(2) 餌場が近いときは**円形ダンス**，遠いときは**8の字ダンス**をする。
(3) 巣箱の鉛直方向を太陽の方向とみなし，**太陽の方向と餌場のなす角＝鉛直上方とダンスの直進方向のなす角**で示している。問題では，正午なので太陽は真南にある。これが鉛直上方となる。したがって，真南から右に45°の方向に餌場があることになるので，南西方向である。

❿
(1) 固定的動作パターン
(2) かぎ刺激
(3) 下腹部が赤いこと。
(4) ①攻撃行動，②求愛行動
(5) 下腹部がふくらんでいること。
(6) 生得的行動

考え方 固定的動作パターンのきっかけとなるような刺激を**かぎ刺激**という。イトヨの雄は繁殖期になると下腹部が赤色(婚姻色)になり，雌は卵で下腹部がふくらむ。雄に対する攻撃行動は下腹部が赤いこと，雌に対する求愛行動は下腹部がふくらんでいることがかぎ刺激となる。

⓫
(1) 反射(えら引っ込め反射)
(2) ②慣れ，③脱慣れ，④鋭敏化
(3) ①生得的行動，②習得的行動，③習得的行動，④習得的行動

考え方 (1) これを**えら引っ込め反射**という。
(3) 本文②～④の行動は，生後獲得した行動(経験により変化した行動)であるので**習得的行動**という。

2章 植物の環境応答 …… p.181

１

(1) レタスでは，赤色光が発芽を促進し，遠赤色光が抑制する。また，最後に照射された光の種類によって発芽が決定される。
(2) イ，ウ　(3) フィトクロム，P_R型

考え方 (1) ①〜⑤のうち，種子が発芽するのは最後に当てた光がR（赤色光）のときだけ。
(2) カボチャとケイトウは，光によって発芽が抑制される**暗発芽種子**である。

２

(1) デンプンを検出する反応，（色）青紫色。
(2) デンプンが分解されてなくなったため。
(3) デンプンを分解する物質（アミラーゼなどの酵素）をつくる。
(4) 糊粉層がデンプンを分解する物質（アミラーゼ）を合成するのを促す。
(5) 胚　(6) アブシシン酸

考え方 (4) ③と④をくらべると，**ジベレリン**がある③ではデンプンが分解されている。
(5) ②でも③と同じようにデンプンが分解されていることから，胚でつくられると考えられる。

３

(1) ①イ，②エ，③イ，④イ，⑤イ，⑥ウ，⑦ア，⑧エ
(2) 光屈性　(3) 水溶性の物質
(4) 先端部から基部方向にしか移動しない移動極性をもった物質。
(5) インドール酢酸（オーキシン）
(6) 左から光が幼葉鞘の先端部に当たると，オーキシンは右側で濃度が高くなり，右側を下方に移動して右側の成長を促進する。その結果，左側よりも右側の成長量が大きくなり，左側に屈曲する（正の光屈性）。

考え方 **オーキシン**は幼葉鞘の先端部でつくられ，光が当たると光の反対側に移動して成長を促進することから考える。

４

(1) ⓐ・ア　(2) ⓒ・―　(3) ⓑ・イ
(4) ⓐ・ウ　(5) ⓐ・エ

５

(1) ① 10^{-12}，② 10^{-9}，③ 10^{-8}，④ 10^{-3}，⑤促進，⑥抑制，⑦負，⑧正
(2) 根
(3) インドール酢酸
(4) 側芽は頂芽よりもオーキシンに対する感受性が高い。頂芽があると，そこでつくられたオーキシンが下方に移動し，側芽の成長を抑制する濃度となる。そのため，頂芽があると側芽は成長しない。
(5) イ，エ

考え方 (2) 低い濃度で成長が促進される根が最も感受性が高い。
(5) 種子の休眠の誘導は**アブシシン酸**の働きで，気孔を閉じるのも**アブシシン酸**の働き。

６

(1) アブシシン酸
(2) ジベレリン
(3) エチレン
(4) サイトカイニン
(5) オーキシン

７

(1) 光周性　(2) 限界暗期　(3) 光中断
(4) ①長日処理，②短日処理
(5) フロリゲン（花成ホルモン）
(6) 暗期の長さ

❽

(1) 成長した葉
(2) 環状除皮・師管を除去するため。
(3) 師管　(4) フィトクロム
(5) フロリゲン
　　実体…FTタンパク質
(6) ない。　(7) ア，オ

[考え方] (1) 実験b〜eから，成長した葉で日長を受容していることがわかる。植物によっては，若い葉でも受容するが，ここでは，実験結果をもとに考える。
(3) hで環状除皮をした先の枝では花芽を形成しないことから，師管を通って移動することがわかる。
(5) 花芽形成に関係するホルモンは**フロリゲン**と呼ばれ，長らくその実体は不明であったが，近年，フロリゲンの活性をもつ物質として，イネではHd3aが，シロイヌナズナではFTタンパク質が見つかっている。
(6) オナモミでは，1枚の葉を短日処理すると植物体全体で花芽形成が起こることから，フロリゲンは極性移動しないと考えられている。なお，環状除皮の実験から，フロリゲンは師管を通って移動することがわかっている。
(7) ホウレンソウとアブラナは**長日植物**，トマトは**中性植物**である。

4編 生態と環境

1章 個体群と生物群集 …… p.209

❶

(1) 個体群　(2) 非生物的環境　(3) 作用
(4) 環境形成作用(反作用)　(5) 相互作用

[考え方] (1) 別種の生物も合わせたものは，**生物群集**という。
(5) **相互作用**は，作用と環境形成作用(反作用)を合わせたものではなく，生物群集内の生物どうしの働きあいをいう。

❷

(1) 個体群の成長曲線(成長曲線)
(2) 環境抵抗
(3) 生活空間の不足，食物の不足，排出物の増加などのうち2つ
(4) 相変異
(5) 緑色・褐色…孤独相，黒色・褐色…群生相

[考え方] 個体群密度が増加して生活空間が減少したり，餌不足が起こったり，排出物が増加したりすると，個体数の増加が抑えられたり(**環境抵抗**)，形質が変化したり(**相変異**)する。これを**密度効果**という。

❸

(1) a…ウ，b…イ，c…ア　(2) a
(3) a…ヒツジ，b…ガン，c…カレイ
(4) a

[考え方] 生存曲線ではグラフの縦軸が対数目盛りになっている点に注意する。
(4) ミツバチやアリなどの**社会性昆虫**では卵・幼虫・蛹のときは巣の中でワーカー(働きバチ

定期テスト予想問題の解答　**275**

や働きアリ)が手厚く世話をするので，幼い時期の死亡率は低い。

❹
(1) ①群れ　②順位制
　　③縄張り(テリトリー)　④コロニー
(2) ①片利共生　②相利共生　③食いわけ

考え方 (2) ①クマノミは外敵に襲われたときイソギンチャクの中に隠れる。クマノミはほかの魚と体表の粘膜の性質が異なり，イソギンチャクによる刺胞の攻撃を受けない。もっぱらクマノミの側のみが利益を受けるので片利共生。
②アリはアブラムシ(アリマキ)をテントウムシの幼虫などの捕食者から守り，アブラムシは尾部から分泌される蜜をアリに与える相利共生。

❺
(1) 栄養段階
(2) ア…e，イ…b，ウ…a，エ…c，
　　オ…d
(3) ①a，②c，③b
(4) d＜c＜b＜a

考え方 (4) 被食者が非常に速く増殖する場合(植物プランクトンと動物プランクトンの関係において見られる)では一時的に捕食者のほうが多くなる場合があるが，生体量は通常，栄養段階が上になるほど少なくなる。

❻
(1) Ⅰ…生産者，Ⅱ…一次消費者，
　　Ⅲ…二次消費者
(2) C…被食量，E…呼吸量　(3) イ
(4) $C_0-(C_1+D_1+E_1+F_1)$
(5) D_1，F_1，D_2，F_2

考え方 (2) C_0，C_1，C_2は上の栄養段階に移行しているので被食量と判断する。また，Aは光合成にかかわらないので最初の現存量。Dは分解者に移行するので枯死量・死滅量。Fは消費者のみに見られるので不消化排出量。EはⅠ〜Ⅲのすべてに含まれ，生産者の光合成に関係するが，純生産量には含まれないから呼吸量。残るBは，成長量である。
(3) アは総生産量，総生産量－E_0のイは生産者の純生産量(E_0は呼吸量)である。また，これは成長量＋被食量＋枯死量でも示される。
(4) 一次消費者の成長量は，同化量－(被食量＋死滅量＋呼吸量)である。この同化量は摂食量－不消化排出量であることから考える。

❼
(1) 光合成
(2) A…エ，B…ア，C…イ，D…ウ
(3) A…ウ，B…イ，C…ア，D…エ
(4) アオカビ，放線菌など
(5) a…化学エネルギー，b…熱エネルギー
(6) 呼吸
(7) A…0.2％，B…11％
(8) 高くなる。

考え方 (5)(6) 光合成によって，太陽の光エネルギーは，有機物(食物)の中の化学エネルギーとなって生態系内を移動し，生物の呼吸によって熱エネルギーとして生態系外に放出される。
(7) 生産者のエネルギー効率は次のとおり。

$$\frac{総生産量}{入射した太陽の光エネルギー量}\times 100$$

$$=\frac{1000}{500000}\times 100=0.2(\%)$$

一次消費者のエネルギー効率は次のとおり。

$$\frac{その栄養段階の同化量}{生産者の総生産量}\times 100$$

$$=\frac{110}{1000}\times 100=11(\%)$$

(8) 高次の栄養段階ほどタンパク質や脂肪など濃縮された状態の食物を食べているので，エネルギー効率は高くなる。

❽
(1) a
(2) a−b
(3) 減少している。
(4) 森林の年齢とともに根・幹・枝の呼吸量がふえるので，純生産量にまわる割合が減少するため。

考え方　(1)(2) 葉の呼吸量 c と根・幹・枝の呼吸量を加えたものが**総呼吸量**である。総呼吸量に純生産量を加えたものが a の**総生産量**となる。(3)(4) 純生産量は，根・幹・枝などの成長にともなって減少する。

❾
(1) ①生態系多様性，②種多様性，③遺伝的多様性
(2) ア，エ，オ

考え方　(2) ア…大規模な攪乱では生態系は破壊され，著しく多様性を失うので誤り。
エ…外来生物が侵入すると，在来生物は駆逐される場合が多く，生態系の多様性を減少させる要因となるので誤り。
オ…森林伐採も生態系を攪乱させることがあるので誤り。

❿
ア，イ，ウ，エ

考え方　オ…外来生物の侵入は在来生物の絶滅を加速する要因となることが多いので誤り。

5編 生物の進化と分類

1章 生物の起源と進化 …… p.235

❶
(1) a…46，b…ミラー，c…オパーリン
(2) 二酸化炭素，水蒸気，窒素
(3) 化学進化　(4) コアセルベート

考え方　(1) アメリカの**ミラー**は原始地球の大気の成分をメタン・アンモニア・水素・水蒸気と考え，これらの混合気体をガラス容器に入れて，この中で空中放電を行った結果アミノ酸が生成することを確かめた。
(2) 現在では原始地球の大気は**二酸化炭素，水蒸気，窒素**で構成されていたと考えられている。これらの成分を実験装置に入れた場合でも同様にアミノ酸などができることもわかっている。
(4) **オパーリン**は海中に生じた有機物の液滴(これを**コアセルベート**と呼んだ)が生命(細胞)の起源であるというコアセルベート説を提唱した。

❷
a…硫化水素，b…水，
c…ストロマトライト，d…酸素
e…鉄(鉄イオン)，f…原核，g…真核

考え方　最初の生物は，従属栄養の**嫌気性細菌**と考えられている。海洋中の有機物が減少すると，H_2S から生じる水素[H]と光エネルギーを使って CO_2 を還元し，栄養分となる有機物を合成する独立栄養の**光合成細菌**が出現した。また，物質を酸化する際に生じるエネルギーで CO_2 を還元し，有機物を合成する**化学合成細菌**も出現した。やがて，無尽蔵に存在する H_2O の水素を使って CO_2 を還元する酸素発生型の光合成を行う**シアノバクテリア**(ラン藻類)が出現した。

❸
(1) 古生代…b，d，中生代…a，c，f，新生代…e
(2) 示準化石
(3) 限定された時代に繁栄し，広範な地域にわたって生息していた。

考え方 (1) フズリナは断面により同心円状や紡錘形（ラグビーボール形）に見える殻をもった動物で，1cmほどの大きな個体もあるが，単細胞の原生動物（有孔虫）である。
(3) 繁栄した時代が長ければ時代は特定できず，生息域が少なければ化石が発見されにくくなり，指標として使えない場所が多いことになる。

❹
(1) ①親指が他の指と向かいあう（拇指対向性をもつ）。
　　②1対の目が前方に向かってついており，立体視できる視野が広い。
(2) ①脳の容量が大きい。
　　②おとがいがある。
　　③前肢は短く，後肢は長い。
　　④骨盤は横に広く，内臓を下から支える形になっている。
(3) イ→ア→エ→ウ

考え方 (1) 霊長類の指は**拇指対向性**が特徴で，ほかの哺乳類のつめがかぎづめであるのに対して平づめをもつことと合わせて木の枝を握ったり物をつまんだりするのに適している。また，目は顔の正面についていて立体視できる範囲が広く，樹上生活で木から木へと空間を移動する上で距離を測るのに重要な形質といえる。
(2) ヒトと類人猿との一番根本的な違いは**直立二足歩行**で，頭部は首の骨が下から支える形になったため首の筋肉が少なくてすむようになり，脳が大きく発達することが可能になった。**おとがい**とは，下あごが前に突き出た部分のこと。前肢のこぶしを地面につけて「ナックルウォーク」で歩く類人猿は後肢に比べ前肢が長くなっ

ているが，直立二足歩行をするヒトでは前肢が短くなり，後肢が非常に大きく発達している。

❺
(1) ①魚類と両生類，
　　②シダ植物と裸子植物
(2) 相同器官

考え方 シーラカンスは2対の胸びれの内部に骨が発達し，原始的な肺をもつ点で**魚類から両生類**への進化を示している。
　イチョウは精子をもつが種子を形成するので，**シダ植物から種子植物**に進化してきた移行期の植物の特徴を示している。

❻
(1) A…0.6，a…0.4
(2) A…0.6，a…0.4
(3) ハーディ・ワインベルグの法則
(4) 生物集団において外部との個体の移入・移出がない，個体ごとの生存能力に差がない（自然選択が働かない）。
(5) ss…0.04，Ss…0.32

考え方 (1) Aの頻度…$0.4 + \left(0.4 \times \frac{1}{2}\right) = 0.6$，

aの頻度…$\left(0.4 \times \frac{1}{2}\right) + 0.2 = 0.4$

(2) $(0.6A + 0.4a)^2$
　　$= 0.6^2 AA + (2 \times 0.6 \times 0.4)Aa + 0.4^2 aa$
　　$= 0.36AA + 0.48Aa + 0.16aa$

Aの頻度…$0.36 + \left(0.48 \times \frac{1}{2}\right) = 0.6$，

aの頻度…$\left(0.48 \times \frac{1}{2}\right) + 0.16 = 0.4$

1代後もAとaの遺伝子頻度は同じであった。
(5) 遺伝子sの頻度が0.2，これに対して野生型遺伝子Sの頻度は0.8ということになるので，
ssの頻度…$0.2^2 = 0.04$
Ssの頻度…$2 \times 0.8 \times 0.2 = 0.32$
sの頻度が2割もあっても発症するのはわずか

4％で，sをもつことでマラリアに対する耐性を獲得するSsが3割以上にも達する。このように生存に不利な遺伝子でも淘汰されず，遺伝子プールの中で小さくない割合を占めているということが実際にある。

7

(1) ①遺伝子突然変異，
　②染色体突然変異
(2) イ，ウ，エ，カ

考え方 (1) DNAの塩基配列の異常によって起こる変異を**遺伝子突然変異**，染色体の数・部分的な異常による変異を**染色体突然変異**という。
(2) **異数体**は染色体数が$2n \pm a$になった個体，**倍数体**は$3n$，$4n$，$6n$などの倍数になった個体であり，いずれも染色体数が異なっている。

8

(1) 選択圧　(2) 擬態　(3) 性選択

考え方 (1) **自然選択**を引き起こす要因をまとめて**選択圧**という。
(2) **擬態**によって，被食されにくくなったり，捕食しやすくなったりする。
(3) きれいな長い羽をもつ雄ほど雌と交配しやすくなるなど，雌雄に見られる相互作用が選択圧になる場合を**性選択**という。

9

a…突然変異，b…自然選択（選択圧），
c…遺伝的浮動，d…地理的，
e…生殖的，f…種分化（大進化）

考え方 もとの種から分かれて新しい種ができることを**種分化**という。また，種分化が起きたり，両生類からハ虫類ができたりするような進化を**大進化**という。

2章 生物の系統と分類 …… p.257

1

(1) ア…人為分類，イ…自然分類
(2) ①種，②リンネ，③二名，
　④動物，⑤綱，⑥科
(3) 自然状態での交配が可能で，繁殖力のある子孫をつくることができる集団
(4) ウ…和名，エ…学名

考え方 (3) **種**は共通した形態的・生理的特徴をもつ集団で，実際には同種の個体差とするか別種と判断するか難しい例も少なくないが，交配によって繁殖力のある子孫をつくることができるかどうかが最も確実な基準とされる。

2

(1) A…細菌ドメイン，B…古細菌ドメイン，
　C…真核生物ドメイン
(2) 三ドメイン説
(3) ア…A，イ…B，ウ…C，エ…C，オ…C，
　カ…C，キ…A

3

(1) A…植物，B…菌，C…動物，
　D…原生生物，E…原核生物
(2) a…シアノバクテリア，b…維管束植物，
　c…種子植物，d…子のう菌類，
　e…海綿動物，f…節足動物，
　g…脊椎動物
(3) ①D，②C，③E，④A，⑤B，⑥D，
　⑦A，⑧C，⑨B，⑩D

考え方 **マーグリスの五界説**では褐藻類やシャジクモ類などの藻類は原生生物界に分類される。なお，**ホイタッカーの五界説**では，原生生物界の定義が異なり，単細胞の真核生物のみが原生生物界，多細胞の藻類が植物界，変形菌や細胞性粘菌が菌界に分類されていた。

定期テスト予想問題の解答　**279**

4

(1) b…単子葉, c…裸子, d…シダ
(2) A…被子植物, B…種子植物,
　　C…維管束植物
(3) クロロフィルaとクロロフィルb
(4) e, f, g　(5) a, b　(6) a, b

[考え方] 胚珠が子房に囲まれた被子植物には双子葉類と単子葉類がある。この被子植物と裸子植物はいずれも種子で繁殖するので**種子植物**という。種子植物とシダ植物は陸上生活によく適応して維管束をもつので**維管束植物**という。

5

(1) 脊椎骨　(2) 管状神経系
(3) ①魚類, ②両生類, ③ハ虫類,
　　④鳥類, ⑤有袋類, ⑥真獣類

6

(1) a…海綿動物, b…刺胞動物, c…扁形動物, d…輪形動物, e…環形動物, f…軟体動物, g…線形動物, h…節足動物, i…棘皮動物, j…原索動物, k…脊椎動物
(2) e, h
(3) ①b, ②i, ③a, ④f, ⑤j,
　　⑥h, ⑦k, ⑧f, ⑨e

[考え方] 発生段階で胚葉をつくらないのは**海綿動物**。胚葉は分化するが二胚葉性なのが**刺胞動物**, それ以外は三胚葉性で, 原口が口になる**旧口動物**のうち, トロコフォア幼生を経て成長する**冠輪動物**が扁形動物・輪形動物・環形動物・軟体動物, 脱皮して成長する**脱皮動物**が線形動物・節足動物である。また, 原口が肛門になる**新口動物**のうち, 脊索をつくらないのが**棘皮動物**, 脊索をつくり脊椎をつくらないのが**原索動物**, 脊椎をつくるのが**脊椎動物**である。

ホッとタイムの解答

p.82

(RNAの塩基配列)
AUG | CCU | CAG | AGU | UGU | CUU | ACU | GGU | GAA | UAU | UAA

(アミノ酸の配列)
(メチオニン)―プロリン―グルタミン―セリン
―システイン―ロイシン―トレオニン
―グリシン―グルタミン酸―チロシン

※RNAの最後のUAAは翻訳の終了を指示するコドン(終止コドン)で, アミノ酸は指定しないため, アミノ酸は10個となる。

p.184

1. エチレン　　2. サイトカイニン
3. アブシシン酸　4. ジベレリン
5. オーキシン　6. フロリゲン

p.237

1	2	3	4	5	6	7	8	9
D	I	N	O	S	A	U	R	E

※dinosaure …フランス語で恐竜のこと。
写真左上から　N…サンゴ, E…恐竜の足跡, O…恐竜(全身骨格), S…アンモナイト, U…マンモスの歯, I…貨幣石, A…三葉虫, D…ピカイア, R…糞石

p.259

A. 2　B. 5　C. 7
D. 6　E. 3　F. 4
G. 1　H. 9　I. 8

さくいん

数字・英字

- 2,4-D …………………… 169
- 8の字ダンス ………… 156
- 9+2構造 ………………… 8
- αヘリックス構造 …… 17
- ABCモデル …………… 127
- ATP …………………… 33
- ATPアーゼ ……… 26, 150
- ATP合成酵素 …… 35, 41
- βカテニン ……… 114, 119
- β酸化 ………………… 37
- βシート構造 ………… 17
- B細胞 ………………… 18
- BMP …………………… 119
- C₃植物 ………………… 43
- C₄植物 ………………… 43
- CAM植物 ……………… 43
- DELLA ………………… 166
- DNA …………………… 54
- DNA合成期 …………… 56
- DNA合成酵素
   ……………… 56, 58, 73
- DNAシーケンサー …… 74
- DNA修復 ……………… 67
- DNAの複製 …………… 56
- DNAポリメラーゼ …… 58
- DNAヘリカーゼ ……… 58
- DNAポリメラーゼ
   ……………………… 56, 73
- DNAマイクロアレイ … 75
- DNAリガーゼ
   ……………… 26, 58, 72
- DNAワールド ………… 215
- ES細胞 ………………… 122
- FAD …………………… 24
- FT ……………………… 176
- G₁期 …………………… 56
- G₂期 …………………… 56
- GAP …………………… 42
- GFP …………………… 76
- H鎖 …………………… 19
- Hd3a …………………… 176
- HLA …………………… 21
- IAA …………………… 169
- iPS細胞 ………………… 122
- L鎖 …………………… 19
- MHC抗原 ……………… 21
- mRNA ……………… 59, 61
- NAD …………………… 24
- NADH ………………… 34
- NADP ………………… 24
- NADPH …………… 41, 42
- PCR法 ………………… 73
- P_FR型 ………………… 167
- PGA ……………… 42, 43
- P_R型 ………………… 167
- RNA …………………… 59
- RNA合成酵素 ………… 60
- RNAポリメラーゼ
   ……………………… 60, 70
- RNAワールド ………… 215
- RuBP ………………… 42
- RQ …………………… 37
- rRNA ………………… 59
- S期 …………………… 56
- SNP …………………… 67
- S-S結合 ……………… 17
- tRNA ……………… 59, 61
- VRN2 ………………… 176
- VRN3 ………………… 176
- X染色体 ……………… 87
- XY型性決定 ………… 87
- Y染色体 ……………… 87

あ行

- アーキア ……………… 243
- アウストラロピテクス
   ……………………… 223
- アカパンカビ ………… 65
- アクアポリン ………… 12
- アクチンフィラメント
   ……………… 8, 9, 15, 150
- アセチルCoA ……… 35, 37
- アセチルコリン
   ……………………… 141, 151
- アセトアルデヒド …… 39
- 圧覚 ………………… 137
- 圧点 ………………… 137
- アデニン ………… 33, 54, 59
- アデノシン …………… 33
- アデノシン三リン酸 … 33
- アニマルキャップ …… 118
- アノマロカリス ……… 218
- アブシシン酸
   ……………… 166, 173, 177
- アポトーシス ………… 123
- アミノ基 ……………… 16
- アミノ基転移酵素 …… 26
- アミノ酸 ……………… 16
- アミラーゼ ……… 26, 166
- アミロプラスト ……… 170
- アメーバ運動 ………… 9
- アラビノース ………… 69
- アルカプトン尿症 …… 66
- アルギニン要求株 …… 65
- アルコール発酵 ……… 39
- アルビノ ……………… 66
- アルブミン …………… 53
- アロステリック効果 … 26
- アロステリック酵素 … 26
- アロステリック部位 … 26
- 暗順応 ……………… 143
- 暗帯 ………………… 150
- アンチコドン ………… 61
- 安定型 ……………… 190
- 暗発芽種子 ………… 167
- アンピシリン ………… 76
- アンモナイト ………… 220
- アンモニア …………… 37
- イオンチャネル ……… 12
- イオンチャネル型受容体
   ……………………… 14
- 異化 ………………… 32
- 維管束植物 ………… 246
- 閾値 ……………… 141, 151
- 生きている化石 …… 225
- 異数性 ……………… 228
- 一遺伝子一酵素説
   ……………………… 65, 66
- 一遺伝子雑種 ………… 91
- 一塩基多型 …………… 67
- 一次構造 ……………… 17
- 一次消費者 ………… 196
- 一次精母細胞 ……… 102
- 一次胚乳 …………… 248
- 一夫多妻 …………… 193
- 遺伝 ………………… 90
- 遺伝暗号表 …………… 63
- 遺伝学的地図 ……… 100
- 遺伝形質 …………… 90
- 遺伝子汚染 …………… 75
- 遺伝子型 ………… 90, 96
- 遺伝子鑑定 …………… 75
- 遺伝子組換え …… 72, 76
- 遺伝子座 …………… 86
- 遺伝子治療 ……… 73, 75
- 遺伝子突然変異 … 64, 228
- 遺伝子頻度 ………… 229
- 遺伝子プール ……… 228
- 遺伝子平衡 ………… 229
- 遺伝の多様性 ……… 204
- 遺伝的浮動 ………… 231
- インゲンホウス ……… 40
- 飲作用 ……………… 13
- インターロイキン …… 18
- インテグリン ………… 15
- インドール酢酸 …… 169
- イントロン …………… 61
- インプリンティング … 158
- ウーズ ……………… 242
- ウェント …………… 169
- 渦鞭毛藻類 ………… 244
- うずまき管 ………… 144
- 腕歩行 ……………… 222
- 羽毛恐竜 …………… 221
- ウラシル ……………… 59

運動神経 …………… 137	介在ニューロン	カルス …………… 128	ギャップ結合 ………… 15
運動ニューロン …… 139	…………… 139, 146	カルビン・ベンソン回路	求愛行動 ………… 152
運動野 …………… 147	外耳 ……………… 144	…………… 40, 42	嗅覚 ………… 137, 145
運搬RNA …………… 61	解糖 ……………… 39	カルボキシ基 ……… 16	嗅覚器 …………… 145
運搬体タンパク質 … 13	解糖系 …………… 34	カロテン …… 41, 48, 244	嗅覚中枢 ………… 145
鋭敏化 …………… 157	外套膜 …………… 252	がん化 …………… 67	旧口動物 ………… 251
栄養生殖 …………… 84	海馬 ……………… 147	感覚 ……………… 142	嗅細胞 …………… 145
栄養段階 ………… 197	外胚葉 …… 109, 110, 112	感覚器官 ……… 136, 137	吸収スペクトル …… 41
エキソサイトーシス … 13	灰白質 ………… 147, 148	感覚神経 ………… 136	嗅上皮 ……… 137, 145
エキソン ………… 61	外分泌腺 ………… 151	感覚中枢 ………… 142	旧人 ……………… 223
液胞 ………………… 7	海綿体組織 ……… 40	感覚点 …………… 145	求心性神経 ……… 139
エクジステロイド …… 71	海綿動物 ………… 251	感覚ニューロン …… 139	休眠 ……………… 166
エコーロケーション … 154	回遊 ……………… 187	感覚野 …………… 147	橋 ………………… 147
壊死 ……………… 123	外来生物 ………… 205	間期 ……………… 89	強縮 ……………… 151
エタノール ………… 39	花芽 ……………… 126	環境形成作用 …… 186	共進化 …………… 230
エチレン ………… 172	化学受容体 ……… 145	環境収容力 ……… 188	共生 ……………… 195
エディアカラ生物群 … 217	化学進化 ………… 214	環境抵抗 ………… 188	共生説 …………… 217
エネルギー効率 …… 203	化学走性 ………… 154	環境要因 ………… 186	競争 ……………… 192
エネルギー代謝 …… 32	花芽形成 ………… 174	環形動物 ………… 252	競争的阻害 ……… 25
エネルギーの通貨 … 33	かぎ刺激 …… 152, 153	幹細胞 …………… 122	競争的排除 ……… 195
えり細胞 ………… 251	核 ………………… 7	環状除皮 ………… 175	共同繁殖 ………… 193
塩化セシウム ……… 57	核酸 ……………… 54	管状神経系 …… 146, 254	強膜 ……………… 142
塩基 ……………… 54	学習 ……………… 157	間接効果 ………… 195	極核 ……………… 124
円形ダンス ……… 156	核小体 …………… 7	完全強縮 ………… 151	局所生体染色法 … 116
猿人 ……………… 223	核膜 ……………… 7	完全連鎖 ………… 98	極性移動 ………… 169
遠心性神経 ……… 139	角膜 ……………… 142	桿体細胞 ………… 142	極体 ……………… 102
延髄 ……………… 146	学名 ……………… 239	間脳 ……………… 146	棘皮動物 ………… 254
遠赤色光 ………… 167	攪乱 ……………… 204	眼杯 ……………… 120	拒絶反応 ………… 21
エンドサイトーシス … 13	隔離 ……………… 231	カンブリア紀 …… 218, 232	魚類 ………… 218, 255
黄斑 …………… 142, 143	花式図 …………… 126	眼胞 ……………… 120	キラーT細胞 ……… 20
横紋筋 …………… 150	果実 ……………… 125	冠輪動物 ………… 251	菌界 ……………… 245
オーキシン	加水分解酵素 …… 26	キアズマ ………… 98	筋原繊維 ………… 150
…………… 169, 170, 171	花成ホルモン …… 175	記憶細胞 ……… 19, 20	近交弱勢 ………… 205
岡崎フラグメント …… 58	化石 …………… 224	気孔 ……………… 177	筋細胞 …………… 150
オキサロ酢酸 … 35, 43	カタラーゼ ………… 26	キサントフィル	菌糸 ……………… 245
オゾン層 ………… 219	割球 ……………… 108	…………… 41, 48, 244	筋収縮 …………… 9
おたまじゃくし …… 111	活性化因子 ……… 69	基質 ……………… 22	筋小胞体 ………… 151
オパーリン ……… 215	活性化エネルギー … 22	基質特異性 ……… 23	筋節 ……………… 150
オペラント条件づけ … 159	活性酢酸 ………… 35	基質レベルのリン酸化	筋繊維 …………… 150
オペレーター ……… 68	活

クモ類 …………… 253	光化学系Ⅱ ………… 41	孤独相 …………… 189	酸化的リン酸化 …… 35
グリコーゲン ……… 39	効果器 ……… 137,150	コドン …………… 61	酸化マンガン(Ⅳ) … 27
クリステ ……… 34,35	甲殻類 …………… 253	コドン表 ………… 63	散在神経系 ……… 251
グリセリン筋 …… 160	工業暗化 ………… 230	糊粉層 …………… 166	三次構造 ………… 17
グリセルアルデヒドリン	攻撃行動 ………… 152	鼓膜 ……………… 144	三畳紀 …………… 232
酸 ………………… 42	抗原 ……………… 18	コラーゲン ……… 53	三点交雑法 ……… 100
クリック ………… 54	抗原抗体反応 … 18,19	孤立化 …………… 205	三ドメイン説 …… 242
グルコース … 34,38,42	抗原提示 ………… 18	ゴルジ体 ………… 7	三葉虫 …………… 220
クローン ………… 128	光合成 …………… 40	コルチ器 …… 137,144	シアノバクテリア
クローン選択説 … 20	光合成細菌 ……… 43	コルヒチン処理 … 128	……………… 43,243
クロマチン繊維 … 70	光合成色素 …… 40,41	コロニー ………… 193	視覚 ……………… 137
クロロフィル … 41,244	硬骨魚類 ………… 255	痕跡器官 ………… 225	視覚中枢 ………… 142
クロロフィルa	交さ ……………… 98	根足虫類 ………… 244	自家受精 ………… 90
…………… 48,243,244	虹彩 ………… 142,143	昆虫類 …………… 253	軸索 ……………… 138
クロロフィルb … 48,244	交雑 ……………… 90		シグナル分子 …… 14
クロロフィルc … 244	高次消費者 ……… 196	さ行	自己 ……………… 21
群生相 …………… 189	光周性 …………… 174		視交さ …………… 143
形質 ……………… 90	紅色硫黄細菌 …… 43	細菌 ……………… 243	試行錯誤学習 …… 159
傾性 ……………… 168	酵素 ……………… 22	細菌ドメイン … 242,243	視細胞 …………… 142
ケイ藻 …………… 244	紅藻類 …………… 244	最少培地 ………… 65	示準化石 ………… 224
茎頂分裂組織 …… 126	酵素-基質複合体 … 22	再生医療 ………… 122	視神経 …………… 142
系統 ……………… 239	抗体 ………… 18,19	最適pH …………… 23	システミン ……… 177
系統樹 ……… 239,240	抗体産生細胞 …… 18	最適温度 ………… 23	自然撹乱 ………… 204
警報フェロモン … 156	交配 ……………… 90	サイトカイニン … 172	自然選択 ………… 230
欠失 ……………… 228	興奮 ……………… 139	サイトカイン …… 18	自然分類 ………… 239
ゲノム …………… 67	興奮の伝達 ……… 141	再分化 …………… 128	示相化石 ………… 224
ケラチン ………… 53	興奮の伝導 ……… 140	細胞学的地図 …… 100	始祖鳥 ……… 221,225
限界暗期 ………… 174	孔辺細胞 …… 40,177	細胞間結合 ……… 15	シダ種子植物 …… 225
原核細胞 ………… 6	酵母菌 …………… 39	細胞骨格 ………… 7,8	シダ植物 …… 246,247
原核生物 ………… 6	コエンザイムA …… 35	細胞質 …………… 7	しつがい腱反射 … 149
原核生物界 ……… 241	コーディン ……… 120	細胞質基質 ……… 7	失活 ……………… 17
原形質流動 ……… 9	五界説 …………… 241	細胞質分裂 ……… 9	シトシン ……… 54,59
原口 ………… 109,110	呼吸 ……………… 34	細胞周期 ………… 56	シナプス ……… 14,141
原口背唇部 ……… 117	呼吸基質 ………… 37	細胞小器官 ……… 7	シナプス小胞 …… 141
原索動物 ………… 254	呼吸商 …………… 37	細胞性免疫 ……… 20	子のう菌類 ……… 245
原始海洋 ………… 214	コケ植物 ………… 246	細胞体 …………… 138	子のう胞子 ……… 245
原始大気 ………… 214	古細菌 …………… 243	細胞壁 …………… 7	ジベレリン …… 166,171
原人 ……………… 223	古細菌ドメイン … 242	細胞膜 …………… 7	脂肪酸 …………… 37
原腎管 …………… 252	枯死量 …………… 198	細胞融合 ………… 129	刺胞動物 ………… 251
減数分裂 ………… 88	古生代 ……… 218,232	在来生物 ………… 205	死滅量 …………… 199
原生生物界 … 240,244	個体群 …………… 186	柵状組織 ………… 40	社会性昆虫 ……… 193
現存量 …………… 198	個体群の成長 …… 188	ザックス ………… 40	ジャコブ ………… 68
原腸 ……………… 109	個体群密度 ……… 187	雑種 ……………… 90	シャジクモ類 …… 244
原腸胚 ……… 109,110	古第三紀 …… 221,232	作動体 …………… 137	ジャスモン酸 …… 177
検定交雑 ………… 96	個体数ピラミッド … 197	作用 ……………… 186	種 ………………… 239
コアセルベート … 215	骨格筋 …………… 150	作用スペクトル … 41	集合フェロモン … 156
綱 ………………… 239	骨形成因子 ……… 119	サルコメア ……… 150	従属栄養生物 …… 33
高エネルギーリン酸結合	固定結合 ………… 15	三界説 …………… 240	収束進化 ………… 227
…………………… 33	固定の動作パターン … 152	酸化還元酵素 …… 26	集団遺伝学 ……… 228
光化学系Ⅰ ………… 41	古典的条件づけ … 158	酸化酵素 ………… 26	集中神経系 ……… 252

さくいん **283**

習得的行動	157	シルル紀	219, 232	生産量	199, 200	全か無かの法則	141
重複受精	125, 249	人為攪乱	204	生産力ピラミッド		先カンブリア時代	
重力屈性	170	人為分類	238		197, 203		217, 232
重力走性	154	真猿類	222	精子	102	全球凍結	217
収れん	227	真核細胞	6	精子星状体	103	線形動物	253
種間競争	194	真核生物	7	静止電位	139, 140	染色体	7, 55
宿主	195	真核生物ドメイン	242	生殖	84	染色体地図	100
種子	125	腎管	252	生殖細胞	85	染色体突然変異	228
種子植物	246, 248	心筋	150	生殖の隔離	231	センダイウイルス	129
樹状細胞	18, 20	神経管	111, 146	生成物	22	先体突起	103
樹状突起	138	神経冠細胞	112	性染色体	87	先体反応	103
種小名	239	神経溝	111	性選択	230	選択圧	230
受精	85, 103	神経細胞	138	生存曲線	189	選択的透過性	11
受精膜	103	神経鞘	138	生態系	196	前庭	137, 144
受精卵	85, 125	神経繊維	138	生体触媒	22	繊毛	9
種多様性	204	神経堤細胞	112	生態的地位	195	繊毛虫類	244
出芽	84	神経伝達物質	14, 141	生態的同位種	195	前葉体	247
受動輸送	11	神経胚	111	生態ピラミッド	197	相互作用	186
種内競争	192	神経板	111	生体防衛	18	早死型	189
種皮	125	神経誘導	119	生体膜	10	相似器官	226
珠皮	125	信号刺激	152	成長運動	168	桑実胚	109
種分化	231	人工多能性幹細胞	122	成長曲線	188	双子葉類	249
シュペーマン	116	新口動物	254	成長量	198, 199	走性	153
受容器	136, 137	真獣類	255	生得的行動	152	造精器	247
主要組織適合抗原	21	親水性	10	性フェロモン	156	総生産量	198
ジュラ紀	221, 232	真性細菌	243	生物群集	186	相同器官	226
シュワン細胞	138	新生代	221, 232	生物多様性	204	相同染色体	86
順位制	193	腎節	111, 112	生物多様性条約	205	相変異	189
春化	176	真体腔	252	生物的環境	186	造卵器	247, 248
春化処理	176	新第三紀	221, 232	生物量ピラミッド	197	相利共生	195
純系	90	新皮質	147	生命表	189	ソーンダイク	159
純生産量	198	水管系	254	脊索	111, 112, 117	属	239
順応	186	髄鞘	138, 140	脊髄	148	側板	111, 112
子葉	125	水晶体	142, 143	脊髄神経	146, 149	組織培養	128
条件刺激	158	錐体細胞	142	脊髄反射	148	疎水性	10
小進化	231	スキナー	159	石炭紀	219, 220, 232	粗面小胞体	7
常染色体	87	スクロース	42	脊椎動物	254		
小脳	146	スタール	56	セグメント・ポラリティ		た行	
消費者	196	スチュワード	128	遺伝子	115		
小胞体	7	ストロマ	40, 42	接合	85	ダーウィン	168
小惑星衝突	233	ストロマトライト	216	接合菌類	245	第一極体	102
食作用	13	スプライシング	61	接合子	85	第一分裂	89
触媒	22	すみわけ	195	接合胞子	245	体液性免疫	18
植物界	246	刷込み	158	摂食量	199	大後頭孔	222
植物ホルモン	169	生活形	187	節足動物	253	代謝	32
食物網	197	制限酵素	72	接着結合	15	大進化	231
食物連鎖	194, 197	精原細胞	102	絶滅危惧種	205	胎生	255
助細胞	124	精細胞	102, 124	絶滅の渦	205	体性神経系	146, 149
触覚	137	星座コンパス	155	ゼリー層	103	体節	111, 112
自律神経系	146, 149	生産者	196	セルラーゼ	129	体腔	112, 250

第二極体	102	虫媒花	249	伝達	141	二価染色体	88, 98
第二分裂	89	中胚葉	109, 110	伝達物質依存性チャネル		二次応答	19
ダイニン	9	中胚葉誘導	118		14	二次構造	17
大脳	146	中立進化	231	伝導	140	二次消費者	196
胎盤	255	聴覚	137, 144	転流	42	二次胚	117
太陽コンパス	155	聴覚中枢	144	伝令RNA	59, 61	二次胚乳	249
第四紀	221, 232	頂芽優勢	171	等黄卵	109	二重乗換え	98
対立遺伝子	86	腸管	111	同化	32	二重らせん構造	54
対立形質	90	聴細胞	144	等割	109	ニッチ	195
多精拒否	103	長日植物	174	同化デンプン	42	二胚葉性	251
だ腺染色体	71, 100	長日処理	174	同化量	199	二名法	239
脱アミノ反応	37	聴神経	144	瞳孔	142	乳酸	39
脱水素酵素	24, 26	調節遺伝子	71, 115	頭足類	252	乳酸菌	38, 243
脱炭酸酵素	26, 35	調節タンパク質	71	動物界	250	ニューロン	138
脱慣れ	157	重複	228	動物半球	114	尿素回路	37
脱皮動物	251	重複受精	249	透明層	103	ヌクレオチド	54, 59
脱分化	128	跳躍伝導	140	特定外来生物	205	熱水噴出孔	214
種なしブドウ	171	鳥類	255	独立栄養生物	33	粘菌類	245
単為結実	171	直立二足歩行	222	独立の法則	94	年齢ピラミッド	190
単孔類	255	貯蔵デンプン	42	突然変異	67, 228	脳	146
単細胞藻類	244	チラコイド	40, 41, 42	利根川進	19	脳幹	147
担子菌類	245	地理的隔離	231	ドメイン	239, 242	脳神経	146, 149
短日植物	174	チン小帯	142, 143	トランスアミナーゼ	26	能動輸送	11, 12
短日処理	174	痛点	137	トランスジェニック生物		脳梁	147
担子胞子	245	ツンベルク管	46		73	ノーダル遺伝子	
単収縮	151	定位	154	トリプレット説	62		114, 119
単子葉類	249	ディシェベルドタンパ		トロコフォア幼生	252	ノーダルタンパク質	
担体	12, 13	ク質	114, 119	トロポニン	150		114, 118
タンパク質	16	定常部	19	トロポミオシン	150	ノギン	120
タンパク質結合型受容体		テイタム	65			乗換え	88, 98
	14	ティンバーゲン	152	**な行**		ノルアドレナリン	141
タンパク質の分解	37	テーラーメイド医療	75				
チェンジャン動物群	218	デオキシリボース	54	内耳	144	**は行**	
地磁石コンパス	155	デカルボキシラーゼ	26	内臓筋	150		
地質時代	218	適応進化	230	内胚葉	109, 110, 112	バージェス動物群	218
窒素排出物	226	適応放散	227	内部細胞魂	122	ハーディ・ワインベルグ	
知能行動	159	適刺激	136, 137, 142	内分泌腺	151	の法則	229
チミン	54	デスモソーム	15	流れ走性	154	パール	169
チャネル	12, 140	デヒドロゲナーゼ	26	ナトリウムポンプ		胚	125
中間径フィラメント		デボン紀	219, 232		12, 140	灰色三日月環	110, 114
	8, 9, 15	テリトリー	192	ナノス遺伝子	115	バイオーム	200
中規模攪乱説	204	転移RNA	59	ナノスタンパク質	115	配偶子	85
中耳	144	電位依存性	140	ナフタレン酢酸	169	配偶体	247
中心小体	9	電気泳動	77	慣れ	157	背根	148
中心体	7, 9	電気泳動法	74	縄張り	152, 192	胚軸	125
中心粒	9	転座	228	軟骨魚類	255	胚珠	124, 248
中枢神経系	146	電子伝達系	35, 42	軟体動物	252	倍数性	228
中性植物	174	転写	60	二遺伝子雑種	94	胚性幹細胞	122
中生代	220, 232	転写因子	68	ニーレンバーグ	62	胚乳	125, 166, 248
中脳	146	転写調節因子	70	二界説	240	胚のう	124, 248

胚のう細胞	124	被食量	198	分断化	205	ホメオティック遺伝子	115, 126
胚のう母細胞	124	ヒストン	55, 70	分泌腺	151	ホメオティック突然変異	115
胚盤胞	122	非生物的環境	186	分裂	84, 85	ホメオティック変異体	127
ハイブリドーマ	129	ヒトゲノムプロジェクト	75	ペア・ルール遺伝子	115	ホモ・エレクトス	223
胚膜	254	ヒト白血球型抗原	21	平滑筋	150	ホモ・サピエンス(Homo sapiens)	223, 239
白亜紀	221, 232	表現型	90	平均型	189	ホモ接合体	86
白質	147, 148	標識再捕法	187	平衡覚	137, 144	ホモ・ネアンデルターレンシス	223
バクテリア	243	表層回転	110, 114	平衡感覚器	144	ポリメラーゼ連鎖反応法(PCR法)	73
バクテリオクロロフィル	43, 243	表層反応	103	閉鎖血管系	252	ホルモン	14
はしご形神経系	252, 253	平瀬作五郎	248	ベクター	72	ボンビコール	156
ハ虫類	255	ヒル(人名)	40	ペクチナーゼ	129	ポンプ	12
発芽	166	ビリルビン酸	34, 38	ヘッケル	226, 240	翻訳	61
発酵	38	ピロニン	59	ヘテロ接合体	86		
発光器官	151	貧栄養	201	ペプシン	26	**ま行**	
発生反復説	226	びん首効果	231	ペプチドグリカン	6	マーグリス	241
発電器官	151	ファイトアレキシン	178	ペプチド結合	16	マクロファージ	18
パフ	71, 100	フィードバック調節	25	ヘミデスモソーム	15	末梢神経系	146, 149
ハレム	193	フィコエリトリン	244	ヘモグロビン	64	マトリックス	34
半規管	137, 144	フィコキサンチン	244	ヘルパー	193	ミオグロビン	53
反響定位	154	フィトクロム	167, 175	ヘルパーT細胞	18, 20	ミオシン	9
晩死型	189	富栄養	201	ペルム紀	232	ミオシンフィラメント	9, 150
反射	148	フェニルケトン尿症	66	変異	228	味覚	137, 145
反射弓	148	フェロモン	155, 193	辺縁皮質	147	味覚芽	137, 145
反足細胞	124	不応期	140	扁形動物	252	味細胞	145
半透性	11	フォークト	116	変性	17	道しるべフェロモン	156
半透膜	11	フォトトロピン	177	鞭毛	9, 120	密着結合	15
反応中心	41	腹根	148	鞭毛虫類	244	密度効果	188
反応能	121	腹足類	252	片利共生	195	ミツバチのダンス	156
半保存的複製	56	不消化排出量	199	ボイセン・イェンセン	168	ミトコンドリア	7, 34, 35
ビードル	65	フズリナ	220	ホイッタカー	241	緑の回廊計画	205
ビオラキサンチン	48	斧足類	252	膨圧運動	168	ミドリムシ類	244
ピカイア	218	物質生産	198	胞子	245	耳	144
尾芽胚	111	プライマー	73, 74	胞子体	247	脈絡膜	142
光屈性	168	ブラシノステロイド	171	胞子のう	247	ミラー	214
光受容体	178	プラスミド	72	放射相称	251, 254	無顎類	218, 255
光走性	154	プリーストリー	40	紡錘糸	8, 9, 88	無機触媒	22
光中断	174	プルテウス幼生	109	紡錘体	88, 89	無条件刺激	158
光発芽種子	166	プログラム細胞死	123	胞胚	109, 110	無条件反射	158
光リン酸化	42	プロトプラスト	129	胞胚腔	109, 110	無髄神経繊維	138, 141
非競争的阻害	26	プロモーター	68	飽和密度	188	無性生殖	84
ビコイド遺伝子	115	フロリゲン	126, 175	補酵素	22, 24	無体腔	252
ビコイドタンパク質	115	分解者	196	拇指対向性	222	無顆類	218, 255
非自己	21	分解層	201	補助因子	22, 24	無機触媒	22
被子植物	246	分化の全能性	122, 128	補償深度	201	無条件刺激	158
微小管	8, 9	分子系統樹	227	捕食者	194	無条件反射	158
被食者	194	分子進化	231	ホスホグリセリン酸	42	無髄神経繊維	138, 141
被食者-捕食者相互関係	194	分子時計	227, 231	母性因子	110	無性生殖	84
		分子病	64	母性効果遺伝子	115	無体腔	252
		分生胞子	245	哺乳類	255	無胚乳種子	125

無胚葉性	251					緑藻類	244
無尾類	255	**や行**		**ら行**		臨界期	158
群れ	192					輪形動物	252
目	120, 142	葯培養	128	ラギング鎖	58	リン酸	33, 54
明順応	143	山中伸弥	122	ラクトース	68	リン脂質	10
明帯	150	雄原細胞	124	裸子植物	246, 248	リンネ	239, 240
メセルソン	56	湧昇流	191, 201	ラミダス猿人	223	類人猿	222
メタ個体群	190	有髄神経繊維	138, 141	卵	102	ルーベン	41
メチルグリーン	59	優性形質	91	卵黄栓	110	ルテイン	48
メチレンブルー	46	有性生殖	85	卵割	108	齢構成	190
免疫	18	優性の法則	91	卵割腔	109, 110	霊長類	222
免疫グロブリン	19	遊走子	245	卵菌類	245	冷点	137
免疫抑制剤	21	有袋類	255	卵原細胞	102	劣性形質	91
メンデル	90	誘導	117	卵細胞	124	レッドデータブック	205
メンデル集団	229	誘導の連鎖	120	ランビエ絞輪	138, 140	レッドリスト	205
盲斑	142, 143	誘導物質	120	卵膜	103	連合野	147
網膜	137, 142	有胚乳種子	125	リーディング鎖	58	連鎖	98
毛様筋	143	有尾類	255	リグニン	178	連鎖地図	100
毛様体	142	輸送タンパク質	11, 12	離層	172	老齢型	190
モータータンパク質	9	幼芽	125	リソソーム	7	ローレンツ	158
目	239	幼根	125	リゾチーム	53	ロドプシン	53
木生シダ	219	幼若型	190	リパーゼ	26		
モネラ界	241	羊膜類	254	リプレッサー	68	**わ行**	
モノー	68	葉緑体	7, 40	リブロース二リン酸	42		
モノグリセリド	37	抑制因子	68	リボース	33, 59	ワーカー	193
門	239	予定運命図	116	リボソーム	7, 61	渡り	155, 187
		四界説	240	リボソームRNA	59	ワトソン	54
		四次構造	17	流動モザイクモデル	10	和名	239
				両生類	255		
				緑色硫黄細菌	43		

■ 本書をつくるにあたって，次の方々にたいへんお世話になりました。
● 編集協力　アポロ企画
● 図版協力　小倉デザイン事務所　　　藤立育弘
● 写真提供　OPO/OADIS　　京都大学　山中伸弥　　国立環境研究所　珠坪一晃
　　　　　　東洋大学　高品知典　　鳥羽水族館　　㈱ヤクルト本社中央研究所　　矢嶋正博

シグマベスト	編　者　文英堂編集部
これでわかる生物	発行者　益井英郎
	印刷所　中村印刷株式会社
本書の内容を無断で複写(コピー)・複製・転載することは，著作者および出版社の権利の侵害となり，著作権法違反となりますので，転載等を希望される場合は前もって小社あて許諾を求めてください。	発行所　株式会社 文英堂
	〒601-8121　京都市南区上鳥羽大物町28
	〒162-0832　東京都新宿区岩戸町17
	(代表)03-3269-4231
Ⓒ矢嶋正博　2013　　Printed in Japan	●落丁・乱丁はおとりかえします。